# 大学计算机应用基础实验指导

（第二版）

主　编　孙　浩　贾洪艳
副主编　吴成洲　唐永芬
程琦峰　陈　军

苏州大学出版社

图书在版编目(CIP)数据

大学计算机应用基础实验指导/孙浩,贾洪艳主编
. —2版. —苏州:苏州大学出版社,2020.8(2023.12重印)
ISBN 978-7-5672-3283-9

Ⅰ.①大… Ⅱ.①孙…②贾… Ⅲ.①电子计算机-高等学校-数学参考资料 Ⅳ.①TP3

中国版本图书馆CIP数据核字(2020)第144451号

大学计算机应用基础实验指导(第二版)
孙 浩 贾洪艳 主编
责任编辑 马德芳

苏州大学出版社出版发行
(地址:苏州市十梓街1号 邮编:215006)
苏州恒久印务有限公司印装
(地址:苏州市东吴南路1号 邮编:215128)

开本787 mm×1 092 mm 1/16 印张11.5 字数273千
2020年8月第2版 2023年12月第4次印刷
ISBN 978-7-5672-3283-9 定价:32.00元

苏州大学版图书若有印装错误,本社负责调换
苏州大学出版社营销部 电话:0512-67481020
苏州大学出版社网址 http://www.sudapress.com
苏州大学出版社邮箱 sdcbs@suda.edu.cn

信息时代,信息技术的基本操作技术是人们必须掌握的一项技能,尤其对于当前的大学生。本书参照最新的江苏省高等学校非计算机专业学生计算机等级考试一级考试大纲以及全国计算机等级考试一级考试大纲的要求,结合编者多年的教学经验,以项目导向为前提,用具体的案例来讲解计算机应用基础操作的知识,力争做到浅显易懂。

全书由六章组成,分别介绍了 Windows 7 操作系统,Office 2016 组件中的 Word、Excel、PowerPoint、Access 以及 IE 浏览器与 Outlook 的使用,附录中对现在较普遍使用的 Windows 10 操作系统进行了概述,还介绍了不同类型文件之间的调用和转换,尤其是 Excel 中对各种类型文件的引用,并收录了最新的全国计算机等级考试一级考试大纲。

本书由孙浩、贾洪艳任主编,吴成洲、唐永芬、程琦峰、陈军任副主编。具体分工如下:程琦峰编写第 1 章和附录二,孙浩编写第 2 章,吴成洲编写第 3 章,唐永芬编写第 4 章,贾洪艳编写第 5 章和附录一,陈军编写第 6 章和附录三,全书由孙浩统稿。

书中用到的实验素材请至苏州大学出版社教育资源服务平台(www. sudajy. com)下载。

由于编者水平有限,编写时间仓促,疏漏之处在所难免,敬请专家批评指正!

编 者

目
录
Contents

第 1 章

# Windows 7 的基本操作

## 1.1　Windows 7 概述

### 实验目的

1. 熟悉 Windows 7 的操作环境。
2. 掌握"开始"按钮、"任务栏"、"菜单"、" 图标"等的使用方法。
3. 掌握输入法的添加和删除的方法。
4. 掌握应用程序的运行和退出的方法。

### 实验一　修改 Windows 7 的桌面背景

### 实验内容

如图 1-1 所示,要求将"\实验素材\Windows\第一节\背景"文件夹中的文件"背景.jpg"设置为桌面背景。

图 1-1　Windows 7 的桌面

## 实验步骤

1. 登录 Windows 7,即可见 Windows 7 的桌面,桌面布局如图 1-2 所示。

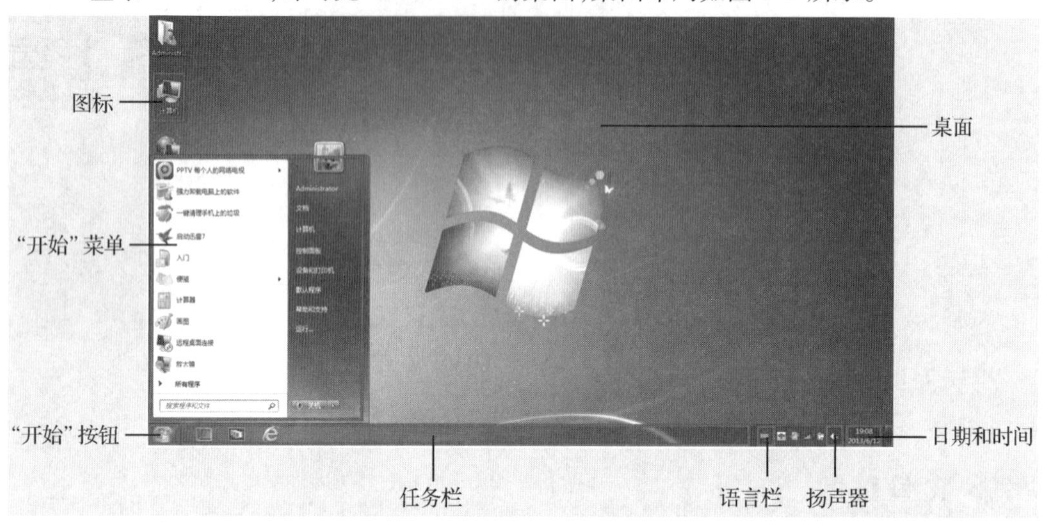


图 1-2 Windows 7 的桌面布局

2. 在桌面空白处点击鼠标右键,选择【个性化】→【桌面背景】命令,弹出如图 1-3 所示的窗口。

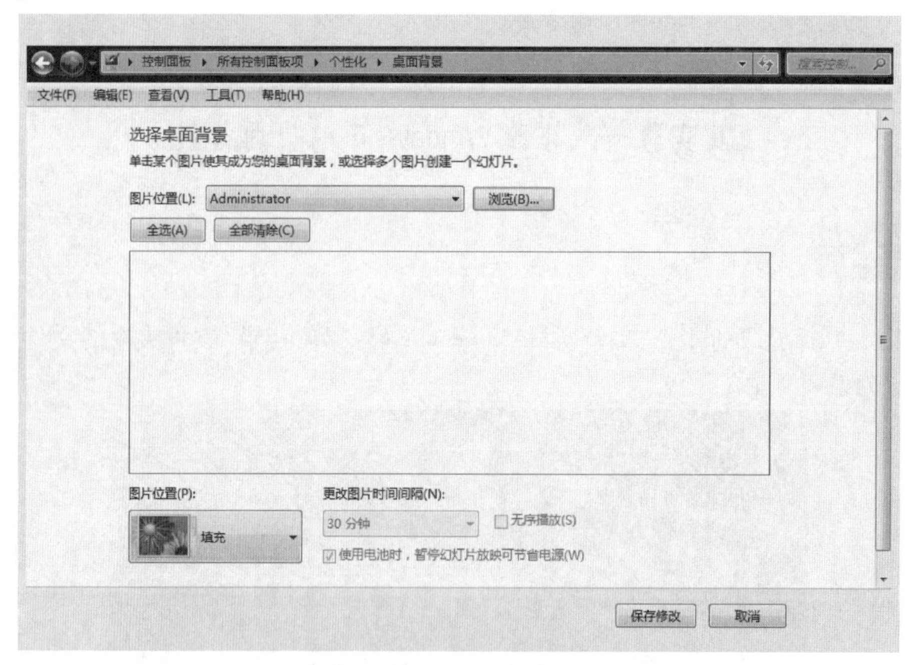


图 1-3 “桌面背景”设置窗口

3. 点击“浏览”按钮,选择“\实验素材\Windows\第一节\背景”文件夹中的文件“背景.jpg”。

4. 点击“保存修改”按钮,即完成桌面背景修改操作。

# 实验二　添加输入法

## 实验内容

添加“智能 ABC”输入法，添加后，“语言栏”菜单如图 1-4 所示。

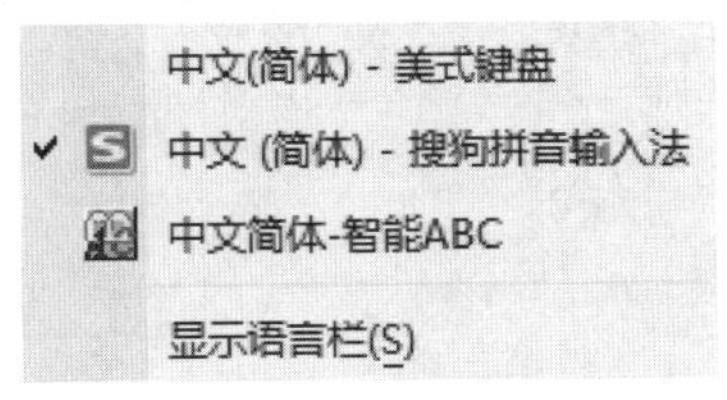


图 1-4　“语言栏”菜单

## 实验步骤

1. 用鼠标右键点击 ，在弹出的快捷菜单中选择【设置】命令，如图 1-5 所示。

2. 在“文本服务和输入语言”对话框中选择【常规】选项卡，如图 1-6 所示，点击“添加”按钮。

还原语言栏(R)
任务栏中的其他图标(A)
调整语言选项栏位置(D)
自动调整(U)
设置(E)...

图 1-5　“语言栏”快捷菜单

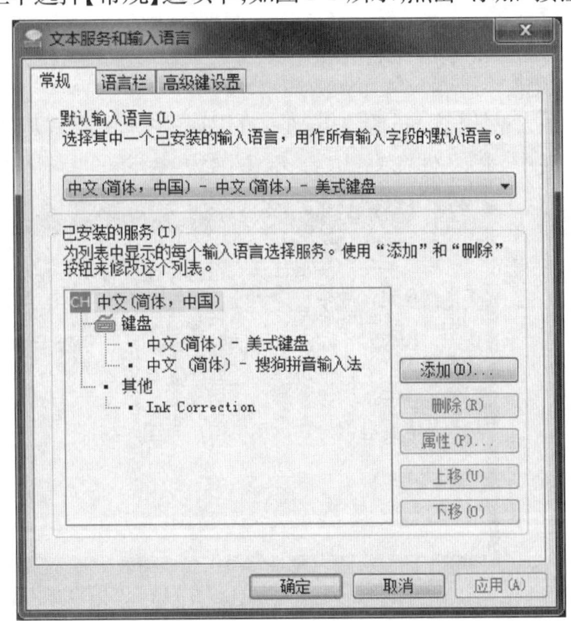


图 1-6　“文本服务和输入语言”对话框

3. 在弹出的“添加输入语言”对话框中选择“中文简体-智能 ABC”，如图 1-7 所示，点击“确定”按钮，返回“文本服务和输入语言”对话框。

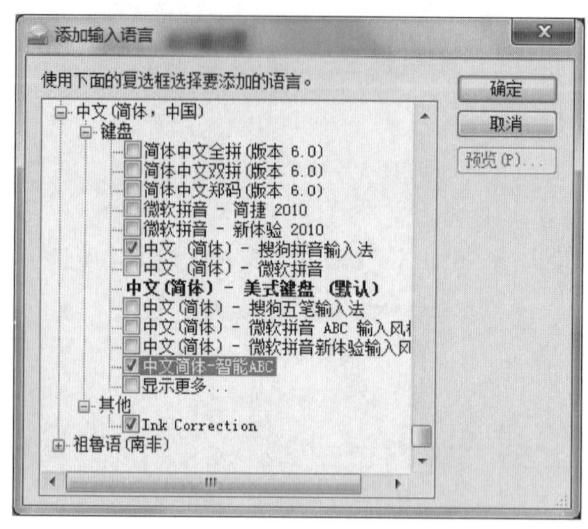


图 1-7 "添加输入语言"对话框

4. 在"文本服务和输入语言"对话框中点击"确定"按钮,完成添加输入法的操作。

## 实验三 打开和关闭文件

### 实验内容

打开记事本,将图 1-8 所示的内容输入其中,并保存到"\实验素材\Windows\第一节"文件夹中,将文件命名为"少年中国说.txt"。

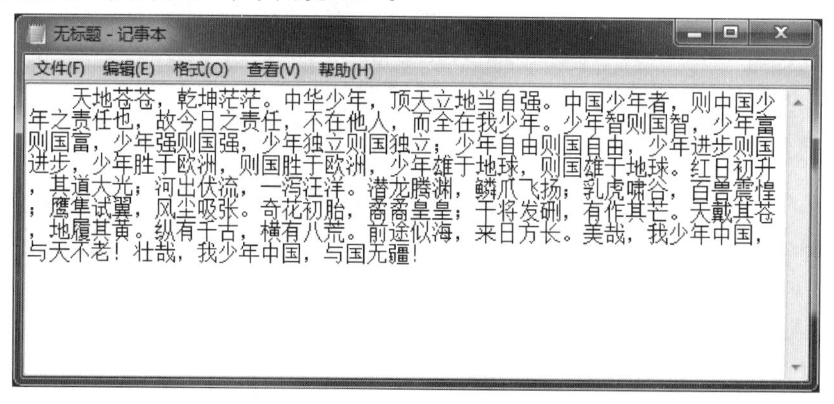


图 1-8 "记事本"窗口

## 实验步骤

1. 点击 ，在“开始”菜单中选择【所有程序】→【附件】→【记事本】，打开“记事本”窗口，如图 1-9 所示。

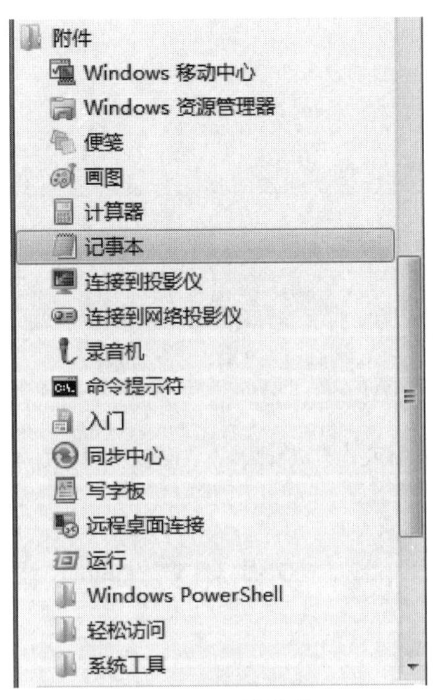


图 1-9　“附件”菜单项

2. 打开中文输入法。

点击 ，在“语言栏”菜单中选择需要使用的中文输入法，如图 1-10 所示。

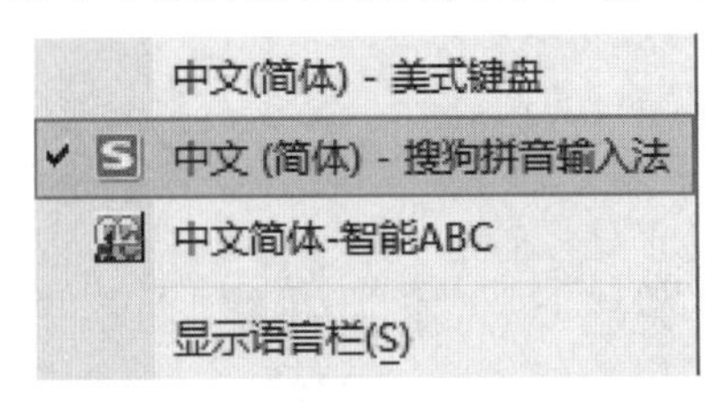


图 1-10　选择“搜狗拼音输入法”

3. 输入文字。

在“记事本”窗口中输入如图 1-8 所示的文字。

4. 保存文件。

点击【文件】→【保存】命令，弹出“另存为”对话框，设置保存位置为“\实验素材\Windows\第一节”，输入文件名“少年中国说”，点击“保存”按钮，如图 1-11 所示。

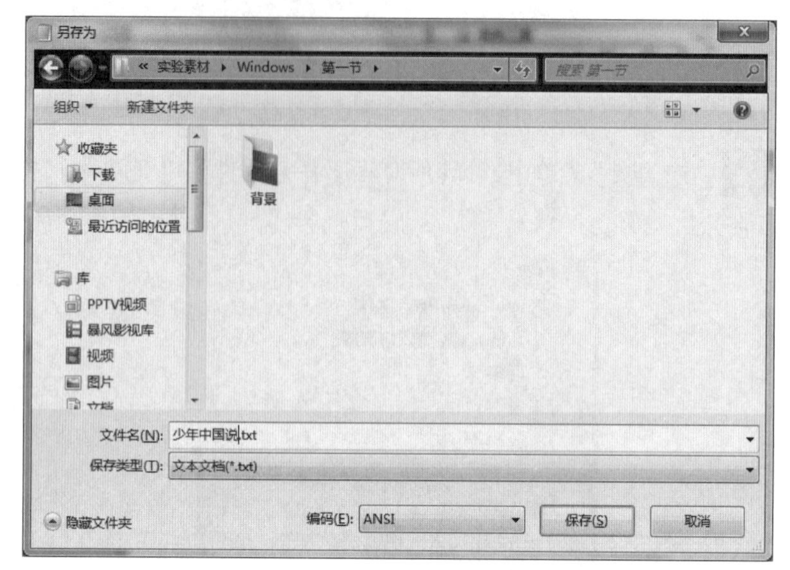


图 1-11 "另存为"对话框

5. 关闭文件。

点击【文件】→【退出】命令或点击"记事本"窗口右上角的 X 按钮,关闭文件。

## 1.2 文件和文件夹的操作

### 实验目的

1. 掌握"我的电脑"和"资源管理器"的操作与应用。
2. 掌握文件和文件夹的创建方法。
3. 掌握文件和文件夹的移动、复制、删除、重命名和查找等操作方法。
4. 掌握文件的属性设置方法。

### 实验一 添加和删除文件夹

#### 实验内容

在"\实验素材\Windows\第二节\LEO"文件夹下建立一个名为 POKH 的新文件夹,并将"\实验素材\Windows\第二节\EXTRA"文件夹下的文件夹 KUB 删除。

#### 实验步骤

1. 打开"资源管理器"窗口。

右击 ，在弹出的快捷菜单中选择“打开 Windows 资源管理器”，打开如图 1-12 所示的窗口；或用鼠标双击桌面上的“我的电脑”图标，双击打开任意一个磁盘或文件夹。

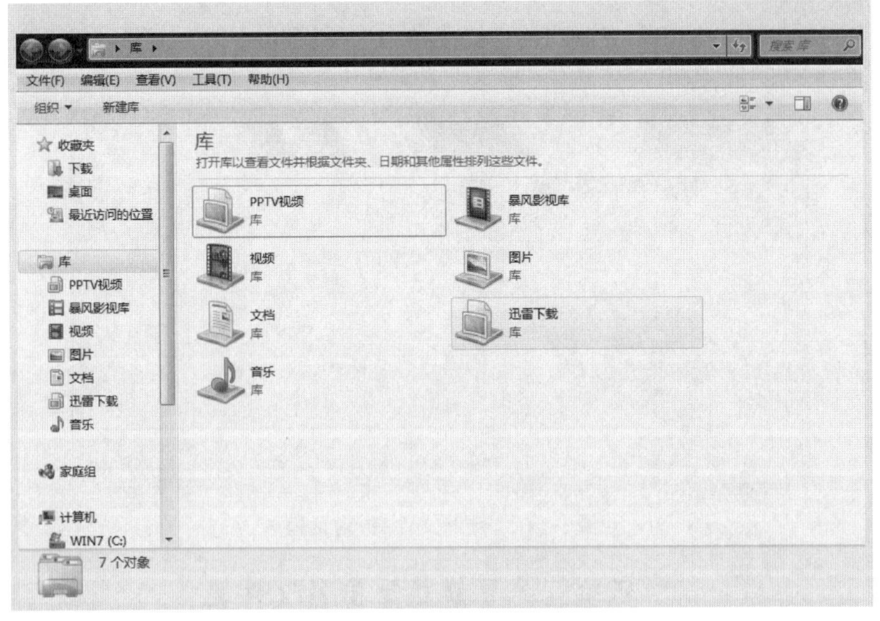


图 1-12　“资源管理器”窗口

2. 选择新建文件夹的路径。

在左窗格中选择操作路径“\实验素材\Windows\第二节\LEO”。

3. 新建文件夹。

在右窗格中点击鼠标右键，在弹出的快捷菜单中选择【新建】→【文件夹】命令，如图 1-13 所示，在文件夹名称位置输入“POKH”，即完成新建文件夹的操作。

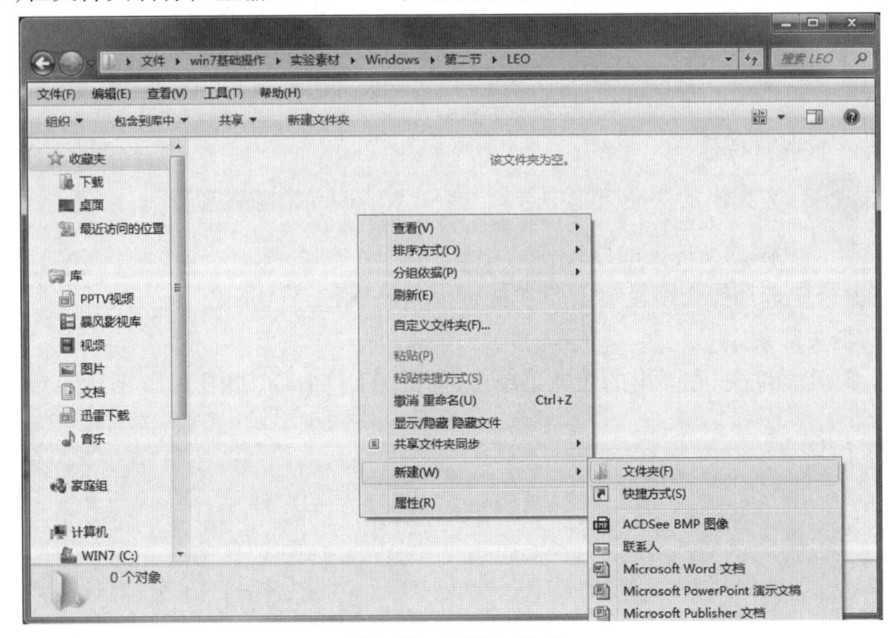


图 1-13　新建文件夹

4. 选择删除文件夹的路径。

在左窗格中选择操作路径“\实验素材\Windows\第二节\EXTRA”。

5. 删除文件夹。

在右窗格中右击“KUB”,在弹出的快捷菜单中选择【删除】命令,弹出“删除文件夹”对话框,如图 1-14 所示,点击“是”按钮,即完成删除操作。

图 1-14 “删除文件夹”对话框

## 实验二 复制和重命名文件夹

### 实验内容

将“\实验素材\Windows\第二节\SKIP”文件夹中的文件夹 GAP 复制到“\实验素材\Windows\第二节\EDOS”文件夹下,并重命名为 GUN。

### 实验步骤

1. 打开资源管理器。

右击 ,在弹出的快捷菜单中选择“打开 Windows 资源管理器”。

2. 选择待复制的文件夹的路径。

在左窗格中选择操作路径“\实验素材\Windows\第二节\SKIP”。

3. 复制文件夹。

右击 GAP 文件夹,在弹出的快捷菜单中选择【复制】命令,如图 1-15 所示。

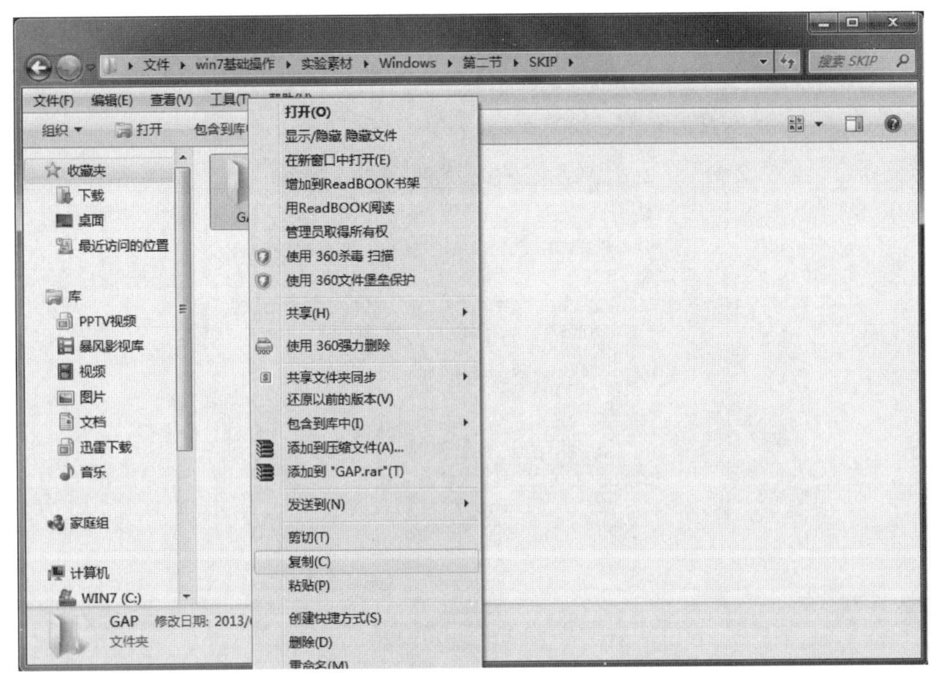


图 1-15　复制文件夹

4. 选择存放路径。

在左窗格中选择操作路径“\实验素材\Windows\第二节\EDOS”。

5. 粘贴文件夹。

右击右窗格的空白处,在弹出的快捷菜单中选择【粘贴】命令。

6. 重命名文件夹。

右击 GAP 文件夹,在弹出的快捷菜单中选择【重命名】命令,在文件夹名称位置输入“GUN”,即完成重命名的操作。

## 实验三　移动和重命名文件

### 实验内容

将“\实验素材\Windows\第二节\DEEN”文件夹中的文件 MONIE. fox 移动到“\实验素材\Windows\第二节\KUNN”文件夹中,并重命名为 MOON. idx。

### 实验步骤

1. 打开资源管理器,设置文件夹选项。

若文件扩展名被隐藏了,可进行下列操作:打开“Windows 资源管理器”窗口,选择【工具】→【文件夹选项】命令,在弹出的“文件夹选项”对话框中选择【查看】选项卡,在“高级设置”中找到“隐藏已知文件类型的扩展名”,并取消其选择,如图 1-16 所示。点击“确定”

按钮,即完成文件夹选项的设置。

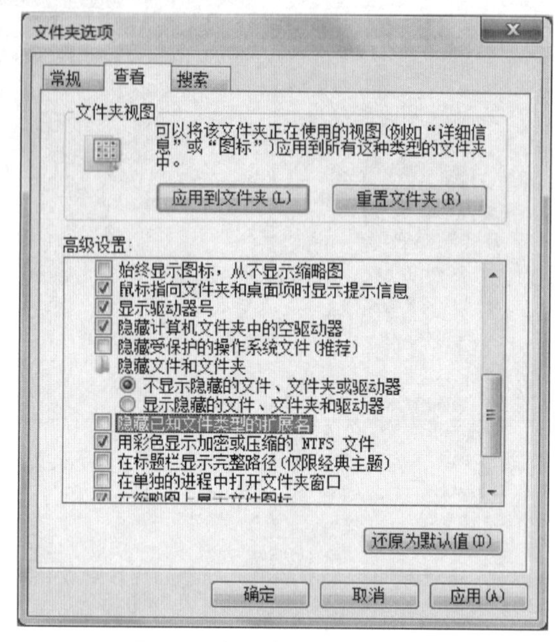


图 1-16 "文件夹选项"对话框

2. 选择移动的文件路径。

在左窗格中选择操作路径"\实验素材\Windows\第二节\DEEN"。

3. 剪切文件。

右击文件 MONIE. fox,在弹出的快捷菜单中选择【剪切】命令,如图 1-17 所示。

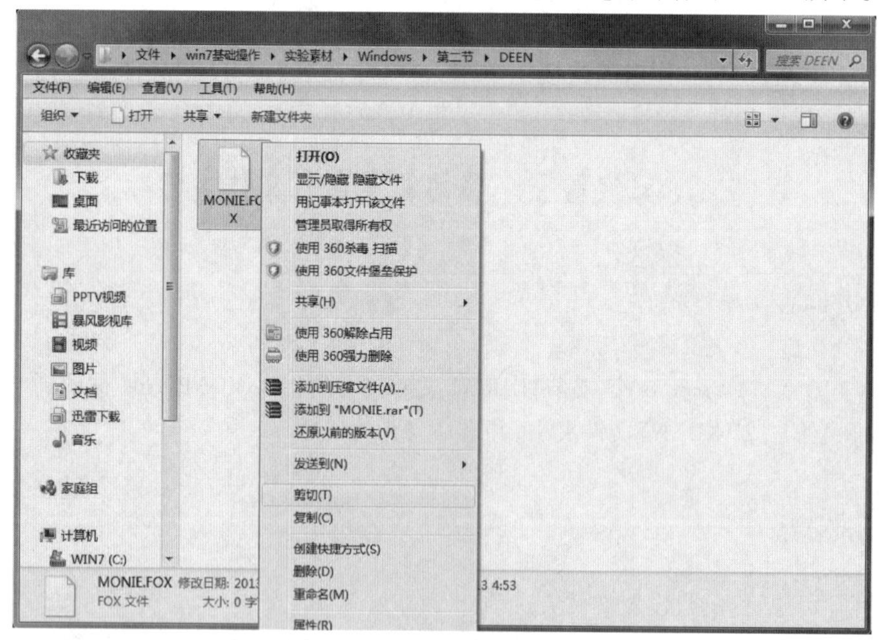


图 1-17 剪切文件

4. 选择存放路径。

在左窗格中选择操作路径“\实验素材\Windows\第二节\KUNN”。

5. 粘贴文件。

右击右窗格空白处，在弹出的快捷菜单中选择【粘贴】命令。

6. 重命名文件夹。

右击文件 MONIE. fox，在弹出的快捷菜单中选择【重命名】命令，在文件夹名称位置输入“MOON. idx”，即完成重命名的操作。

## 实验四　设置文件属性

### 实验内容

将“\实验素材\Windows\第二节”文件夹中的文件 SBC. txt 移动到“\实验素材\Windows\第二节\KUNN”文件夹中，并设置为“隐藏”和“只读”属性。

### 实验步骤

1. 打开资源管理器，选择要移动的文件路径。

在左窗格中选择操作路径“\实验素材\Windows\第二节”。

2. 查找文件。

在“资源管理器”窗口的搜索栏中输入“SBC”，资源管理器右窗格将显示“第二节”文件夹下和 SBC 相关的所有文件和文件夹，如图 1-18 所示。

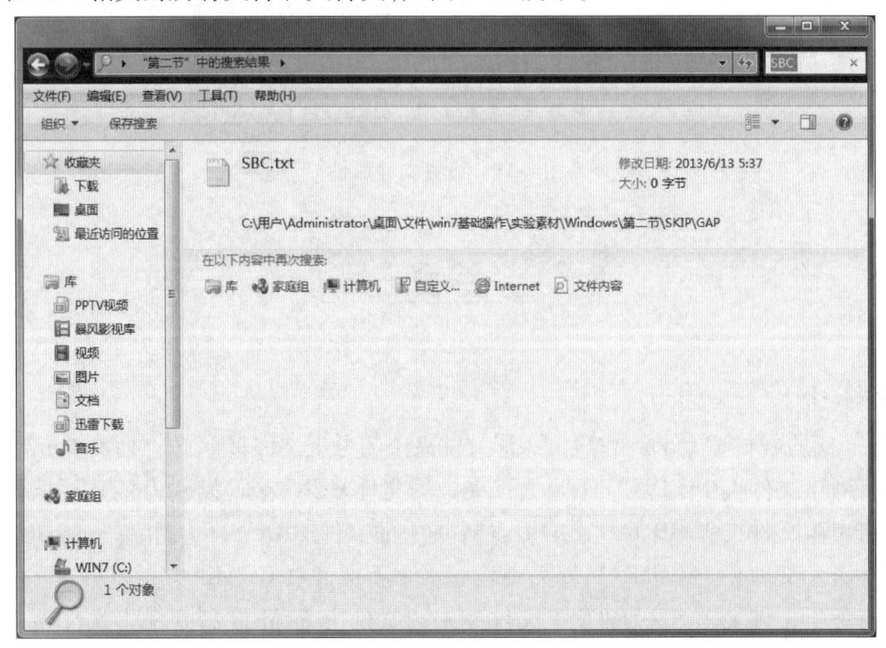


图 1-18　查找文件

3. 剪切文件。

右击资源管理器右窗格中的 SBC. txt 文件,在弹出的快捷菜单中选择【剪切】命令。

4. 选择文件存放路径。

在左窗格中选择操作路径"\实验素材\Windows\第二节\KUNN"。

5. 粘贴文件。

右击右窗格空白处,在弹出的快捷菜单中选择【粘贴】命令。

6. 设置文件属性。

右击文件 SBC. txt,在弹出的快捷菜单中选择【属性】命令,打开"SBC. txt 属性"对话框,如图1-19所示。在"SBC. txt 属性"对话框中选中"只读"和"隐藏"属性,完成文件属性设置操作。

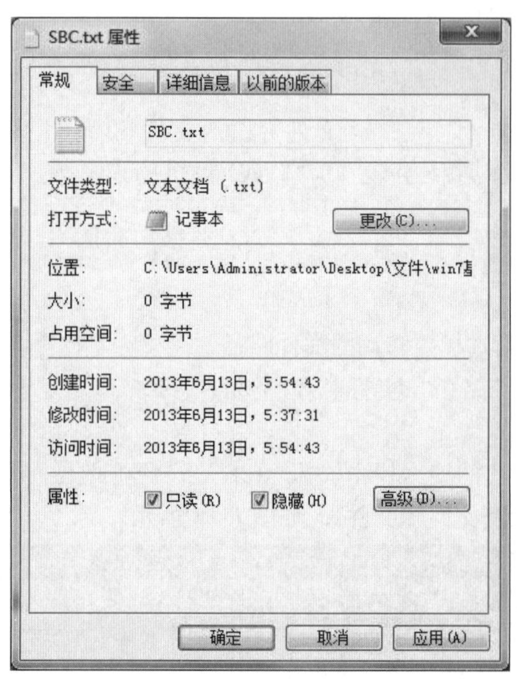


图 1-19　设置文件属性

## 综合练习

### 综合练习一

调入"\实验素材\Windows\综合练习"文件夹中的考生文件夹 1,按下列要求进行操作。

1. 将考生文件夹 1\EDIT\POPE 文件夹中的文件 CENT. pas 设置为"隐藏"属性。

2. 将考生文件夹 1\BROAD\BAND 文件夹中的文件 GRASS. for 删除。

3. 在考生文件夹 1\COMP 文件夹中建立一个新文件夹 COAL。

4. 将考生文件夹 1\STUD\TEST 文件夹中的文件夹 SAM 复制到考生文件夹 1\KIDS\CARD 文件夹中,并将文件夹重命名为 HALL。

5. 将考生文件夹 1\CALIN\SUN 文件夹中的文件夹 MOON 移动到考生文件夹 1\LION

文件夹中。

**综合练习二**

调入“\实验素材\Windows\综合练习”文件夹中的考生文件夹 2,按下列要求进行操作。

1. 将考生文件夹 2\KEEN 文件夹设置为“隐藏”属性。

2. 将考生文件夹 2\QEEN 文件夹移动到考生文件夹 2 下的 NEAR 文件夹中,并重命名为 SUNE。

3. 将考生文件夹 2\CREAM 文件夹中的文件夹 SOUP 删除。

4. 在考生文件夹 2 下建立一个新文件夹 TEST。

5. 将考生文件夹 2\DEER\DAIR 文件夹中的文件 TOUR. pas 复制到考生文件夹 2\CRY\SUMMER 文件夹中。

**综合练习三**

调入“\实验素材\Windows\综合练习”文件夹中的考生文件夹 3,按下列要求进行操作。

1. 将考生文件夹 3\TIAN 文件夹中的文件 ARJ. exp 设置为“只读”属性。

2. 将考生文件夹 3\DOVER\SWIM 文件夹中的文件夹 DELPHI 删除。

3. 将考生文件夹 3\LI\QIAN 文件夹中的文件夹 YANG 复制到考生文件夹 3\WANG 文件夹中。

4. 在考生文件夹 3\ZHAO 文件夹中建立一个新文件夹 GIRL。

5. 将考生文件夹 3\SHEN\KANG 文件夹中的文件 BIAN. arj 移动到考生文件夹 3\HAN 文件夹中,并重命名为 QULIU. arj。

**综合练习四**

调入“\实验素材\Windows\综合练习”文件夹中的考生文件夹 4,按下列要求进行操作。

1. 将考生文件夹 4\DATE\CARD 文件夹中的文件 ABA. txt 复制到同一文件夹中,并重命名为 SYS. txt。

2. 在考生文件夹 4\APPLE 文件夹中建立一个新文件夹 BANANA。

3. 将考生文件夹 4\BALLA\POPE 文件夹中的文件 CENT. pas 的属性修改为“只读”属性。

4. 将考生文件夹 4\TREEBOX 文件夹中的文件夹 TEST 删除。

5. 将考生文件夹 4\SUB\BAND 文件夹中的文件 GRASS. for 重命名为 CASS. for。

**综合练习五**

调入“\实验素材\Windows\综合练习”文件夹中的考生文件夹 5,按下列要求进行操作。

1. 将考生文件夹 5\DREE\DAIR 文件夹中的文件 ABC. pas 复制到考生文件夹 5\ZOO 文件夹中。

2. 将考生文件夹 5\QUEEN\SUMMER 文件夹中的文件 SYB. txt 设置为“隐藏”属性。

3. 在考生文件夹 5 下建立一个新文件夹 SER。

4. 将考生文件夹 5\ARRAY\SOUP 文件夹中的文件 BOOR. docx 移动到考生文件夹 5\JEEP 文件夹中,并将该文件重命名为 ASC. docx。

5. 将考生文件夹 5\NARE 文件夹中的文件 STE. xlsx 删除。

第2章

# Word 2016 文字处理

##  2.1 文字基本编辑

### 实验目的

1. 熟悉 Word 2016 的操作环境。
2. 掌握各种输入法的切换方法。
3. 掌握文本的选择及编辑操作技术。
4. 掌握替换的操作方法。

### 实验一 文字的录入和保存

#### 实验内容

录入如图 2-1 所示的文字内容,要求全部使用中文标点,并以 ED1. docx 为文件名保存在"\实验素材\Word\第一节"文件夹中。

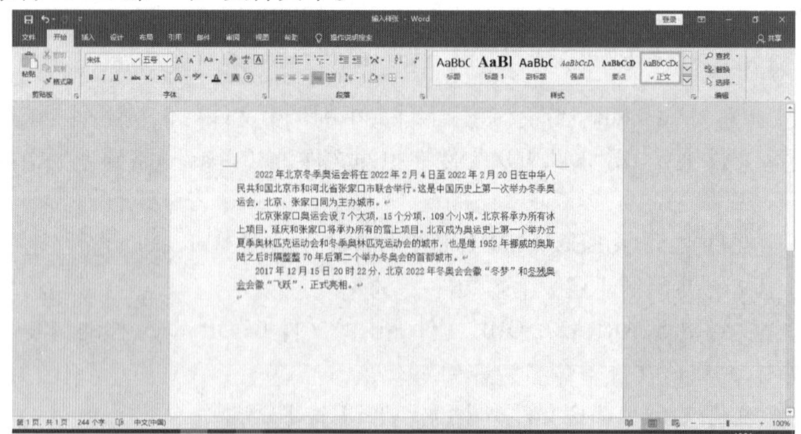


图 2-1 录入内容

## 实验步骤

1. 点击【开始】→【所有程序】→【Microsoft Office】→【Microsoft Word 2016】，启动 Word 2016，首先进入欢迎界面，如图 2-2 所示。

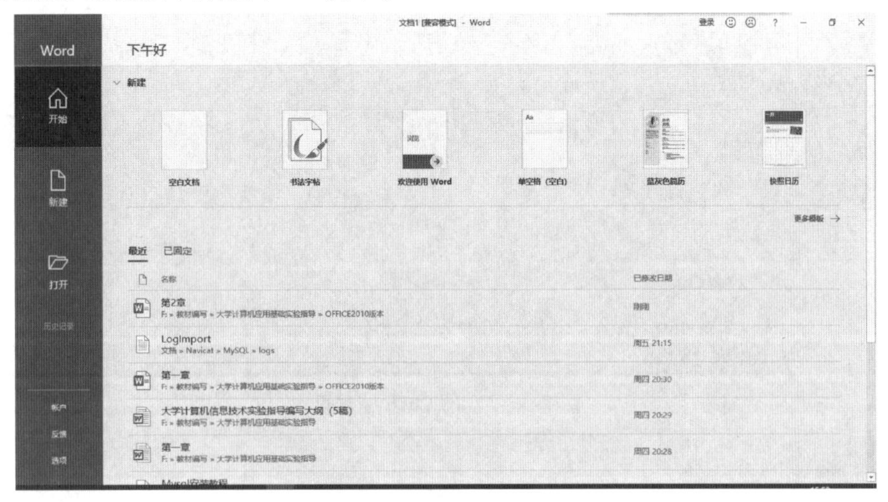


图 2-2　Word 2016 的欢迎界面

☞ **提示**

(1) Word 2016 的欢迎界面新增许多新的模板，当我们点击左侧的“新建”按钮时，可以看到信函、简历、求职信等多种文档模板，如图 2-3 所示。

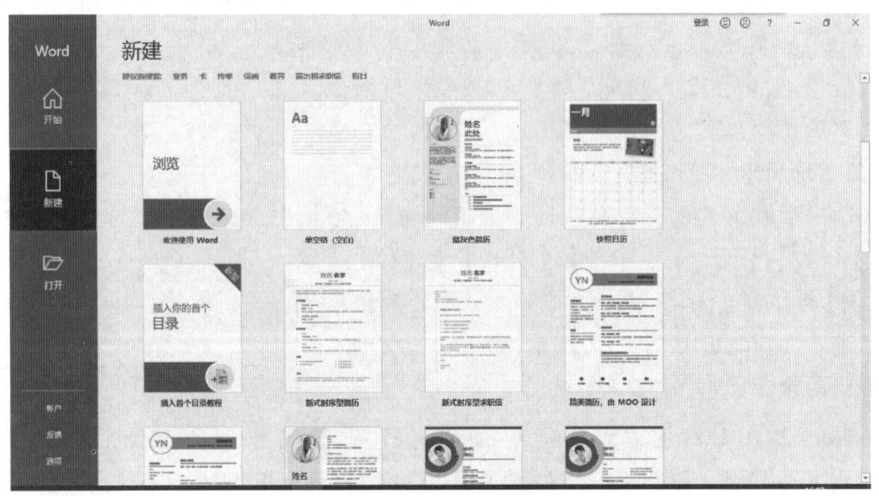


图 2-3　新建模板

(2) Word 2016 新增了账户功能，可以更好地保护个人文档隐私。

2. 点击图2-2中的“空白文档”按钮,进入Word 2016的界面,如图2-4所示。

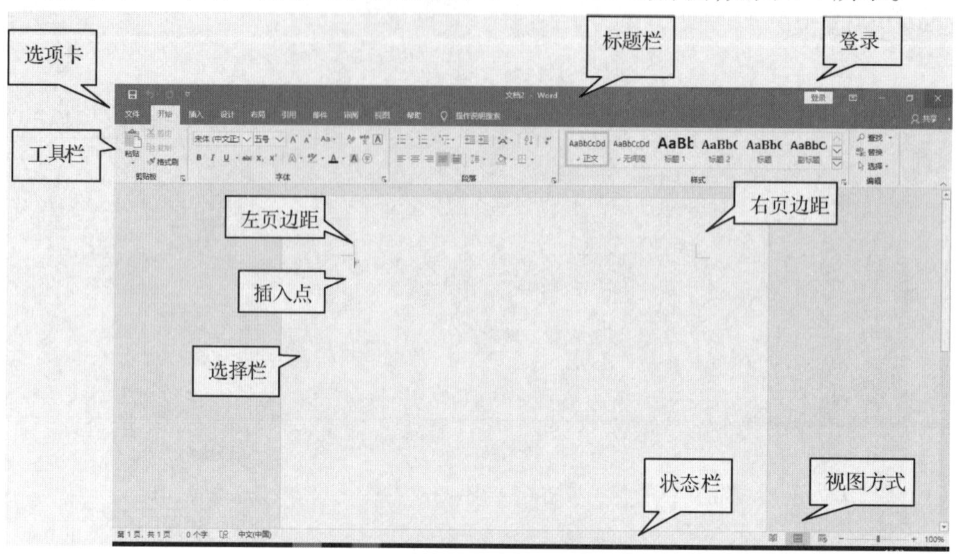


图2-4 Word 2016的界面

☞ **提示**

(1) Word 2016的界面相比以前版本的界面有很大改动,更加自由、直观、简洁。

(2) 标题栏从左至右分别为“保存”按钮、“撤消”按钮、“重复”按钮、自定义快速访问工具栏、文档名称、功能区显示选项、“最小化”按钮、“最大化/向下还原”按钮、“关闭”按钮等。其中,点击“自定义快速访问工具栏”,可以弹出快捷菜单,如图2-5所示,用户可以在标题栏上自由添加或删除快捷工具。功能区显示选项包含:自动隐藏功能区、显示选项卡、显示选项卡和命令。

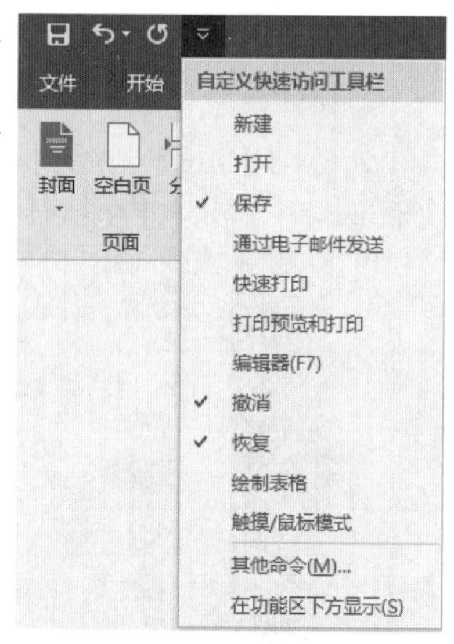


图2-5 自定义快速访问工具栏

(3) 选项卡和工具栏合称功能区。选项卡由【文件】、【开始】、【插入】、【设计】、【布局】、【引用】、【邮件】、【审阅】、【视图】等组成。选择不同的选项卡,则显示相应的工具栏。进入Word 2016时默认显示【开始】选项卡。功能区最右侧的按钮 ^ ,可折叠或固定功能区。

(4) Word 2016的视图方式可分为:阅读视图、页面视图、Web版式视图、大纲视图、草稿。根据具体操作,选择不同的视图方式。文档的编辑和格式化一般在页面视图中,实现所见即所得。视图方式右侧是编辑文稿的显示比例,点击100%,可出现“缩放”对话框,如图2-6所示。也可以通过拖动状态栏上的调节按钮来调整所编辑文稿的显示比例。

(5) 选择栏位于左页边距标志的左侧。当鼠标位于选择栏时会变为右向箭头,点击鼠标左键可选择一行文字,双击可选择一个段落的文字,三击可选择整篇文档。

(6) 页边距中间的大片空白区域是文本编辑区。

3. 选择输入法。

一般用 < Ctrl >(控制键) + 空格键完成汉字输入法与英文输入法的转换;用 < Ctrl >(控制键) + < Shift >(上档键)完成各种汉字输入法之间的转换。

4. 输入文档内容。

选择合适的汉字输入法以后,从插入点位置开始就可以输入文档内容了。一行输入完毕,文档会自动换行。一个段落输入完毕,以回车键作为段落结束的标志。

5. 保存文件。

点击标题栏中的"保存"按钮,显示"另存为"界面,如图 2-7 所示。

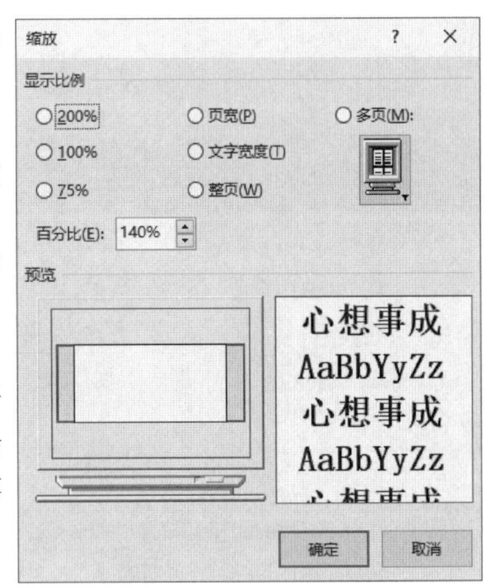


图 2-6　"缩放"对话框

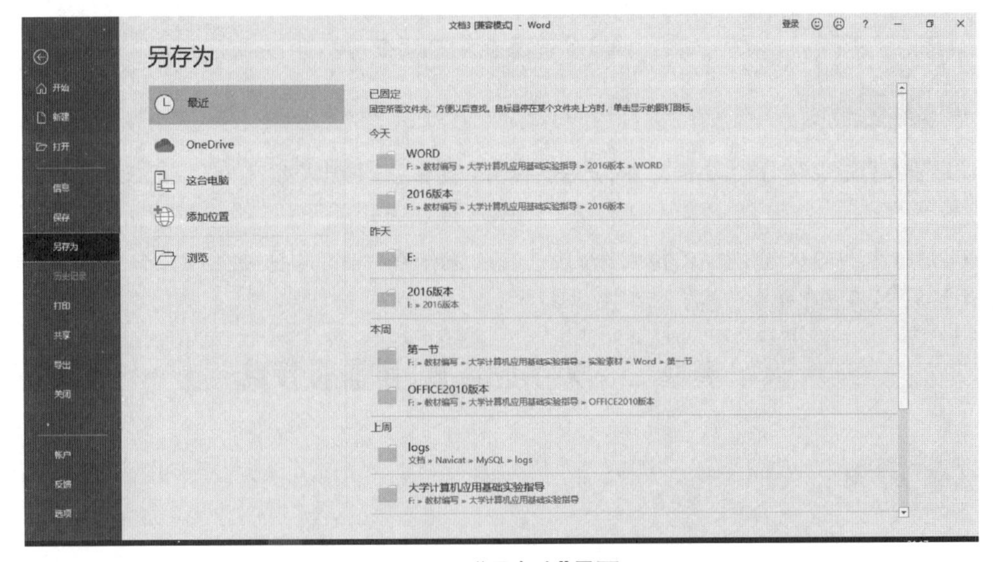


图 2-7　"另存为"界面

双击"另存为"界面中的"这台电脑"按钮,出现"另存为"对话框,如图 2-8 所示。选择保存类型 Word 文档( * . docx),输入文件名"ED1",点击"保存"按钮。

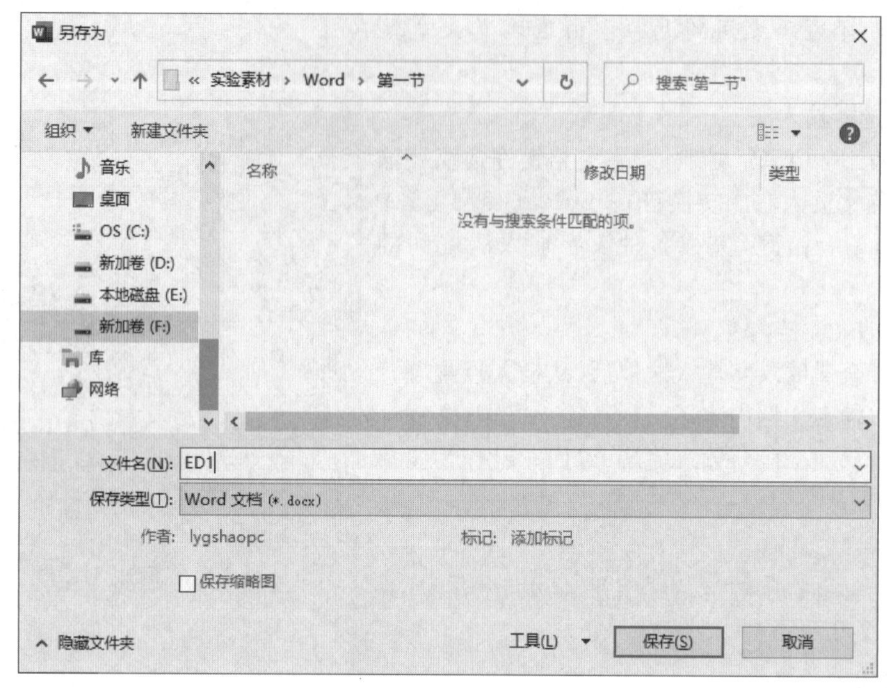


图 2-8 “另存为”对话框

☞ 提示

(1) 对于首次保存的文档文件,点击“保存”按钮,可弹出“另存为”界面及“另存为”对话框。

(2) 对于非首次保存的文档文件,如果要改变保存位置、保存类型和文件名,则须选择【文件】→【另存为】命令,进行保存操作。

## 实验二 文字的添加、删除和修改

### 实验内容

打开“\实验素材\Word\第一节”文件夹中的 ED2. docx 文件,给文档加标题“第三产业”,删除文档的最后一段。

### 实验步骤

1. 点击文档第一行的最前面,按回车键 <Enter> 插入一行,在空行处输入标题“第三产业”。

2. 选择最后一段,然后按删除键 <Delete> 即可。

☞ **提示**

(1) 文字的选择。

选择一行:在选择栏点击鼠标左键。

选择一个段落:在选择栏双击鼠标左键。

选择整篇文档:在选择栏三击鼠标左键。

其他选择:选择插入点,从插入点开始拖动鼠标,完成文本的选择。

(2) 文字的添加。

选择插入点,输入要添加的文字即可。

(3) 文字的修改。

选择要修改的文字,直接输入修改的内容。

## 实验三　文字的复制和移动

### 实验内容

打开"\实验素材\Word\第一节"文件夹中的 ED3. docx 文件,将 ED3. docx 文件中第五段与第六段互换;新建文档,将 ED3. docx 文件中的最后四个段落复制到新文档中,将新文档取名为 NEW. docx,保存在"\实验素材\Word\第一节"文件夹中。

### 实验步骤

1. 选择要移动的第五段,点击【开始】选项卡中的"剪切"按钮 剪切 。

2. 将插入点定位于原来的第七段之前。

3. 点击【开始】选项卡中的"粘贴"按钮  。



4. 点击【文件】→【新建】命令,显示新建文档窗口,如图 2-9 所示,点击"空白文档"按钮,创建新文档。

☞ **提示**

Word 2016 提供了多种模板,以适应信息文档编辑的需求,可非常方便地制作求职信、简历、日历、报告、聚会邀请函等文档。

5. 在 ED3. docx 文件中选择要复制的段落,点击【开始】选项卡中的"复制"按钮 复制 。

6. 选择新文档。

7. 点击【开始】选项卡中的"粘贴"按钮  。

8. 保存新文档。

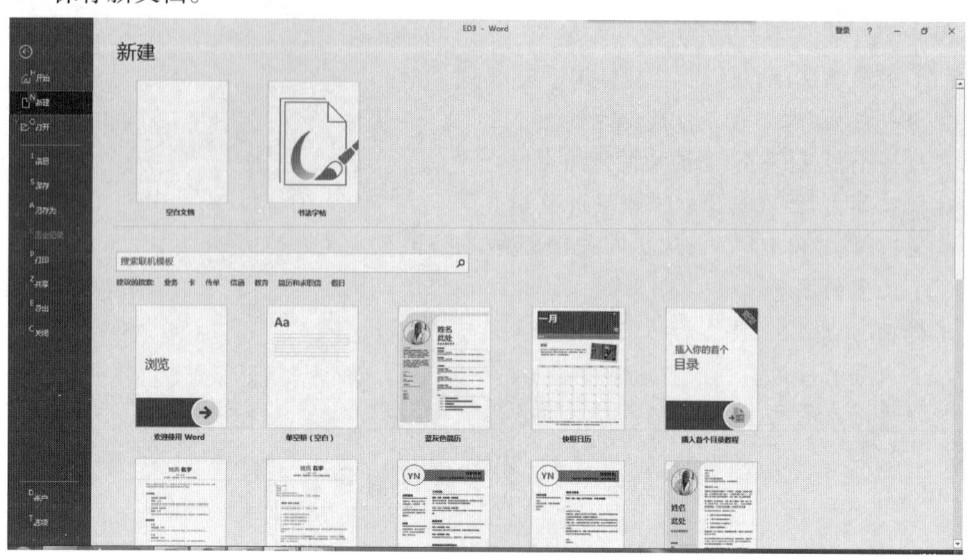


图 2-9　新建文档窗口

## 实验四　文字的查找与替换

### 实验内容

打开“\实验素材\Word\第一节”文件夹中的 ED4. docx 文件,将文档中所有文字“中国”替换为“China”,加上格式:黑体、红色、四号字、粗体。

### 实验步骤

1. 点击【开始】选项卡中的“替换”按钮 ab/ac 替换 ,弹出如图 2-10 所示的对话框。

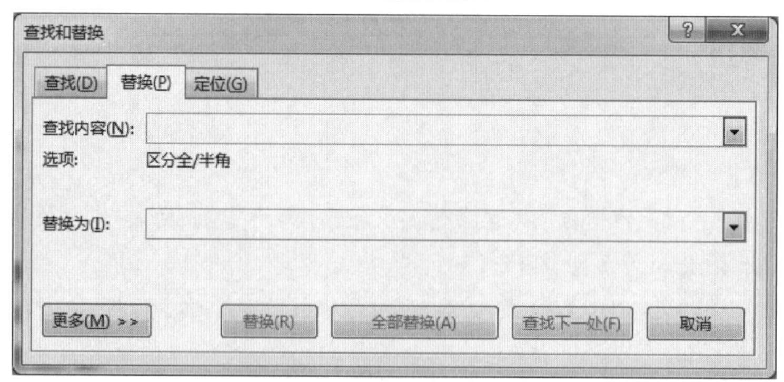


图 2-10　“查找和替换”对话框

2. 在“查找内容”处输入要查找的文字“中国”。
3. 在“替换为”处输入要替换的内容“China”。

4. 点击“更多”按钮,可看到如图 2-11 所示的界面,点击【格式】→【字体】命令,可以对替换的内容设置格式。

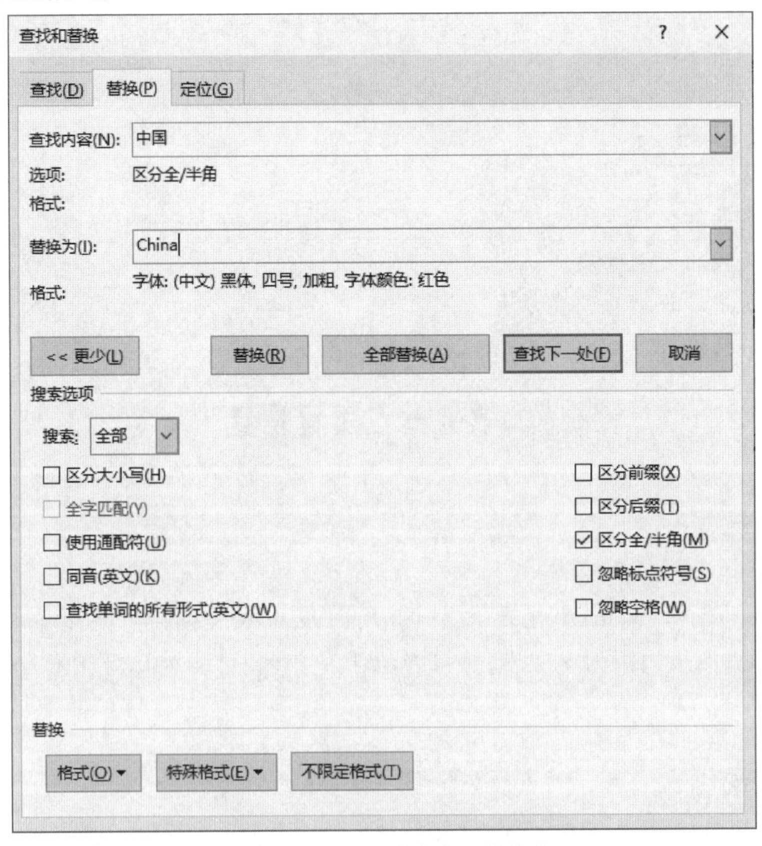


图 2-11　对替换的内容设置格式

5. 设置完后点击“全部替换”按钮。

6. 关闭“查找和替换”对话框。

### ☞ 提示

(1) 当点击“更多”按钮的时候,光标会自动转到“查找内容”处。若只对“替换为”处内容加格式,则须在设置格式之前点击“替换为”处。

(2) 若要去掉已加上的格式,可以点击“不限定格式”按钮。

(3) 有时候需要设置搜索选项,来规定搜索范围。

# 2.2 页面设置

## 实验目的

1. 掌握页面的设置方法。
2. 掌握页码的设置方法。
3. 掌握页眉和页脚的设置方法。
4. 了解节的概念。

## 实验一 页面设置

### 实验内容

打开“\实验素材\Word\第二节”文件夹中的 ED. docx 文件，将页面设置为：上、下页边距为 2 厘米，左、右页边距为 3 厘米，装订线位于左侧，装订线为 0. 5 厘米，A4 纸，每页 40 行，每行 38 字符。

### 实验步骤

1. 点击【布局】选项卡，可见【页面设置】组，如图 2-12 所示。

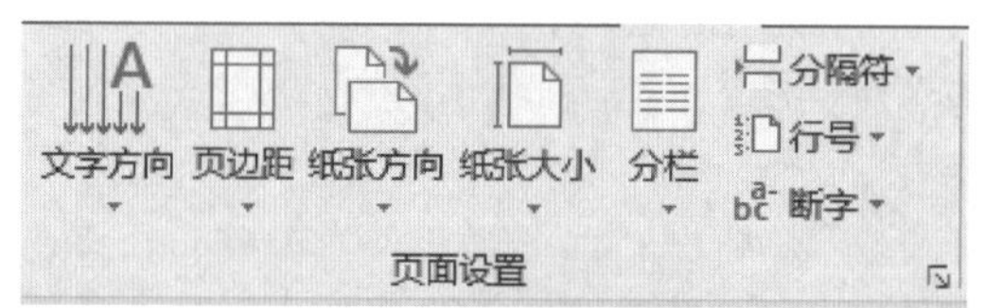


图 2-12 【页面设置】组

☞ 提示

(1) 利用【页面设置】组可以方便地设置文字方向、页边距、纸张方向、纸张大小、分栏方式。当点击各个按钮下方向下箭头时，可以看到目前文档的页边距、纸张方向、纸张大小的各种状态，也可以重新设置各种参数。

(2) 利用【页面设置】组还可以设置分隔符(如分页符、分节符)、行号等。

2. 点击【页面设置】组右部的按钮 ⌞ ，可显示“页面设置”对话框，如图 2-13 所示。
3. 设置上、下页边距及左、右页边距，设置装订线。
4. 选择“纸张”选项卡，设置纸张大小为 A4，如图 2-14 所示。
5. 选择“文档网格”选项卡，选用“指定行和字符网格”，输入每页行数、每行字符数，如

图 2-15 所示。

6. 点击"确定"按钮完成操作。

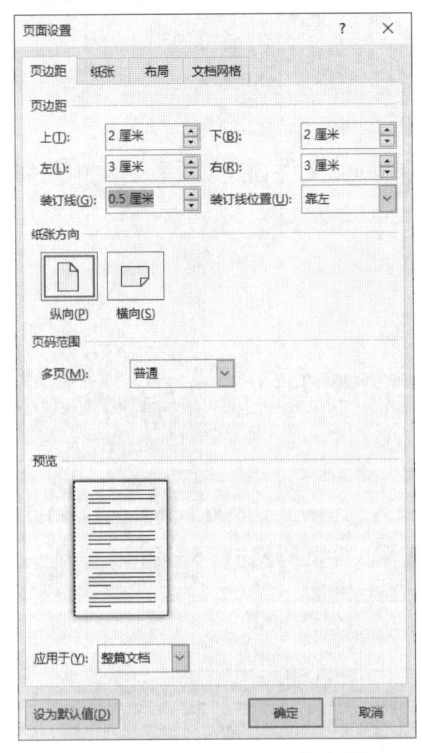


图 2-13　"页面设置"对话框

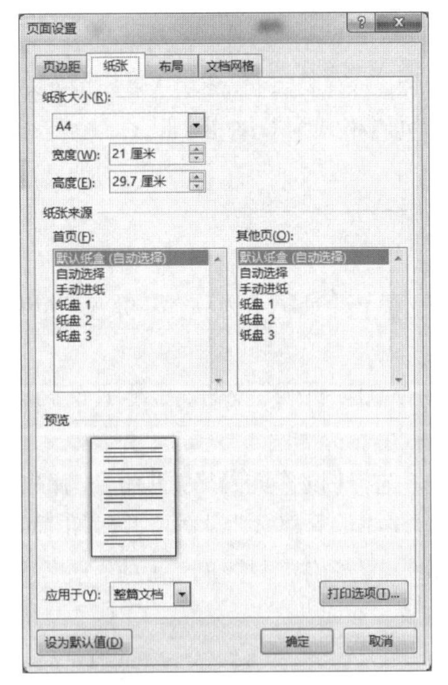


图 2-14　设置纸张大小

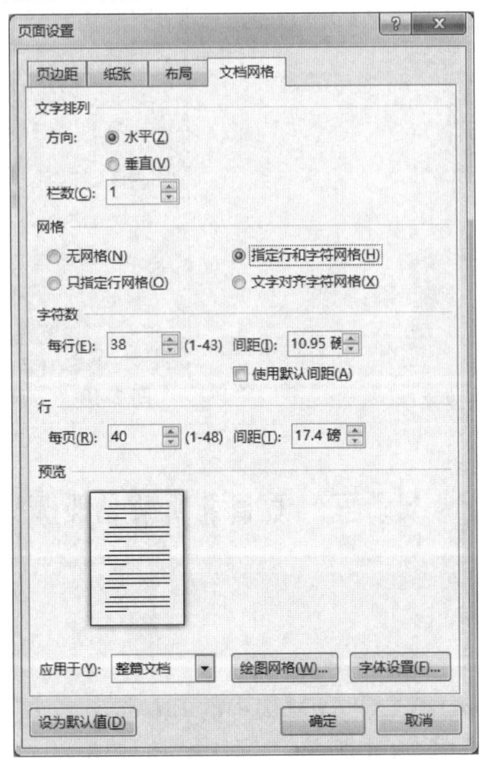


图 2-15　设置每页行数和每行字符数

## 实验二　页码的设置

### 实验内容

打开“\实验素材\Word\第二节”文件夹中的 ED. docx 文件,在页面底端居中位置插入页码,页码格式为“Ⅰ,Ⅱ,Ⅲ,…”。

### 实验步骤

1. 点击【插入】选项卡,可见【页眉和页脚】组,如图 2-16 所示。
2. 点击“页码”按钮,可显示页码设置快捷菜单,如图 2-17 所示。

图 2-16　【页眉和页脚】组

3. 选择【设置页码格式】命令,弹出如图 2-18 所示的“页码格式”对话框。
4. 在“编号格式”中选择“Ⅰ,Ⅱ,Ⅲ,…”,如图 2-18 所示。
5. 点击“确定”按钮,完成操作。

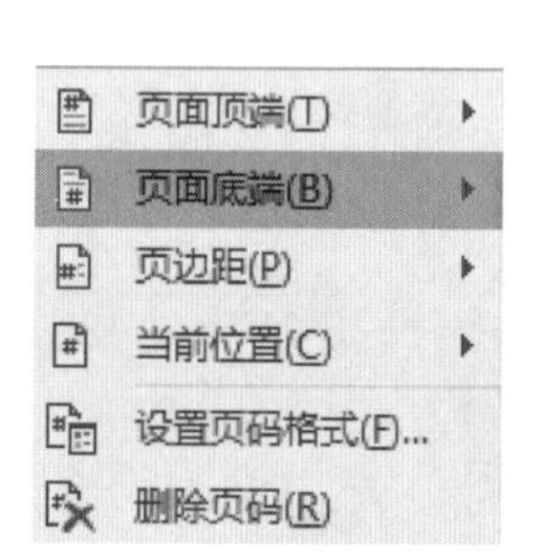


图 2-17　页码设置快捷菜单

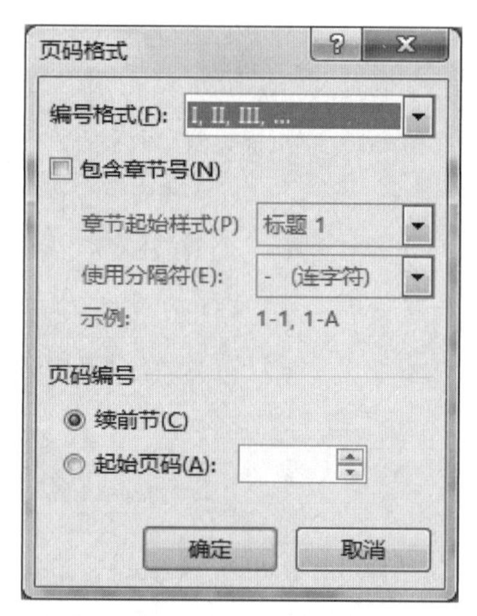


图 2-18　“页码格式”对话框

## 实验三　页眉和页脚的设置

### 实验内容

打开“\实验素材\Word\第二节”文件夹中的 ED. docx 文件,设置奇数页页眉为“人口危机”、居中对齐,偶数页页眉为“计划生育”、居中对齐。

## 实验步骤

1. 点击【插入】选项卡,可见【页眉和页脚】组,如图 2-16 所示。
2. 点击“页眉”按钮,弹出如图 2-19 所示的快捷菜单。
3. 选择【编辑页眉】命令,进入【页眉和页脚工具－设计】选项卡,如图 2-20 所示。
4. 选中“奇偶页不同”复选框,如图 2-21 所示。
5. 输入奇数页页眉“人口危机”,确定为居中对齐方式。
6. 点击“下一节”按钮,输入偶数页页眉“计划生育”,确定为居中对齐方式。
7. 点击“关闭页眉和页脚”按钮。

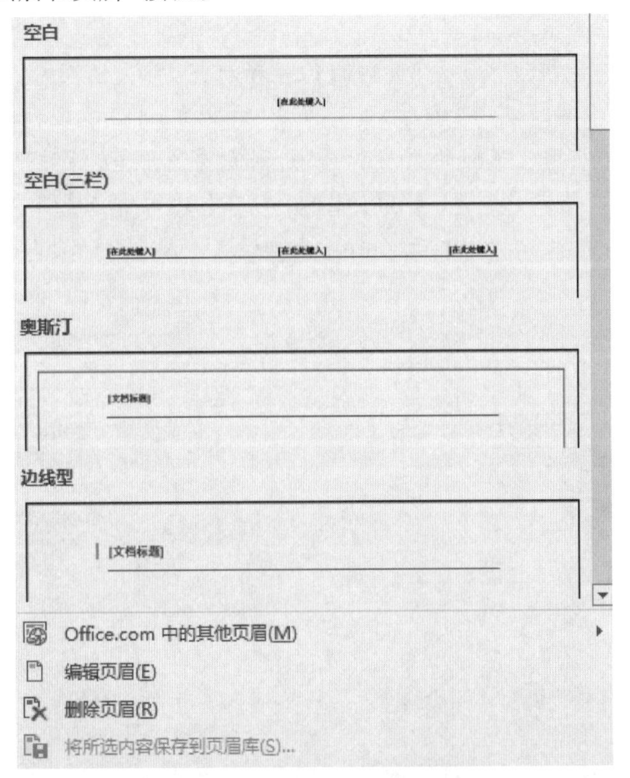


图 2-19　页眉设置快捷菜单

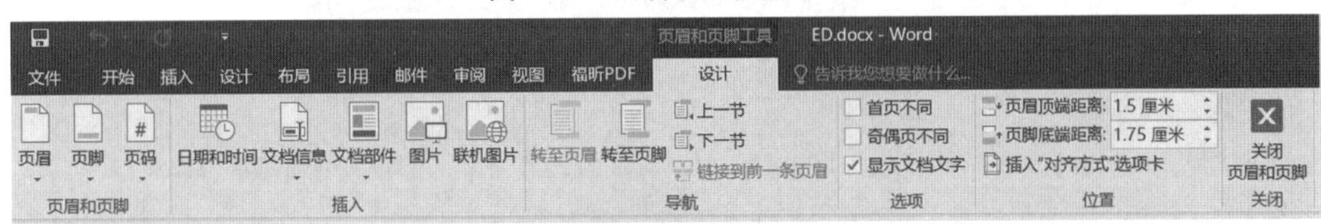


图 2-20　【页眉和页脚工具–设计】选项卡

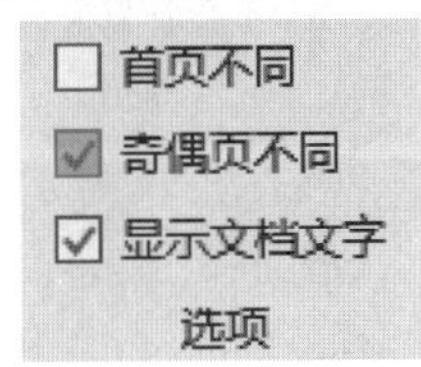


图 2-21　选项按钮

☞ **提示**

(1)【页眉和页脚工具-设计】选项卡由【页眉和页脚】、【插入】、【导航】、【选项】、【位置】、【关闭】六个组所组成。

(2)【页眉和页脚】组可设置页眉、页脚和页码。

(3)【插入】组可以在页眉/页脚中插入日期和时间、文档信息(包含:作者、文件名、文件路径、文档标题、文档属性、域)、文档部件(包含:自动图文集、文档属性、域、构建基块管理器)、图片、联机图片(登录 Office 账号可插入图片)。

(4)【导航】组可完成页眉/页脚之间的转换、上一节/下一节页眉或页脚信息。

(5)【选项】组可以设置页眉/页脚在文档首页是否相同、奇偶页是否相同、页眉/页脚设置时文档内容是否显示。

(6)【位置】组可精确设置页眉/页脚的位置和对齐方式,插入对齐制表位,如图 2-22 所示,在确定对齐基准的时候可设置左对齐、居中、右对齐,并设置多种前导符。

(7) 如果文档中有多处不同的页眉和页脚,则需要使用节,针对不同的节设置不同的页眉和页脚。设置方法是:点击【布局】选项卡,在【页面设置】组点击“分隔符”按钮 分隔符 ,打开分页符、分节符选项,如图 2-23 所示。

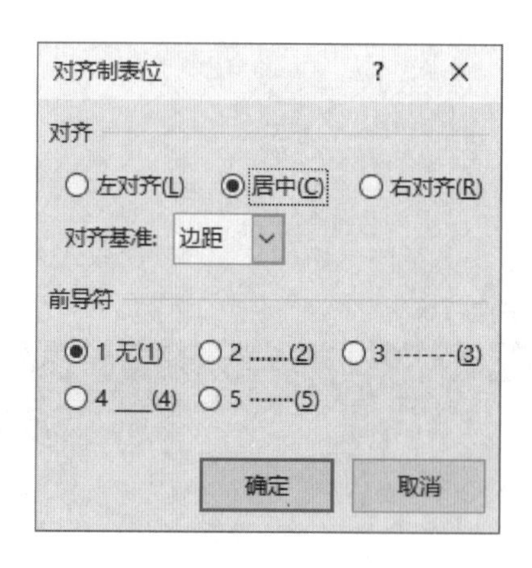


图 2-22 “对齐制表位”对话框

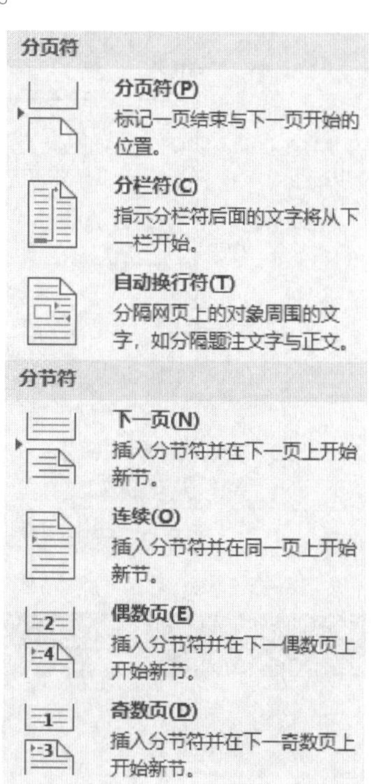


图 2-23 分页符、分节符选项

## 2.3 文字段落排版

### 实验目的

1. 掌握字体格式化的操作方法。
2. 掌握段落格式化的操作方法。
3. 掌握首字下沉的设置方法。
4. 掌握文字、段落的边框及底纹的设置方法。

## 实验一 字体格式化

### 实验内容

打开"\实验素材\Word\第三节"文件夹中的 ED. docx 文件，给文章加标题"人口问题"，设置其格式为：幼圆、小一号、红色，字符间距缩放 150%，文字效果为"文本填充"的"渐变填充"，"预设渐变"为"中等渐变-个性色 4"、"类型"为"线性"、"方向"为"线性向下"、"角度"为"90°"。

### 实验步骤

1. 输入标题"人口问题"。（操作方法参见 2.1 文字基本编辑中的实验二）
2. 选择标题行的文本。
3. 点击【开始】选项卡，如图 2-24 所示。

图 2-24 "开始"选项卡

4. 点击【字体】组右下部的按钮 ，可显示"字体"对话框。按实验内容设置字体、字形、字号、字体颜色，如图 2-25 所示。
5. 点击"高级"选项卡，设置字符间距缩放 150%，如图 2-26 所示。

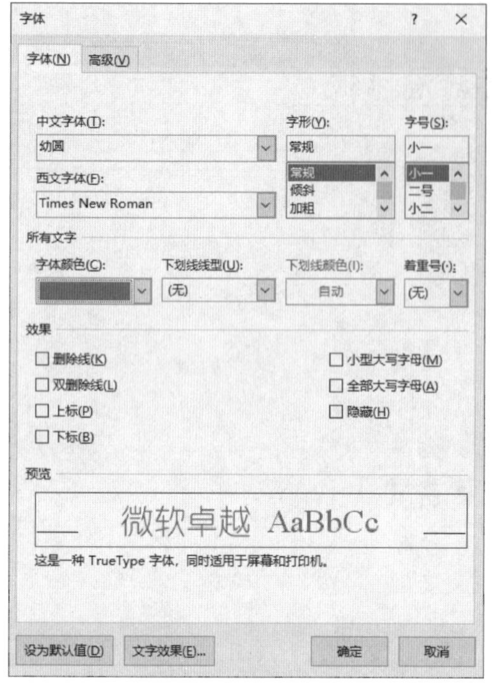

图 2-25 “字体”对话框

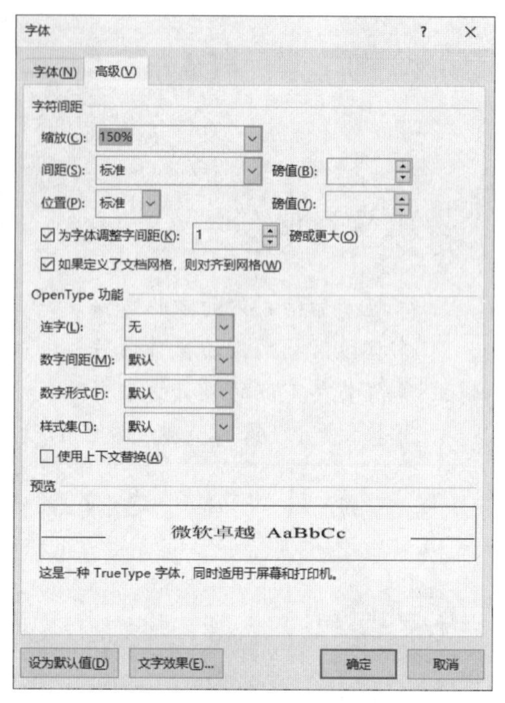

图 2-26 “字体”对话框中的“高级”选项卡

6. 点击图 2-26 中的“文字效果”按钮,设置文本效果,如图 2-27 所示。

7. 关闭“设置文本效果格式”任务窗格。

8. 点击“字体”对话框中的“确定”按钮,完成操作。

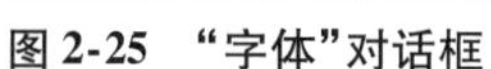

☞ 提示

(1) 在“字体”选项卡中还可以设置西文字体、文字的下划线线型、下划线颜色、着重号、效果等内容。

(2) 在“高级”选项卡中还可以设置字符的间距、字符的位置等内容。

(3) 文本效果格式丰富,可对选择的文本设置填充效果:无填充、纯色填充、渐变填充。可对选择的文本设置边框:无线条、实线、渐变线。

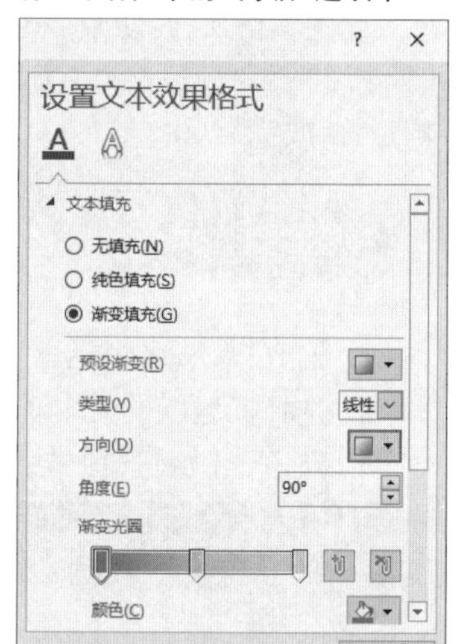

图 2-27 设置文本效果

(4) 快速字体格式化,可以直接使用【字体】组中的工具,如图 2-28 所示。【字体】组中包含如下工具:字体、字号、增大字号、减小字号、更改大小写、清除所有格式、拼音指南、字符边框以及加粗、倾斜、下划线、删除线、下标、上标、文本效果和版式、以不同颜色突出显示文本、字体颜色、字符底纹、带圈字符等。

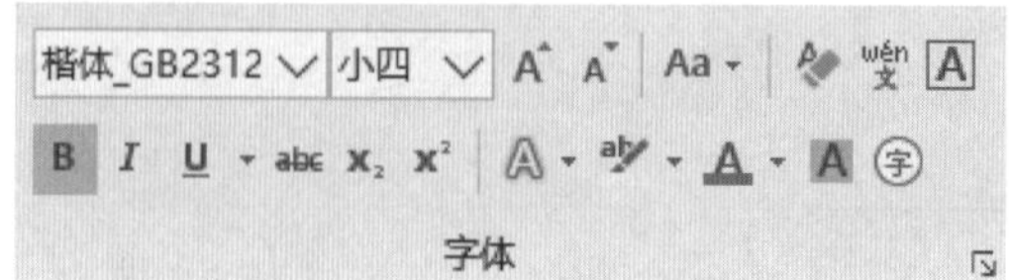

图 2-28 【字体】组

# 实验二　段落格式化

## 实验内容

打开“\实验素材\Word\第三节”文件夹中的 ED. docx 文件,将正文所有段落设置为首行缩进 2 字符、1.5 倍行距。

## 实验步骤

1. 选择除标题之外的其余段落。

2. 点击【开始】选项卡,如图 2-24 所示。

3. 点击【段落】组右下部的按钮 ,可显示“段落”对话框,在其中设置缩进特殊格式:首行缩进,度量值为“2 字符”,行距为“1.5 倍行距”,如图 2-29 所示。

4. 点击“确定”按钮,完成操作。

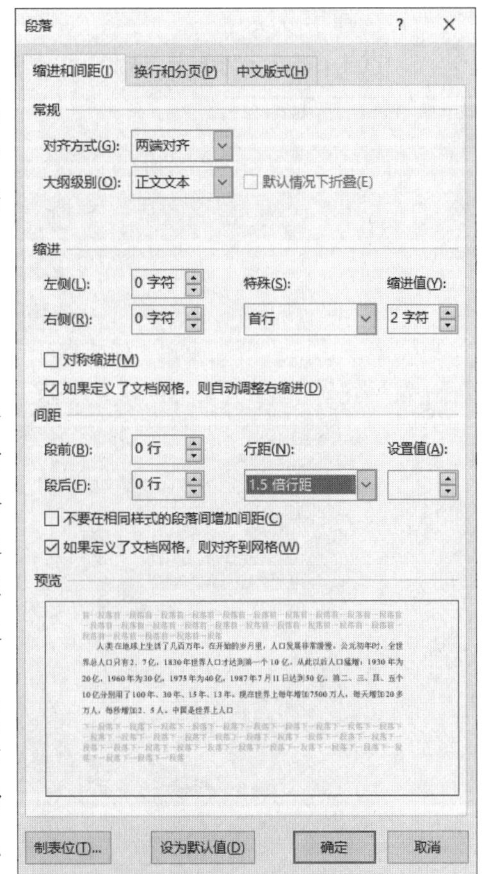


图 2-29　“段落”对话框

☞ **提示**

(1) 在“段落”对话框中可以设置段落的对齐方式(左对齐、右对齐、居中、两端对齐、分散对齐)、段落左右缩进的字符数、段落缩进的特殊格式(首行缩进、悬挂缩进)、段落之间的间距(所选段落之前、所选段落之后)、行与行之间的间距(单倍行距、1.5 倍行距、2 倍行距、最小值、固定值、多倍行距)。

(2) 快速段落格式化,可以直接使用【段落】组的工具,如图 2-30 所示。【段落】组中包含如下工具:项目符号、编号、多级列表、减少缩进量、增加缩进量、中文版式、排序、显示/隐藏编辑标记、左对齐、居中、右对齐、两端对齐、分散对齐、行和段落间距、底纹、边框。

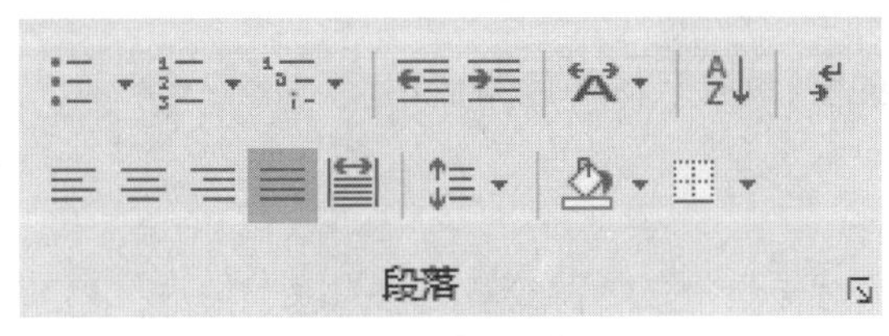


图 2-30　【段落】组

## 实验三　设置首字下沉效果

### 实验内容

打开“\实验素材\Word\第三节”文件夹中的 ED. docx 文件,设置第一段首字下沉 2 行、距正文 0.5 厘米,首字字体为楷体、颜色为蓝色。

### 实验步骤

1. 选择第一段。

2. 点击【插入】选项卡,选择【文本】组中的“首字下沉”,如图 2-31 所示,在下拉列表中选择“首字下沉选项”。

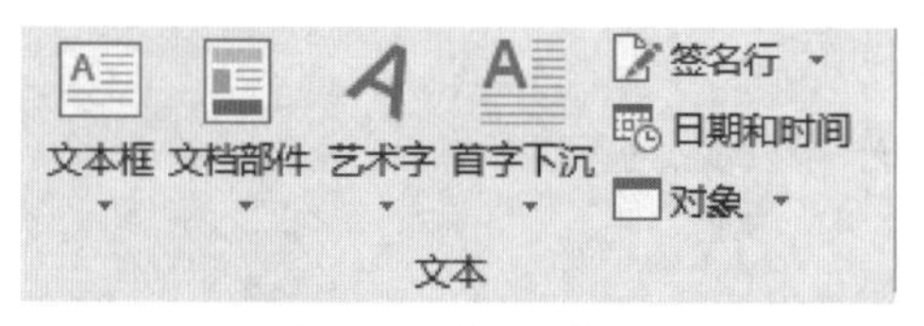


图 2-31　【文本】组

3. 在弹出的“首字下沉”对话框中选择“位置”为“下沉”,选择“字体”为“楷体”,“下沉行数”为“2”,“距正文”为“0.5 厘米”,如图 2-32 所示。

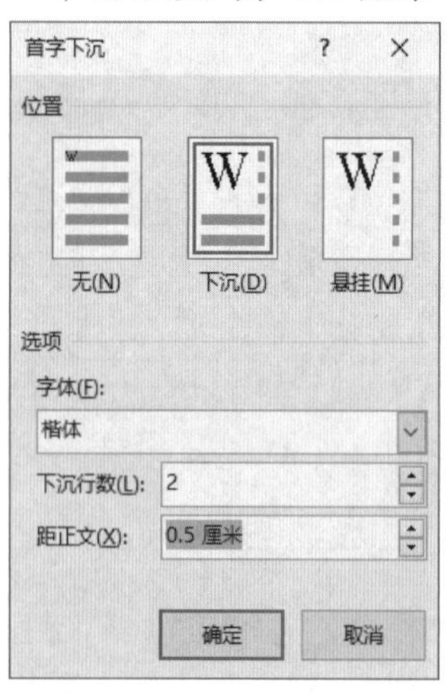


图 2-32　“首字下沉”对话框

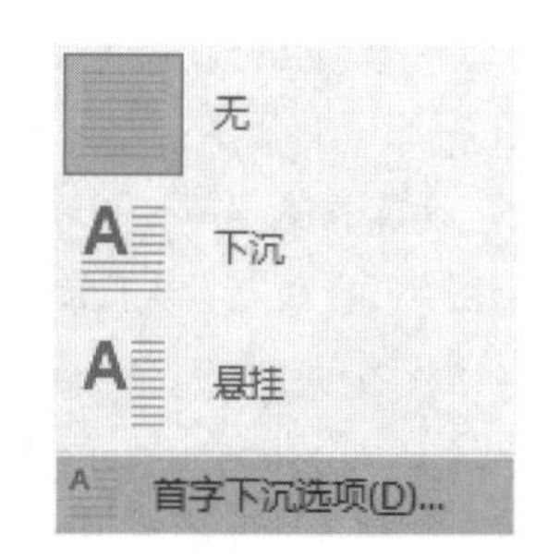


图 2-33　首字下沉快捷菜单

4. 点击“确定”按钮。

5. 选择首字下沉的字,设置字体颜色为蓝色。

☞ **提示**

(1) 在“首字下沉”对话框中还可以设置悬挂效果。

(2) 当用鼠标点击“首字下沉”下方的向下箭头时,出现如图 2-33 所示的快捷菜单,在

快捷菜单中选择“下沉”或者“悬挂”，会出现相应的预览效果。

## 实验四 设置边框和底纹

### 实验内容

打开“\实验素材\Word\第三节”文件夹中的 ED. docx 文件，为正文第二段设置蓝色双波浪线阴影框、黄色底纹，为纸张设置第三行艺术型页面边框。

### 实验步骤

1. 选择第二段。

2. 点击【开始】选项卡，在【段落】组中点击“边框”按钮 右侧的向下箭头，选择【边框和底纹】命令。

3. 在弹出的“边框和底纹”对话框中选择边框的样式为双波浪线，颜色为蓝色，边框的类型为“阴影”，如图 2-34 所示。

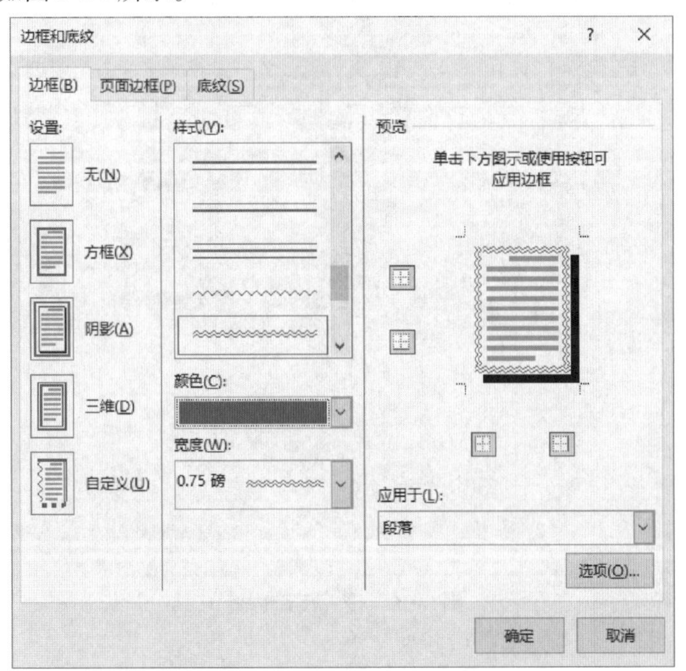


图 2-34 “边框和底纹”对话框

4. 选择“底纹”选项卡，设置填充色为黄色，如图 2-35 所示。

5. 选择“页面边框”选项卡，设置艺术型边框为第三行的样式，如图 2-36 所示。

6. 点击“确定”按钮。

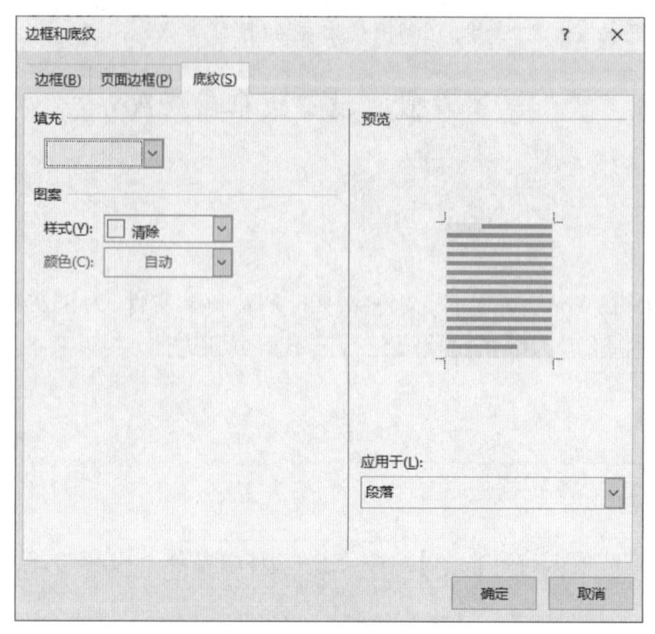


图 2-35　设置底纹

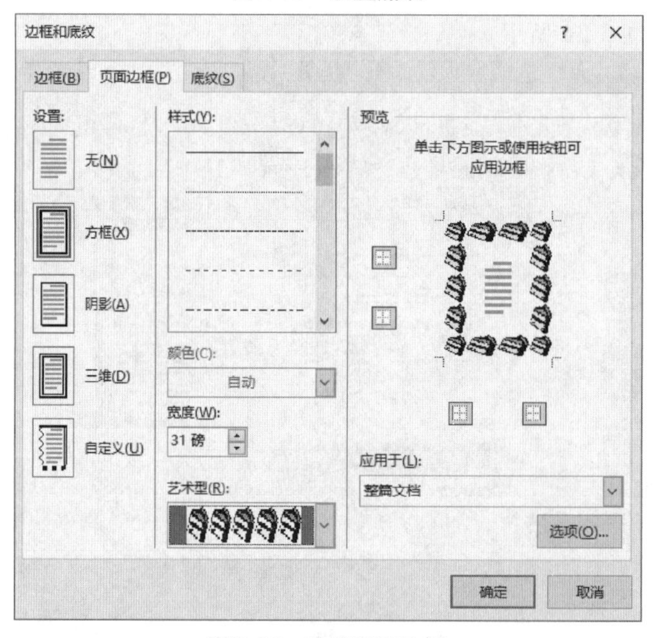


图 2-36　设置页面边框

☞ **提示**

(1) 给段落加边框和底纹时,首先应该在文档中选择段落,则在图 2-34、图 2-35 和图 2-36的"应用于"位置会显示"段落";给文本加边框和底纹时,应该在文档中选择文本,则"应用于"位置显示"文字"。在具体使用时,应分清楚是针对文本还是针对段落加边框和底纹。

(2) 在图 2-35 所示的对话框中,还可以设置底纹的图案样式、颜色。

# 实验五　设置分栏效果

## 实验内容

打开“\实验素材\Word\第三节”文件夹中的 ED. docx 文件，将正文第四段、第五段设置为等宽两栏，间距为 1.5 个字符，加分隔线。

## 实验步骤

1．选中正文第四段、第五段。

2．点击【布局】选项卡，可见【页面设置】组，如图 2-37 所示。

3．点击【分栏】→【更多分栏】，显示“分栏”对话框。在该对话框中设置“预设”为“两栏”，“间距”为“1.5 字符”，选中“分隔线”复选框和“栏宽相等”复选框，如图 2-38 所示。

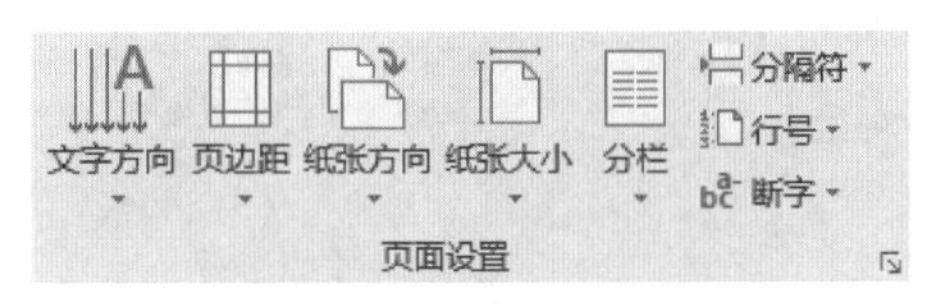


图 2-37　【页面设置】组

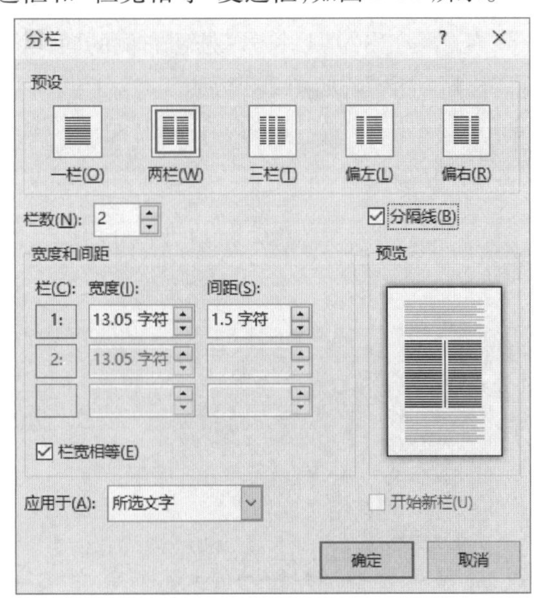


图 2-38　“分栏”对话框

4．点击“确定”按钮。

☞ **提示**

（1）分栏数最多可设置 11 栏。

（2）相对于 Word 以前的版本，Word 2016 版本对文档最后一段分栏功能已经改进，可直接进行分栏操作。

# 实验六　添加项目符号和编号

## 实验内容

打开“\实验素材\Word\第三节”文件夹中的ED. docx文件,为正文第六段至第九段设置项目符号“绿色实心菱形”。

## 实验步骤

1. 选中正文第六段至第九段。

2. 点击【开始】选项卡,可见【段落】组,如图2-30所示。

3. 点击“项目符号”按钮 右侧的向下箭头,在项目符号库中选择实心菱形,文档第六段至第九段前会出现黑色菱形符号。

4. 再点击“项目符号”按钮右侧的向下箭头,选择“定义新项目符号”,弹出“定义新项目符号”对话框,如图2-39所示。

5. 点击“字体”按钮,在弹出的“字体”对话框中设置符号的字体颜色为绿色,如图2-40所示。

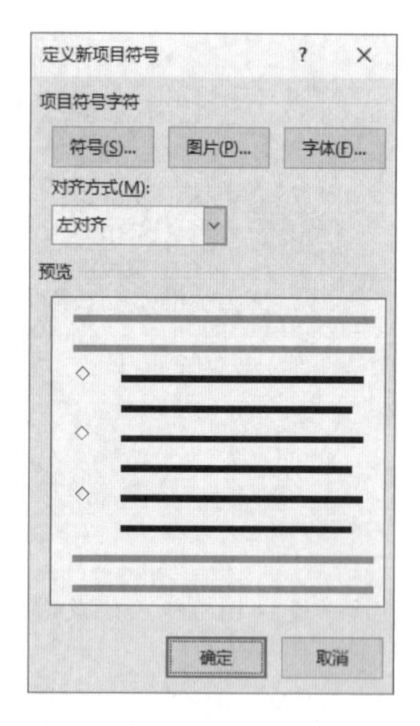


图2-39　“定义新项目符号”对话框

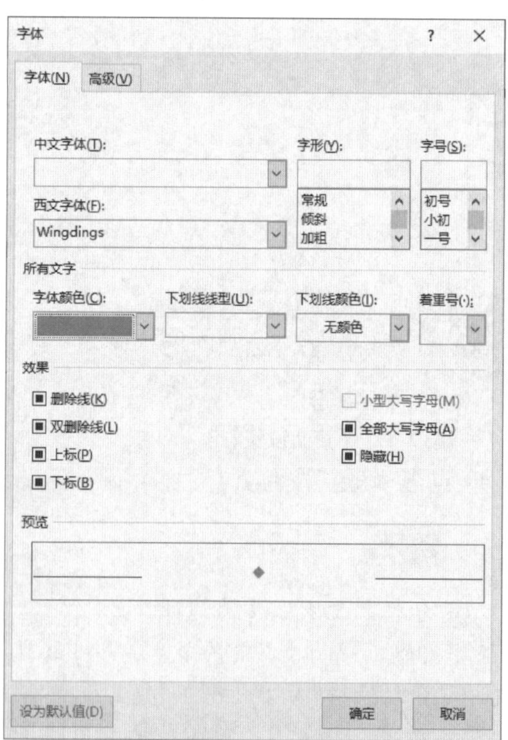


图2-40　“字体”对话框

6. 点击“确定”按钮。

☞ **提示**

在图 2-39 中，还可以用其他符号、图片来代替项目符号库中默认给出的项目符号，如图 2-41、图 2-42 所示。

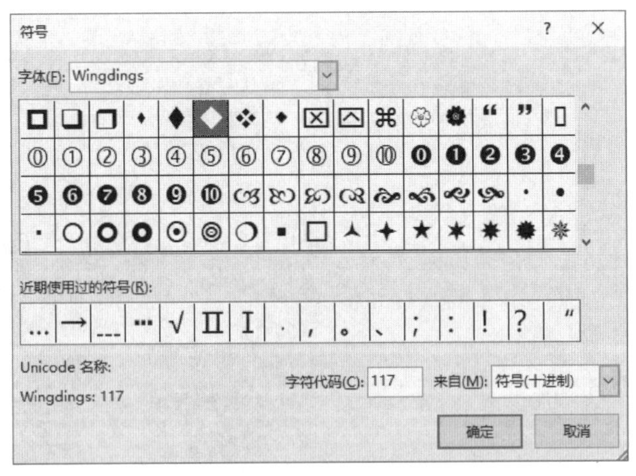


图 2-41　“符号”对话框

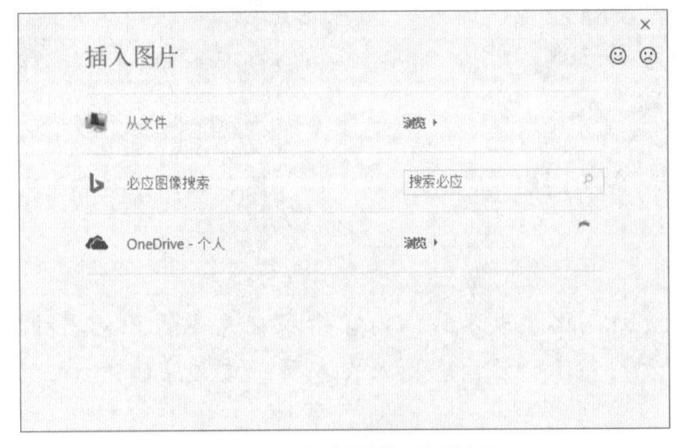


图 2-42　定义图片项目符号

## 实验七　添加脚注和尾注

### 实验内容

打开“\实验素材\Word\第三节”文件夹中的 ED. docx 文件，在正文第一段末尾添加脚注“人口的发展历程”，编号格式为“①,②,③…”。

### 实验步骤

1. 选择第一段末尾作为插入点。

2. 点击【引用】选项卡,可见【脚注】组,如图 2-43 所示。

3. 点击【脚注】组右下部的按钮 ,可显示“脚注和尾注”对话框。设置脚注的位置为“页面底端”,设置编号格式为“①,②,③…”,如图 2-44 所示。

4. 点击“插入”按钮。

5. 在页面底端输入脚注内容“人口的发展历程”。

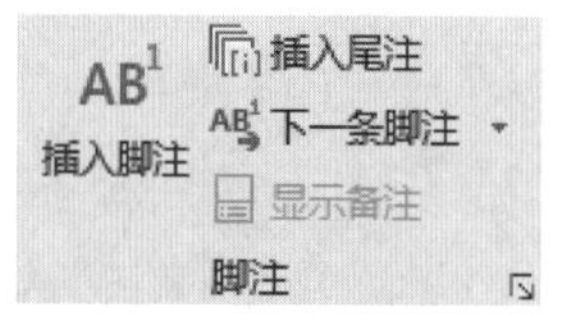


图 2-43 【脚注】组

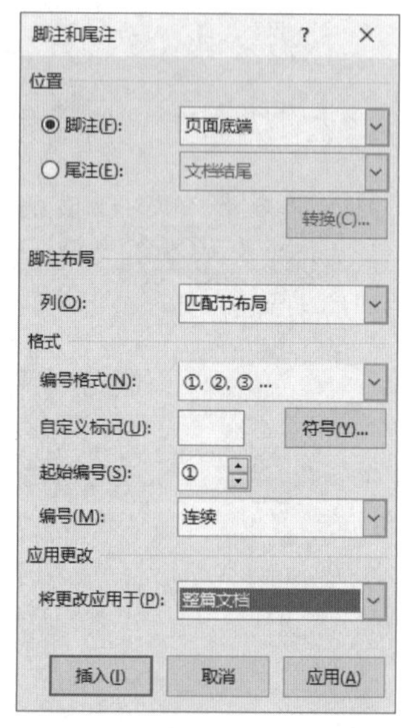


图 2-44 “脚注和尾注”对话框

☞ **提示**

脚注的位置为“页面底端”,表示脚注内容输入在左下边距标志的上方;脚注的位置还可以设置为“文字下方”,表示脚注内容输入在本页正文文字的下方。

## 2.4 高级排版

### 实验目的

1. 掌握图片的插入及格式化方法。
2. 掌握艺术字的使用及格式化方法。
3. 掌握文本框的使用及格式化方法。
4. 掌握常用自选图形的使用及格式化方法。

# 实验一　插入图片及其格式化

## 实验内容

打开"\实验素材\Word\第四节"文件夹中的 ED. docx 文件,在正文第一段插入图片 Pic1. jpg,图片位于"\实验素材\Word\第四节"文件夹中,图片的高度设置为"3 厘米",宽度设置为"5 厘米",环绕方式为"四周型",水平对齐方式为"居中"。

## 实验步骤

1. 在第一段中选择插入点。
2. 点击【插入】选项卡,可见【插图】组,如图 2-45 所示。

图 2-45　【插图】组

3. 点击【图片】按钮,弹出"插入图片"对话框。选择查找范围,确定图片位置,选择图片,如图 2-46 所示。

图 2-46　"插入图片"对话框

4. 点击"插入"按钮。
5. 选中文档中的图片,显示【图片工具-格式】选项卡,如图 2-47 所示。

图 2-47　【图片工具-格式】选项卡

6. 点击【大小】组右下部的按钮 ，如图 2-48 所示，可显示“布局”对话框。

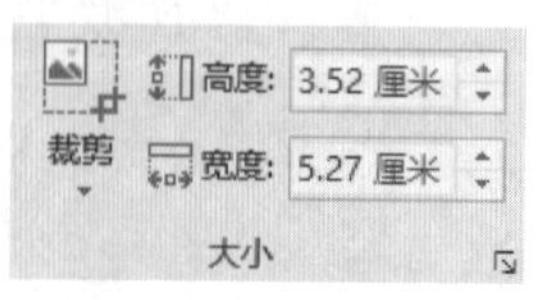


图 2-48 【大小】组

7. 选择“大小”选项卡，取消选中“锁定纵横比”复选框，设置图片的高度、宽度，如图 2-49所示。

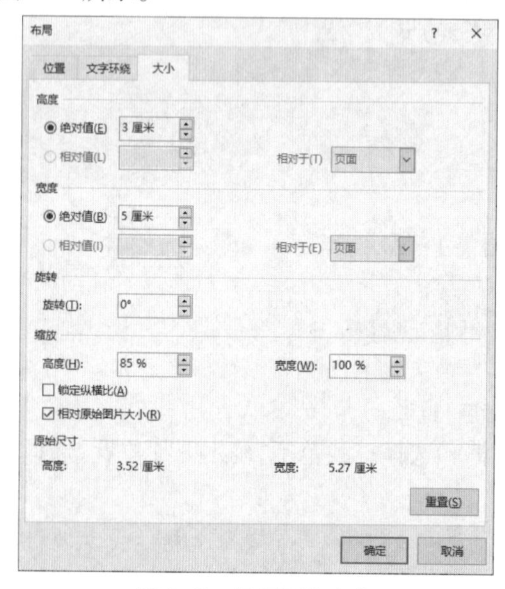


图 2-49 设置图片大小

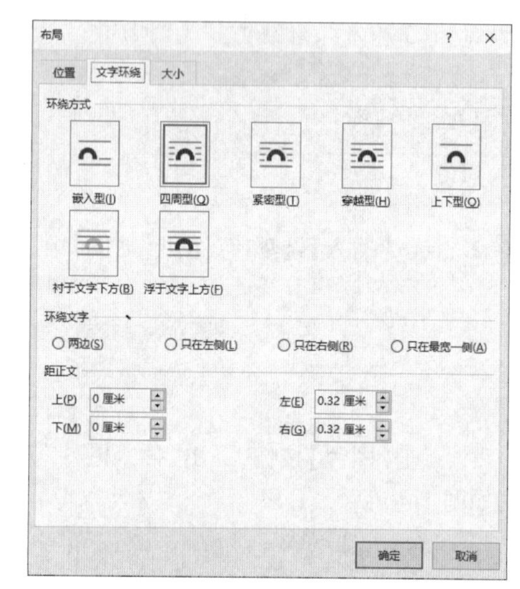


图 2-50 设置环绕方式

8. 选择“文字环绕”选项卡，设置环绕方式为“四周型”，如图 2-50 所示。选择“位置”选项卡，设置水平对齐方式为“居中”，如图 2-51 所示。

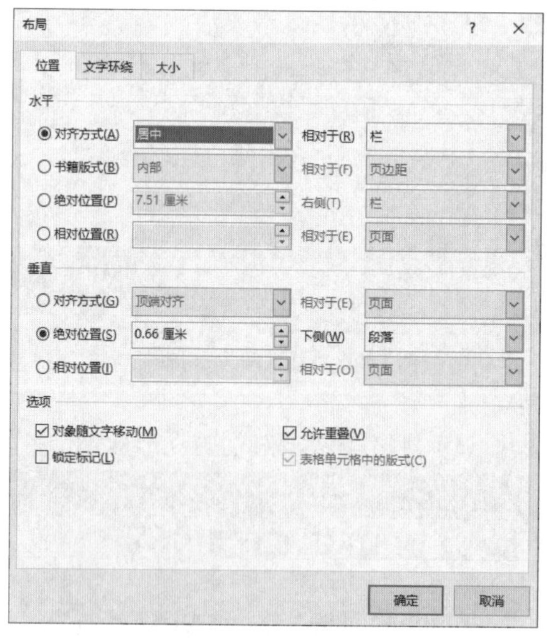


图 2-51 设置对齐方式

9. 点击“确定”按钮，完成操作。

☞ **提示**

(1) 在图 2-49 中，如果图片的高度和宽度改变比例不统一，则需要取消选中“锁定纵横比”复选框。

(2)【图片工具-格式】选项卡中的【图片样式】组可以设置图片样式、图片边框、图片效果、图片版式等，如图 2-52 所示。

图 2-52　【图片样式】组

其中，图片样式包括简单框架、棱台亚光、金属框架、棱台形椭圆等，如图 2-53 所示。

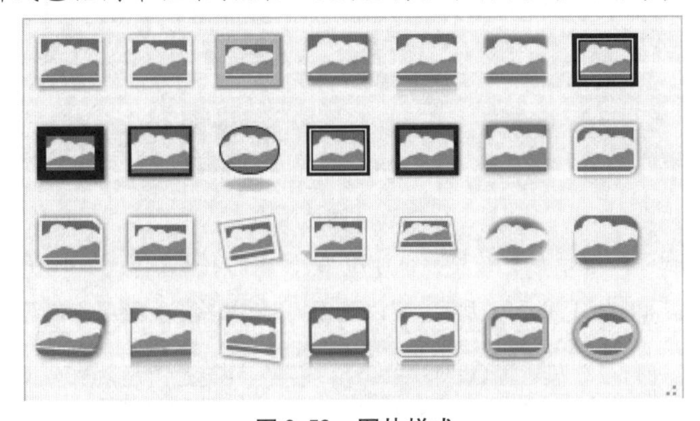

图 2-53　图片样式

图片边框包括主题颜色、标准色、无轮廓、其他轮廓颜色、粗细、虚线等工具，如图 2-54 所示。

图片效果包括预设、阴影、映像、发光、柔化边缘、棱台、三维旋转等工具，如图 2-55 所示。

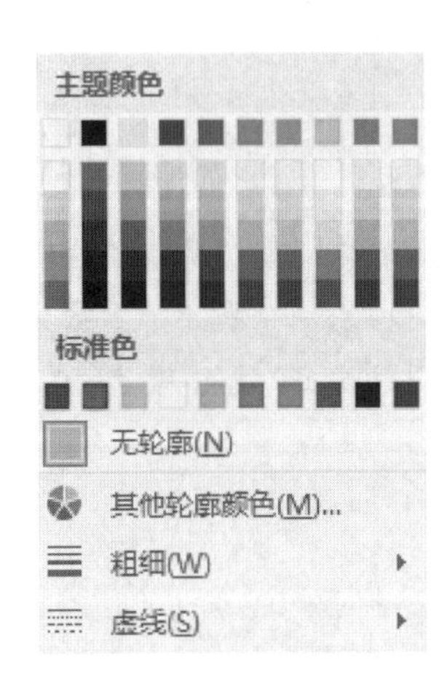


图 2-54　图片边框

图 2-55　图片效果

图片版式包括重音图片、圆形图片标注、图片题注列表、螺旋图等工具，如图 2-56 所示。

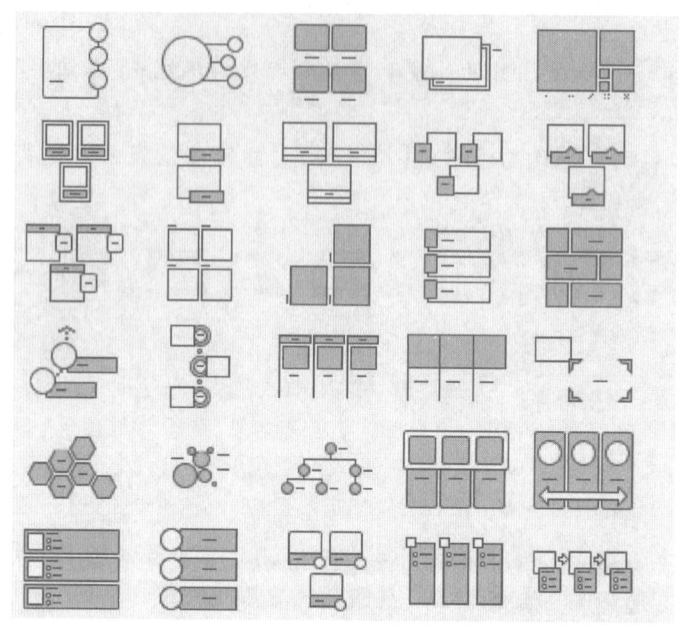

图 2-56　图片版式

(3) 点击如图 2-52 所示的【图片样式】组右下部的按钮 ，则在窗口右侧显示“设置图片格式”任务窗格，如图 2-57 所示，可以设置填充与线条、效果、布局属性和图片。

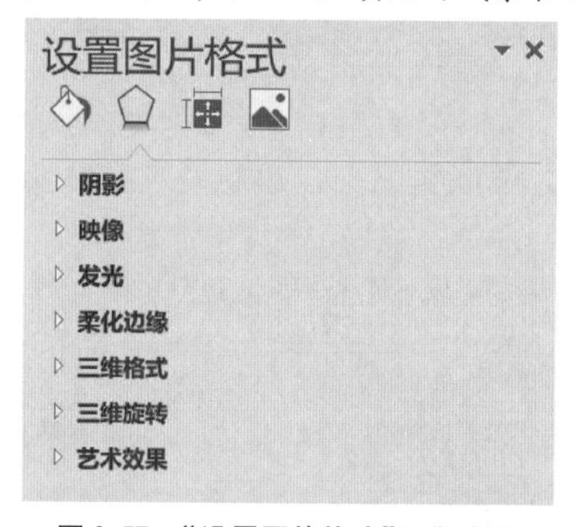


图 2-57　“设置图片格式”任务窗格

其中，填充包括无填充、纯色填充、渐变填充、图片或纹理填充、图案填充，线条包括无线条、实线、渐变线；效果包括阴影、映像、发光、柔化边缘、三维格式、三维旋转、艺术效果功能；布局属性包括文本框、可选文字功能；图片包括图片更正、图片颜色、裁剪功能。

# 实验二　插入形状及其格式化

## 实验内容

打开"\实验素材\Word\第四节"文件夹中的 ED. docx 文件，在正文第二段插入标注"思想气泡：云"形状，设置其环绕方式为紧密型，填充黄色，并在其中添加文字"向传统人口观念挑战"。

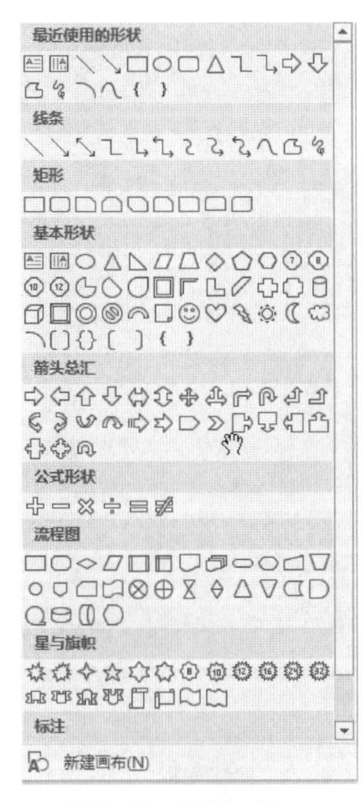


图 2-58　形状工具

## 实验步骤

1. 在正文第二段选择插入点。
2. 点击【插入】选项卡，可见【插图】组，如图 2-45 所示。
3. 点击"形状"（即绘制形状）按钮，出现形状工具，如图 2-58 所示，选择标注"云形标注"。
4. 在文档的适当位置拖动鼠标，绘制形状。
5. 在形状中输入文字"向传统人口观念挑战"。
6. 点击选中标注形状，显示【绘图工具-格式】选项卡，如图 2-59 所示。

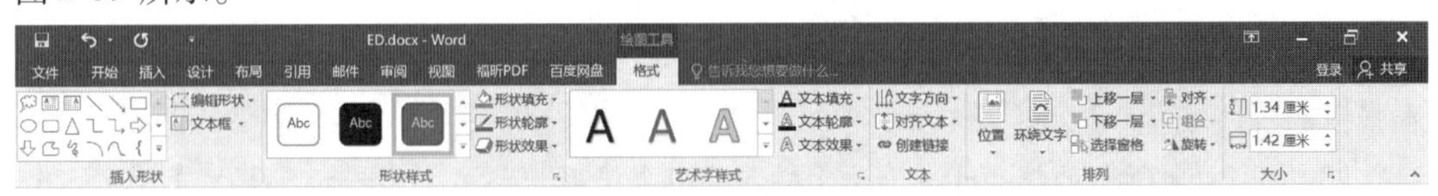


图 2-59　【绘图工具-格式】选项卡

7. 点击【形状样式】组中的"形状填充"按钮，显示形状填充工具，如图 2-60 所示，选择"标准色"中的"黄色"。
8. 点击【大小】组右下部的按钮 ，显示"布局"对话框，设置环绕方式为"紧密型"，如图 2-61 所示。
9. 点击"确定"按钮，完成操作。

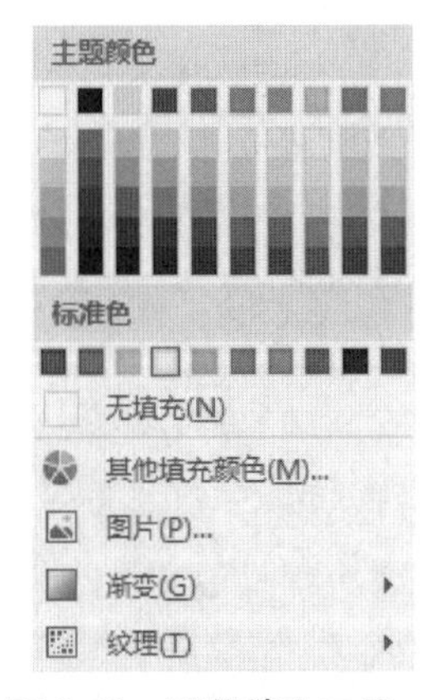


图 2-60　形状填充工具

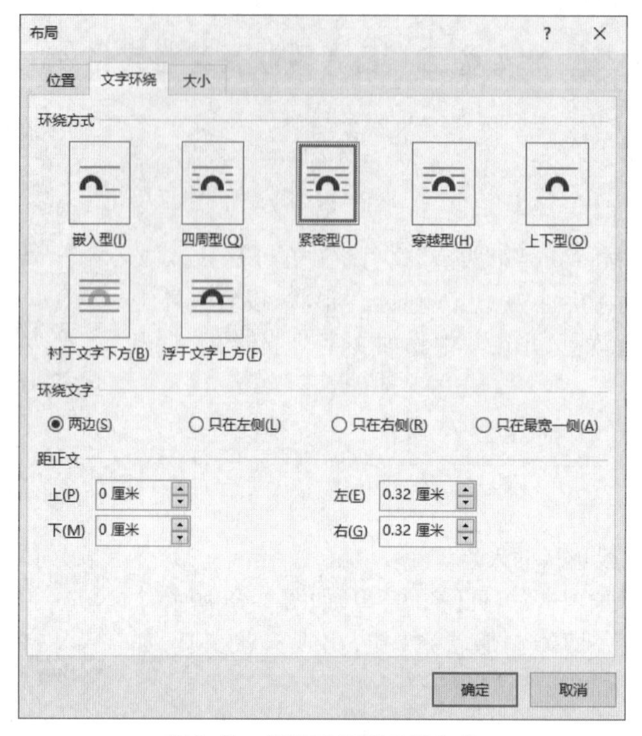


图 2-61　设置形状的环绕方式

☞ **提示**

(1) 形状的格式化过程与图片的格式化过程类似。

(2) 有的形状在添加文字的时候,必须执行如下操作:选择自选图形,点击鼠标右键,在弹出的快捷菜单中选择【添加文字】命令。

(3) 图 2-59 所示的选项卡中包括【插入形状】、【形状样式】、【艺术字样式】、【文本】、【排列】、【大小】六个组。

其中,插入形状包括编辑形状、文本框等工具;形状样式包括形状填充、形状轮廓、形状效果等工具,当鼠标在这些工具上移动时,图片会自动发生变化;艺术字样式包括文本填充、文本轮廓、文本效果等工具;文本包括文字方向、对齐文本、创建链接功能;排列包括位置、环绕文字、对齐、旋转、组合、上移/下移一层等功能;大小包括设置形状大小及布局格式设置。

(4) 形状包括线条(直线、箭头、连接符、任意多边形等)、矩形(矩形、圆角矩形、单圆角矩形、对角圆角矩形等)、基本形状(文本框、平行四边形、梯形、椭圆、六边形、圆柱形、立方体等)、箭头总汇(左箭头、右箭头、圆角箭头、弧形箭头、箭头标注等)、公式形状(加号、减号、乘号、除号、等号、不等号)、流程图(过程、决策、数据、文档、对照等)、星与旗帜(爆炸形、星形、带形、卷形、波形等)、标注(矩形、椭圆形、线形、云形等)。

# 实验三　插入艺术字及其格式化

## 实验内容

打开“\实验素材\Word\第四节”文件夹中的 ED. docx 文件，在正文第三段插入艺术字“马寅初的贡献”，要求采用第二行第三列式样（渐变填充-紫色，着色 4，轮廓-着色 4），艺术字字体为隶书、40、加粗，环绕方式为四周型。

## 实验步骤

1. 在正文第三段选择插入点。
2. 点击【插入】选项卡，可见【文本】组，如图 2-31 所示。
3. 点击“艺术字”按钮，选择艺术字样式，如图 2-62 所示。
4. 输入文字内容“马寅初的贡献”。
5. 点击选中艺术字，显示【绘图工具-格式】选项卡，如图 2-59 所示。
6. 点击【大小】组右下部的按钮 ，显示“布局”对话框，设置环绕方式为“四周型”，如图 2-63 所示。
7. 点击“确定”按钮，完成操作。

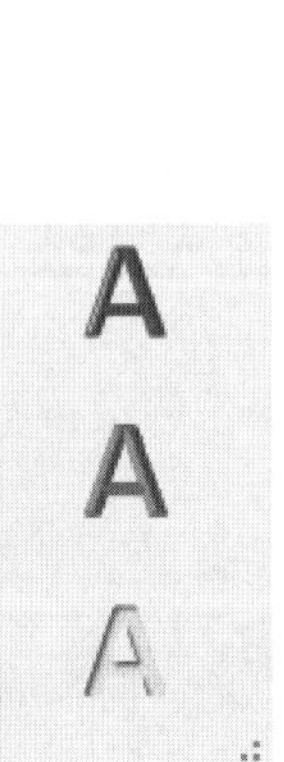

图 2-62　艺术字样式

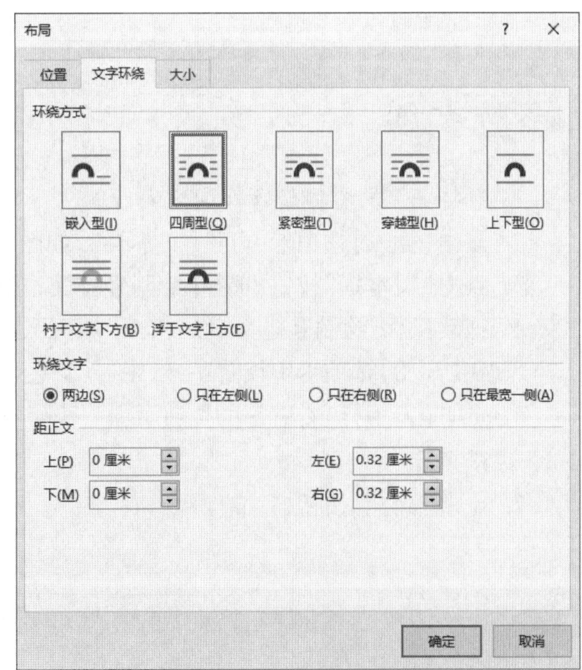


图 2-63　设置艺术字的环绕方式

☞ **提示**

(1) 艺术字格式化与形状格式化使用的工具栏是一样的,操作过程也基本相同。

(2) 点击如图 2-59 所示【绘图工具-格式】选项卡中的【艺术字样式】组右下部的按钮 ,则在窗口右侧显示“设置形状格式”任务窗格,如图 2-64 所示,包括“形状选项”和“文本选项”。

其中,形状选项可以设置填充与线条、效果、布局属性,文本选项可以设置文本填充与轮廓、文字效果、布局属性。

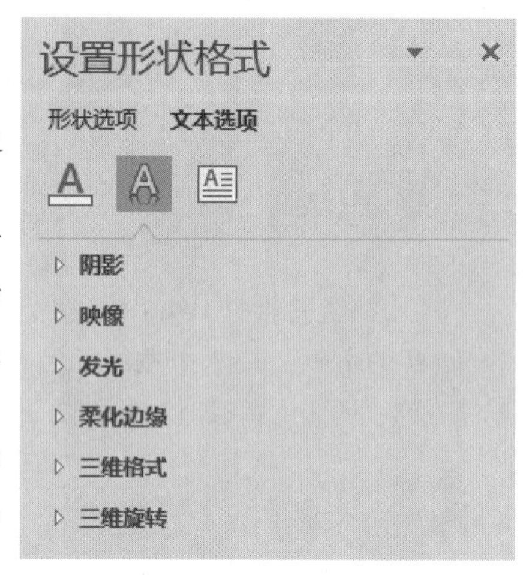


图 2-64 “设置形状格式”任务窗格

## 实验四 插入文本框及其格式化

### 实验内容

打开“\实验素材\Word\第四节”文件夹中的 ED. docx 文件,在正文第一段右侧位置插入竖排文本框“马寅初的人口论”,设置字体格式为华文彩云、二号字、红色、居中对齐,环绕方式为四周型。

### 实验步骤

1. 选择第一段右侧位置作为插入点。
2. 点击【插入】选项卡,可见【文本】组,如图 2-31 所示。
3. 点击“文本框”按钮,选择【绘制竖排文本框】命令,如图 2-65 所示。
4. 拖动鼠标,绘制竖排文本框,输入文字“马寅初的人口论”。
5. 在【开始】选项卡中设置字体、字号、颜色、对齐方式。
6. 点击【大小】组右下部的按钮 ,显示“布局”对话框,设置环绕方式为“四周型”,如图 2-63 所示。
7. 点击“确定”按钮,完成操作。

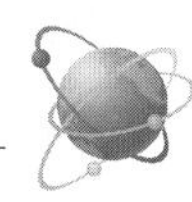

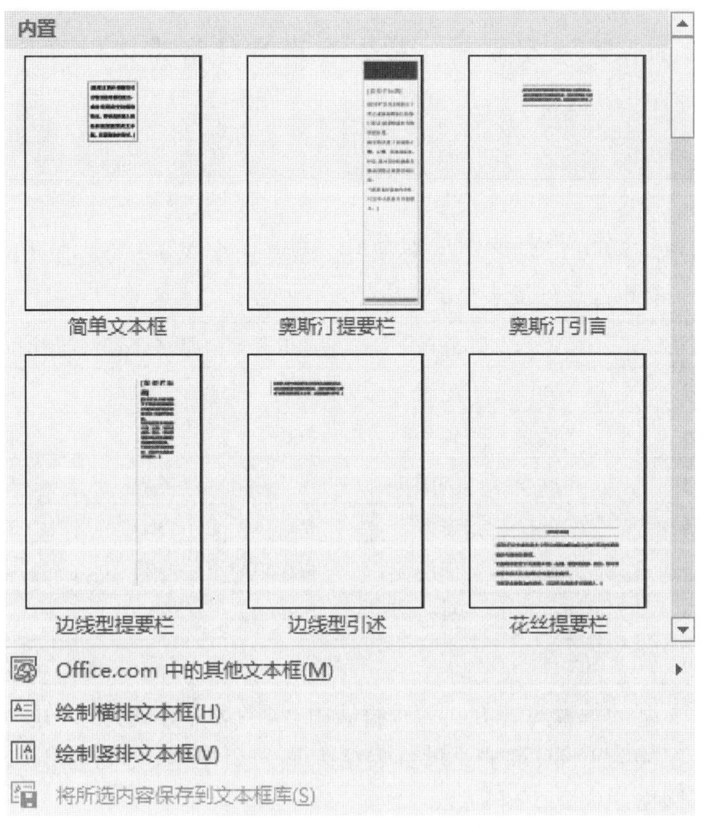


图 2-65　文本框工具

☞ **提示**

(1) Word 2016 内置的文本框样式非常丰富,并且独立于主文档之外。

(2) 文本框的格式化过程与艺术字的格式化过程类似。

(3) 对于形状、艺术字、文本框这些操作对象,在选中它们以后,都可以使用键盘上的光标键来精确移动它们的位置。

## 2.5　表格处理

### 实验目的

1. 了解 Word 表格的作用及建立方法。
2. 掌握文字转换为表格的方法。
3. 掌握表格的基本公式的计算方法。
4. 掌握表格的格式化操作方法。

# 实验一 插入表格及其格式化

## 实验内容

在“\实验素材\Word\第五节”文件夹中,建立一个 Word 空白文档,将文件命名为 ED5. docx,插入一个 8 行 6 列的表格,并输入如下内容:

| 职工号 | 单位 | 姓名 | 基本工资 | 职务工资 | 岗位津贴 |
|---|---|---|---|---|---|
| 1003 | 一车间 | 赵茗 | 830 | 350 | 380 |
| 1006 | 二车间 | 钱岳 | 860 | 420 | 460 |
| 1034 | 二车间 | 孙滁 | 780 | 420 | 410 |
| 1036 | 三车间 | 李阗 | 670 | 360 | 330 |
| 1039 | 三车间 | 周山 | 660 | 300 | 320 |
| 1162 | 四车间 | 吴沧 | 790 | 430 | 430 |
| 1166 | 四车间 | 王芸 | 770 | 410 | 390 |

设置表格中文字的垂直对齐方式为垂直居中,水平对齐方式为水平居中。列标题为五号、黑体,其余文字均为五号、隶书。设置表格列宽为 2 厘米,行高为 0.6 厘米,边框线为 1.5磅实线,内部网格线为 0.5 磅实线。

## 实验步骤

1. 打开 Word 2016,默认打开空白文档“文档 1”。

2. 选择【插入】选项卡,点击【表格】组中的“表格”按钮,选择 6 ×8 表格,如图 2-66 所示。

3. 输入表格所需内容。

4. 选择标题行,在【开始】选项卡的【字体】组中将其设置为五号、黑体。选择其余文字,在【开始】选项卡的【字体】组中将其设置为五号、隶书。

5. 选中整张表格,出现如图 2-67 所示的选项卡,点击【边框】组右下部的按钮 ,显示“边框和底纹”对话框,设置边框线为 1.5 磅实线,内部网格线为 0.5 磅实线,如图 2-68 所示。

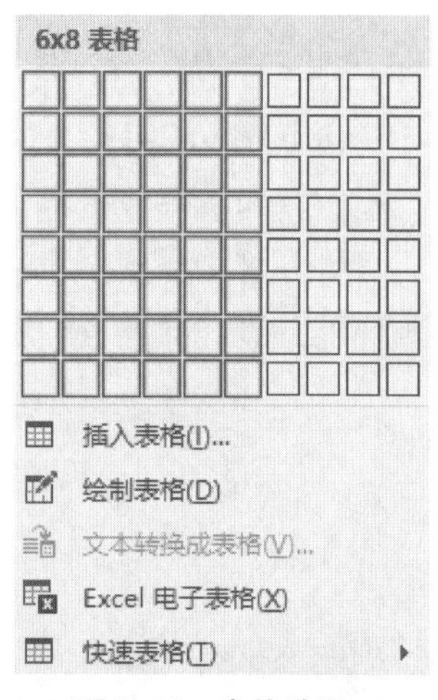


图 2-66 表格选取

图 2-67 【表格工具-设计】选项卡

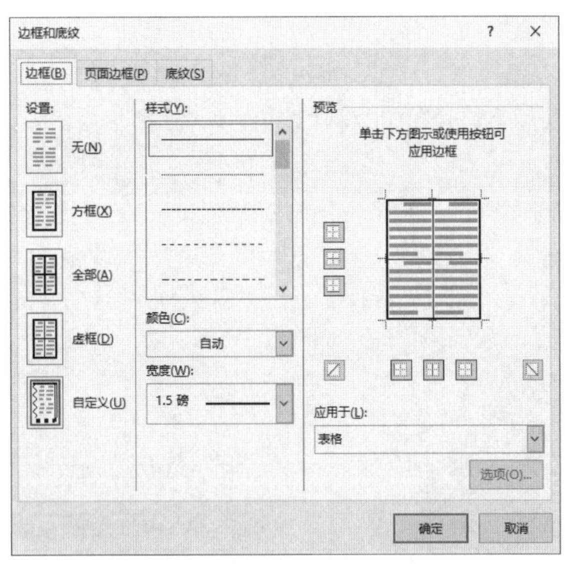


图 2-68　“边框和底纹”对话框

6. 点击【表格工具-布局】选项卡，如图 2-69 所示，点击【单元格大小】组右下部的按钮，弹出“表格属性”对话框，设置列宽为 2 厘米，行高为 0.6 厘米，垂直对齐方式为“居中”，如图 2-70 所示。

图 2-69　【表格工具-布局】选项卡

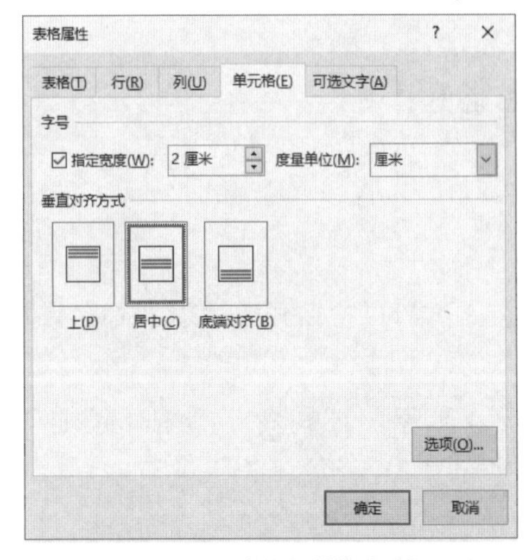


图 2-70　“表格属性”对话框

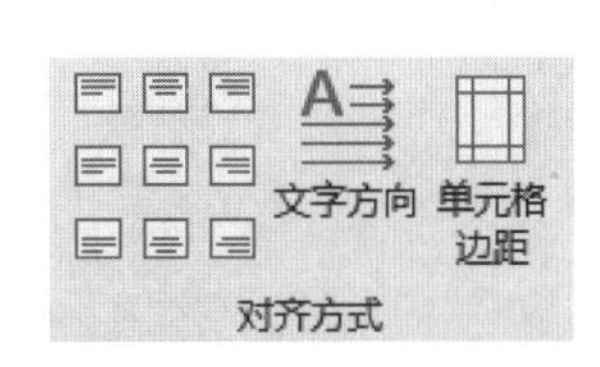


图 2-71　【对齐方式】组

7. 选择全部文字，点击【表格工具-布局】选项卡中的【对齐方式】组中的“水平居中”按钮，如图 2-71 所示。

8. 点击“保存”按钮，输入文件名“ED5. docx”，将文件保存在“\实验素材\Word\第五节”文件夹中。

☞ **提示**

（1）建立表格也可以在图 2-66 中选择【插入表格】命令，弹出“插入表格”对话框，如图 2-72所示。

（2）表格的对齐方式与文字的对齐方式是不同的。图2-73 所示的是表格的水平对齐方式。

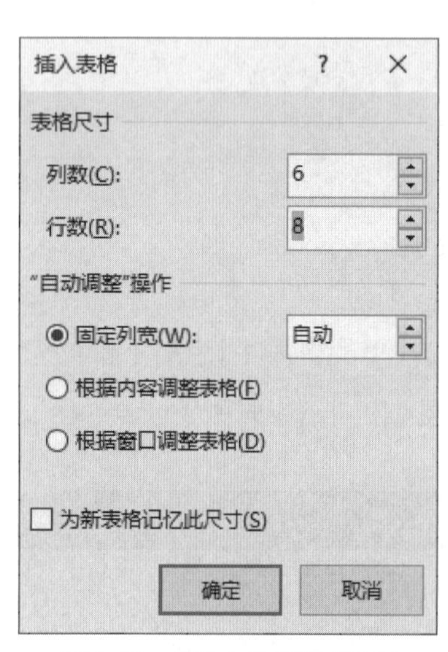


图 2-72 “插入表格”对话框

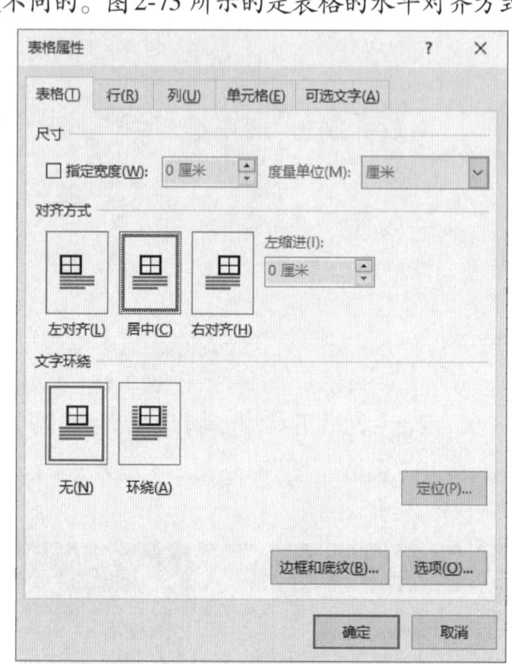


图 2-73 “表格属性”对话框

## 实验二　表格的计算

### 实验内容

在“\实验素材\Word\第五节”文件夹中建立一个 Word 空白文档，将文件命名为 ED6.docx，并输入如下内容：

学号　姓名　数学　英语　政治　语文
1　冯普　96　88　87　86
2　陈春　89　86　89　85
3　孙宇　98　78　83　92
4　江珊珊　85　89　51　88

将该文档文字转换为一个 5 行 6 列的表格；增加一行，填入数据：5 赵普 78 89 87 95；在表格最后一列的右侧插入一列，输入列标题“总成绩”，计算各位考生的总分；按考生总成绩递减排序。

## 实验步骤

1. 打开 Word 2016，默认打开空白文档“文档 1”。

2. 输入文档文字。

3. 选中文档文字，点击【插入】选项卡中的【表格】组中的“表格”按钮，在下拉列表中选择【文本转换成表格】命令，如图 2-74 所示。

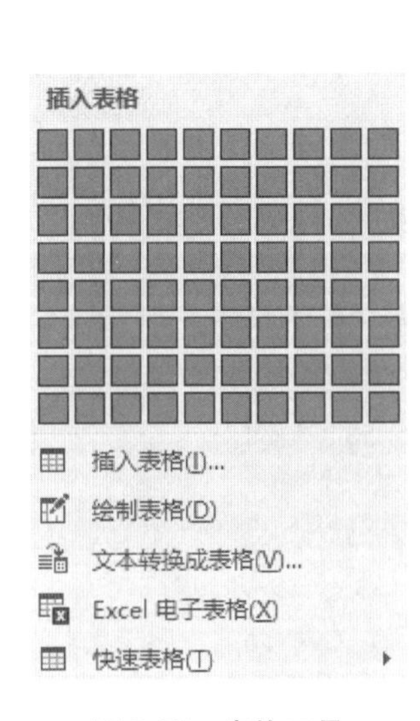


图 2-74 表格工具

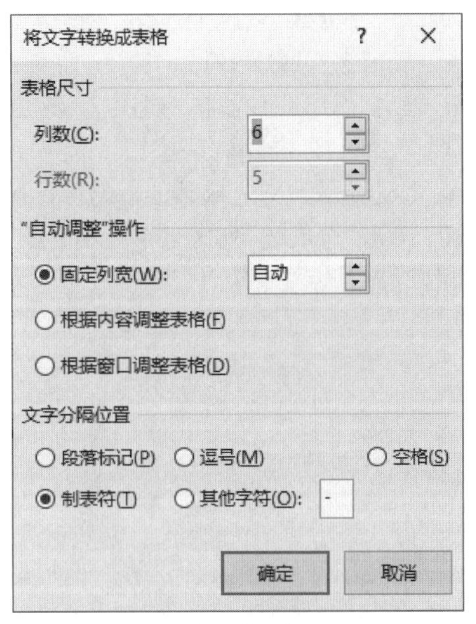


图 2-75 “将文字转换成表格”对话框

4. 弹出“将文字转换成表格”对话框，如图 2-75 所示，点击“确定”按钮，即完成表格的建立。

5. 在表格中最后一行内任意位置点击鼠标，点击【表格工具-布局】选项卡中的【行和列】组中的“在下方插入”按钮，如图 2-76 所示。增加一行，在其中输入内容。

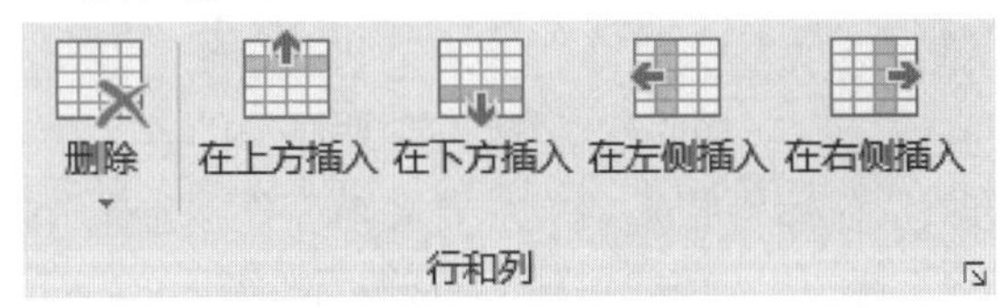


图 2-76 【行和列】组

6. 在表格中最后一列内任意位置点击鼠标，点击【表格工具-布局】选项卡中的【行和列】组中的“在右侧插入”按钮，如图 2-76 所示。增加一列，在其中输入列标题“总成绩”。

7. 点击第一条记录(学号为 1)的“总成绩”列的空白单元格。点击【表格工具-布局】选项卡中的【数据】组中的“公式”按钮，如图 2-77 所示。

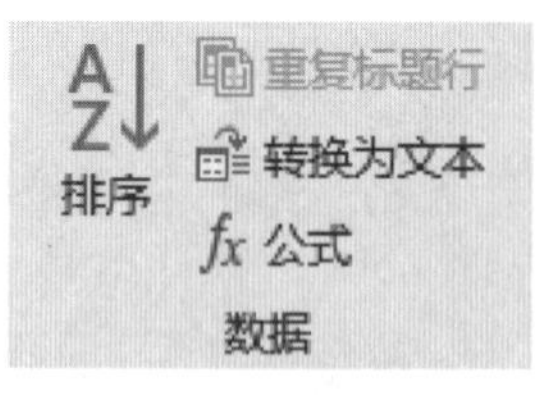


图 2-77 【数据】组

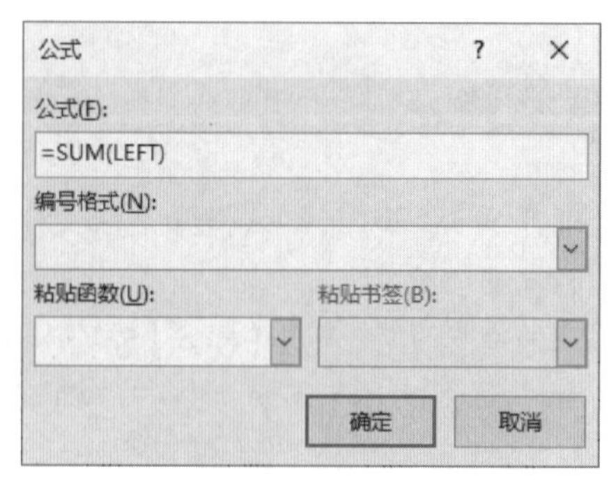


图 2-78 “公式”对话框

8. 弹出“公式”对话框,如图 2-78 所示。选取粘贴函数为“SUM”(求和),范围为“LEFT”(左部),点击“确定”按钮。

9. 重复步骤 7、8,完成其他行的统计操作。

10. 点击“总成绩”列任意单元格,点击【数据】组中的“排序”按钮,弹出“排序”对话框,如图 2-79 所示。

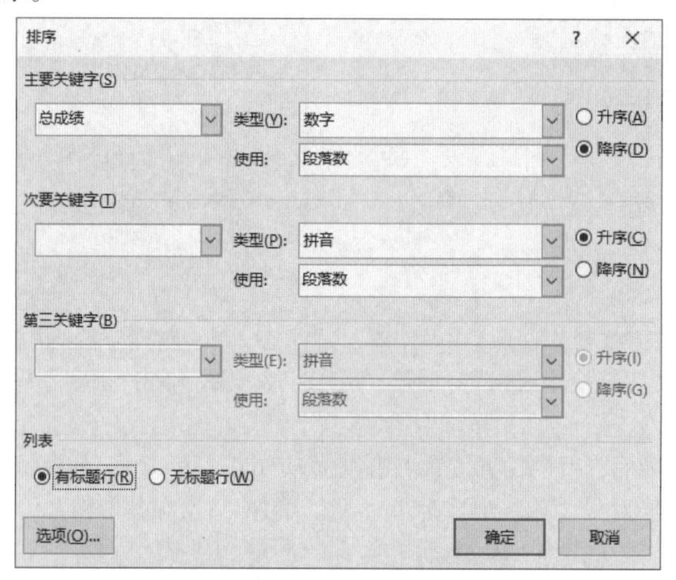


图 2-79 “排序”对话框

11. 在“列表”处选择“有标题行”,在“主要关键字”处选择“总成绩”,“类型”为“数字”,“排序方式”为“降序”,点击“确定”按钮,完成操作。

12. 点击“保存”按钮,输入文件名“ED6. docx”,将文件保存在“\实验素材\Word\第五节”文件夹中。

☞ **提示**

(1) 常用的函数有 SUM(求和)、AVERAGE(求平均)、COUNT(计数)、MAX(求最大值)、MIN(求最小值)等。

(2) 常用函数的计算范围有 LEFT(左部)、RIGHT(右部)、ABOVE(向上)等。

(3) Word 的主要功能是文档排版,制表功能和统计功能一般。

## 综合练习

### 综合练习一

在"\实验素材\Word\综合练习"文件夹下，打开文档 ED1. docx，参考样张，按照要求完成下列操作并保存文档。

1. 将页面设置为 A4 纸，左、右页边距均为 2 厘米，每页 42 行，每行 41 个字符。

2. 给文章加标题"第三产业发展原则"，将标题文字设置为华文新魏、一号、水平居中，给标题添加绿色底纹。

3. 参考样张，为正文中的小标题文字设置黄色底纹、1.5 磅蓝色边框。

4. 将正文中所有的"第三产业"设置为红色、加粗、"茵茵绿原"的文字效果。

5. 参考样张，在正文适当位置以四周型环绕方式插入图片"第三产业统计年鉴. jpg"，并设置图片高度、宽度缩放 120%。

6. 设置奇数页页眉为"第三产业"，偶数页页眉为"发展原则"。

7. 将正文最后一段分为等宽两栏，栏间加分隔线。

### 综合练习二

在"\实验素材\Word\综合练习"文件夹下，打开文档 ED2. docx，参考样张，按照要求完成下列操作并保存文档。

1. 给文章加标题"多项工资措施促社会公平和谐"，设置其字体格式为华文彩云、一号、加粗、红色、居中，并为标题段填充"灰色 - 15%"底纹。

2. 设置正文第一段首字下沉 2 行，首字字体为隶书。

3. 为正文第二段填充浅黄色底纹，加红色 1.5 磅带阴影边框。

4. 参考样张，在正文适当位置以四周型环绕方式插入图片"工资改革. jpg"，并设置图片高度、宽度均缩放 130%。

5. 设置首页页眉为"和平和谐"，其他页页眉为"工资改革"，字体格式均为楷体、五号、居中。

6. 参考样张，为正文中的"低收入者涨工资""降工资""调整工资"段落设置实心圆项目符号，并设置其字体格式为宋体、四号、蓝色、加粗。

7. 在正文第一段中的文字"GDP"后插入脚注，编号格式为"①,②,③…"，脚注内容为"国民生产总值"。

### 综合练习三

在"\实验素材\Word\综合练习"文件夹下，打开文档 ED3. docx，按照要求完成下列操作并保存文档。

1. 将标题"模型变量构建"的文本效果设置为内置样式"渐变填充-紫色，着色 4，轮廓-着色 4"，并修改其阴影效果为"透视"→"左上对角透视"、阴影颜色为蓝色（标准色）；设置阴影的文字效果为：透明度 68%、模糊 4.73 磅、大小 100%、角度 130°、距离 24.4 磅；将标题文字设置为二号、微软雅黑、加粗、居中,文字间距加宽2.2磅。

2. 将正文各段文字设置为小四号、宋体,段落格式设置为1.26倍行距、段前间距0.3行,首行缩进2字符;为正文第三、四、五段添加新定义的项目符号"✈"(Wingdings字体中);在第六段后插入"综合练习"文件夹下的图片"图3.2",设置图片高度、宽度缩放80%,文字环绕为"上下型",图片居中。

3. 在页面底端插入"普通数字2"样式页码,设置页码编号格式为"-1-,-2-,-3-,…",起始页码为"-5-";在页面顶端插入"空白"型页眉,页眉内容为"学位论文";为页面添加文字水印"传阅"。

4. 将文中最后12行文字转换成一个12行4列的表格;合并第1列的第2~6、7~9、10~12单元格;将第1行所有文字设置为小四号、华文新魏、水平居中;设置表格居中,表格中第1列、第4列内容水平居中;设置表格第4列宽度为2.2厘米。

5. 设置表格外框线和第1、2行间的内框线为红色(标准色)、1.5磅单实线,其余内框线为红色(标准色)、0.75磅单实线;为单元格填充底纹:紫色,强调文字颜色4,淡色80%。

**综合练习四**

在"\实验素材\Word\综合练习"文件夹下,打开文档ED4.docx,按照要求完成下列操作并保存文档。

1. 将文中所有错词"国书"替换为"果树",将标题文字设置为小二号、蓝色(RGB颜色模式:红色0,绿色0,蓝色255)、宋体(正文)、居中,并添加双波浪下划线。

2. 将正文各段文字设置为小四号、楷体;各段落首行缩进2字符,行距为16磅,段前间距为0.5行。

3. 设置页面左、右边距各为3.1厘米;在页面底端以"普通数字3"格式插入页码。

4. 将文中后7行文字转换为一个7行4列的表格、表格居中;设置表格各列列宽为3厘米;将表格中的所有内容设置为小五号、宋体(正文)且水平居中。

5. 设置外框线为3磅、蓝色(RGB颜色模式:红色0,绿色0,蓝色255)、单实线,内框线为1磅、红色(RGB颜色模式:红色255,绿色0,蓝色0)、单实线,并按"负载能力"列降序排序表格内容。

**综合练习五**

在"\实验素材\Word\综合练习"文件夹下,打开文档ED5.docx,按照要求完成下列操作并保存文档。

1. 将标题文字设置为三号、红色(标准色)、仿宋、加粗、居中,段后间距设置为0.5行。

2. 给全文中所有"环境"一词添加双波浪下划线;将正文各段文字设置为小四号、宋体(正文);各段落左、右缩进0.5字符,首行缩进2字符。

3. 将正文第一段分为等宽两栏,栏宽20字符,栏间加分隔符。(注意:分栏时,段落范围包括本段末尾的回车符)

4. 制作一个5列6行的表格,将其放置在正文后面。设置表格各列列宽为2.5厘米、各行行高为0.6厘米,表格居中;设置表格外框线为红色(标准色)、3磅、单实线,内框线为

红色(标准色)、1 磅、单实线。

5. 再对表格进行如下修改:合并第 1、2 行第 1 列单元格,并在合并后的单元格中添加一条红色(标准色)1 磅单实线的对角线(左上右下);合并第 1 行的第 2、3、4 列单元格,合并第 6 行的第 2、3、4 列单元格,分别将两个合并后的单元格均匀拆分为 2 列(修改后仍保持内框线为红色、1 磅、单实线);设置表格第 1、2 行为绿色(RGB 颜色模式:红色 175,绿色 250,蓝色 200)底纹。

**综合练习六**

1. 在"\实验素材\Word\综合练习"文件夹下,打开文档 ED61. docx,按照要求完成下列操作并保存文档。

(1) 将文中所有的错词"款待"替换为"宽带";设置页面颜色为"橙色,个性色 6,淡色 80%";插入内置"奥斯汀"型页眉,输入页眉内容"互联网发展现状"。

(2) 将标题段文字设置为三号、黑体、红色(标准色)、倾斜、居中并添加深蓝色(标准色)波浪下划线;将标题段的段后间距设置为 1 行。

(3) 设置正文各段首行缩进 2 字符、行距为 20 磅、段前间距为 0.5 行。将正文第二段分为等宽的两栏;为正文第二段的"中国电信"一词添加超链接,链接地址为"http://www.189.cn"。

2. 在"\实验素材\Word\综合练习"文件夹下,打开文档 ED62. docx,按照要求完成下列操作并保存文档。

(1) 将文中后 4 行文字转换为一个 4 行 4 列的表格;设置表格居中,表格各列列宽为 2.5 厘米、各行行高为 0.7 厘米;在表格最右边增加一列,输入列标题"平均成绩",计算各考生的平均成绩,并填入相应单元格内,计算结果的格式为默认格式;按"平时成绩"列依据"数字"类型降序排列表格内容。

(2) 设置表格中所有文字水平居中;设置表格外框线及第 1、2 行间的内框线为 0.75 磅、紫色(标准色)、双窄线,其余内框线为 1 磅、红色(标准色)、单实线;将表格底纹设置为"红色,个性色 2,淡色 80%"。

第 3 章

# Excel 2016 电子表格处理

## 3.1 电子表格编辑

### 实验目的

1. 熟悉 Excel 2016 的操作环境。
2. 掌握各种类型数据的输入、编辑、查找和替换操作技术。
3. 掌握单元格的复制、移动、删除和清除的方法。
4. 掌握填充柄的使用方法。

### 实验一 数据输入、编辑、查找和替换

#### 实验内容

创建一个如图 3-1 所示的工作表,然后将表中的“计算机”全部改为“电脑”,最后将该工作簿以“成绩表.xlsx”为文件名保存在“\实验素材\Excel\第一节”文件夹中。

| 学号 | 姓名 | 计算机原理 | 计算机基础 | 计算机程序设计 |
|---|---|---|---|---|
| 100702101 | 李坚强 | 90 | 67 | 98 |
| 100702102 | 王琳 | 76 | 87 | 98 |
| 100702103 | 孙状状 | 97 | 98 | 45 |
| 100702104 | 李小明 | 98 | 76 | 78 |
| 100702105 | 王吴楠 | 98 | 70 | 85 |
| 100702106 | 李太敏 | 98 | 76 | 78 |
| 100702107 | 张睦春 | 90 | 77 | 98 |
| 100702108 | 李世超 | 78 | 87 | 57 |
| 100702109 | 周诘诘 | 54 | 67 | 98 |
| 100702110 | 刘群 | 76 | 78 | 79 |

图 3-1 成绩表样张

## 实验步骤

1. 点击【开始】→【所有程序】→【Microsoft Office】→【Microsoft Excel 2016】，启动 Excel 2016，如图 3-2 所示。

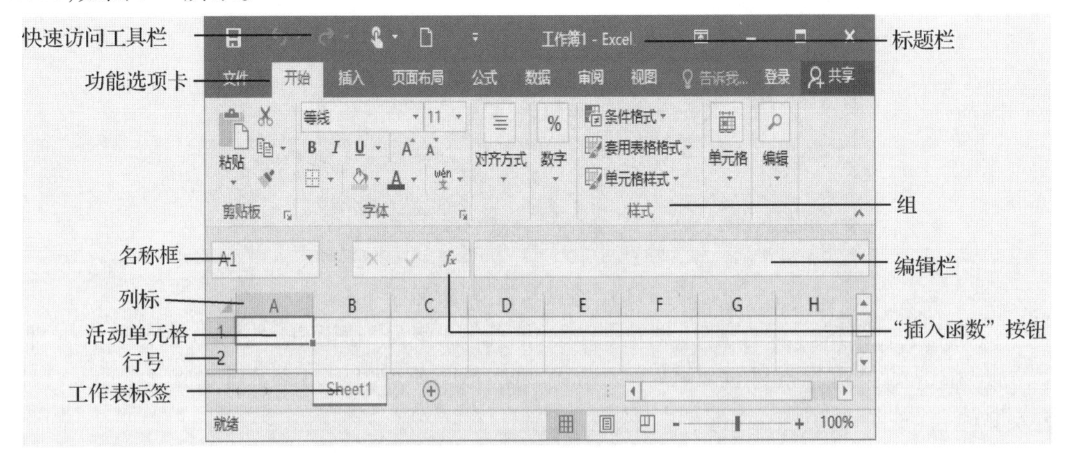


图 3-2　Excel 2016 的界面

☞ **提示**

(1) 编辑栏：用于显示活动单元格中的数据或公式。

(2) 名称框：用于指示当前选定的单元格、图表项等。当点击该框右边的箭头时，出现的列表显示所有命名的单元格的范围。也可以使用名称框方便地为所选的单元格或范围命名。

(3) 工作表标签：用于显示工作表名称。点击工作表标签将激活相应的工作表，被激活的工作表称为当前工作表。

(4) 单元格：每个行列的交叉点称为单元格。单元格地址由行号和列号共同确定，如 A1、B2。当前被选取的单元格称为活动单元格。

(5) 工作簿：在 Excel 中一个文件即为一个工作簿，一个工作簿由一个或多个工作表组成。

2. 在工作表中，用鼠标点击某一单元格，该单元格即成为当前的活动单元格。在活动单元格中，可以输入数据，也可以利用键盘上的箭头键切换活动单元格，然后输入数据。

☞ **提示**

用户可将数字作为文本输入工作表的单元格中，如输入学号、电话号码，特别是首字符为零时，用户必须将其作为文本输入，否则前面的零会自动消失。

可以按如下方式输入：'051885985088(前面加上西文单引号)。

3. 点击要更改数据的单元格，可录入新数据。

双击要更改数据的单元格，可将插入光标定位到要修改的位置进行修改；也可以将光标定位在"编辑栏"中修改数据。

4. 选定要替换的数据区域 A1:E11,点击【开始】选项卡的【编辑】组中的“查找和选择”按钮,选择“替换”后,打开“查找和替换”对话框,如图 3-3 所示。输入查找内容和替换内容,点击“全部替换”按钮。

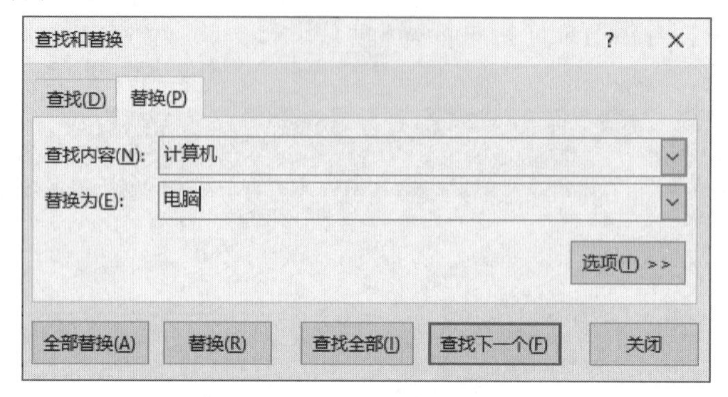


图 3-3 “查找和替换”对话框

5. 选择【文件】→【保存】→【浏览】命令,打开“另存为”对话框,如图 3-4 所示。在“保存位置”中选择“\实验素材\Excel\第一节”,“保存类型”选择 “Excel 工作簿( *. xlsx)”,输入文件名“成绩表”,点击“保存”按钮。

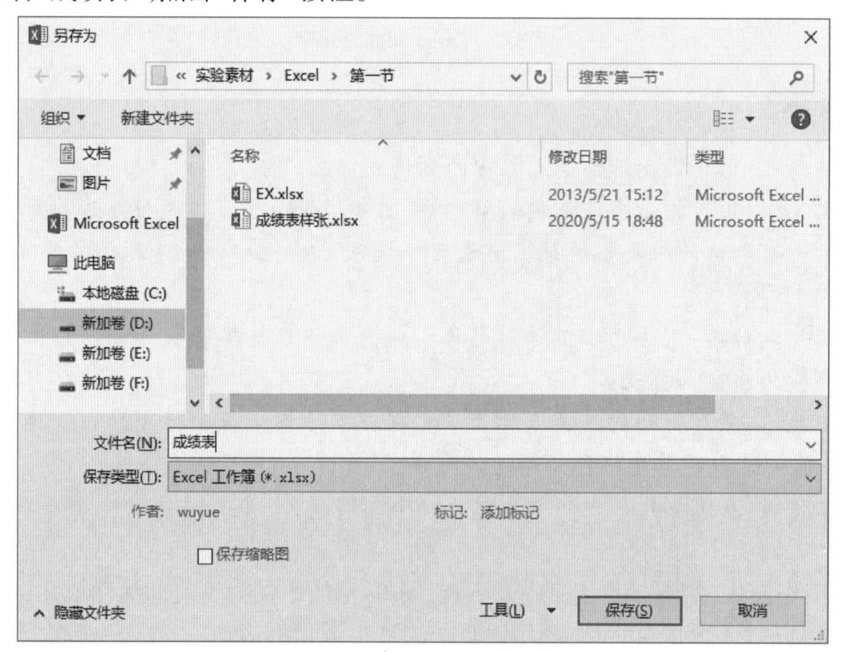


图 3-4 “另存为”对话框

☞ **提示**

如果是第一次保存文件或者用原位置、原文件名、原保存类型来保存文件,则只需点击快速访问工具栏中的“保存”按钮 即可。

# 实验二　单元格删除、清除、复制和移动

## 实验内容

打开“\实验素材\Excel\第一节”中 EX 工作簿中的 Sheet1 工作表,将表中最后一条记录删除;将 D2:F2 中的数据清除;将 A2:H11 区域反映的数据关系转置显示,放置在以 A13 为左上角的单元格区域中;将区域 D4:G7 与区域 D8:G11 的内容对调。

## 实验步骤

1. 打开“\实验素材\Excel\第一节”中 EX 工作簿中的 Sheet1 工作表。

2. 选中要删除的区域 A12:G12,然后按 <Delete> 键,即可删除单元格中的数据。

3. 选中要清除的区域 D2:F2,然后点击【编辑】组中“清除”下的“全部清除”,即可清除单元格中的数据。

4. 选中区域 A2:H11,右击,选择【复制】命令,然后选中 A13 单元格,点击【剪贴板】组中“粘贴”下的“选择性粘贴”,打开“选择性粘贴”对话框,如图 3-5 所示,选中“转置”复选框,然后点击“确定”按钮。

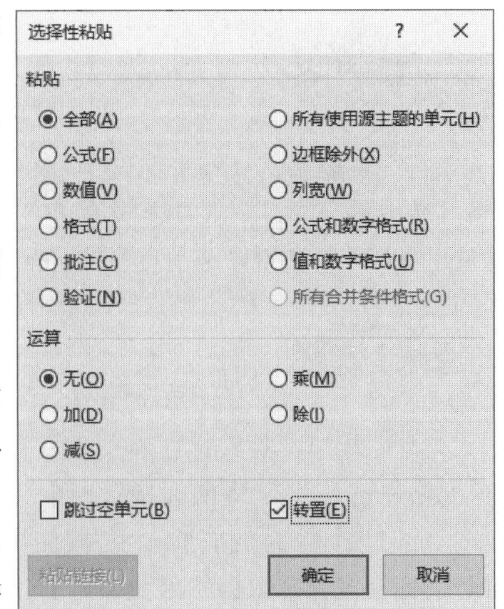


图 3-5　“选择性粘贴”对话框

5. 选中区域 D4:G7,右击,选择【剪切】命令,点击右侧任一空白区域单元格(如 J4),右击,选择【粘贴】命令,将区域 D4:G7 的内容移动到该位置,如图 3-6 所示。

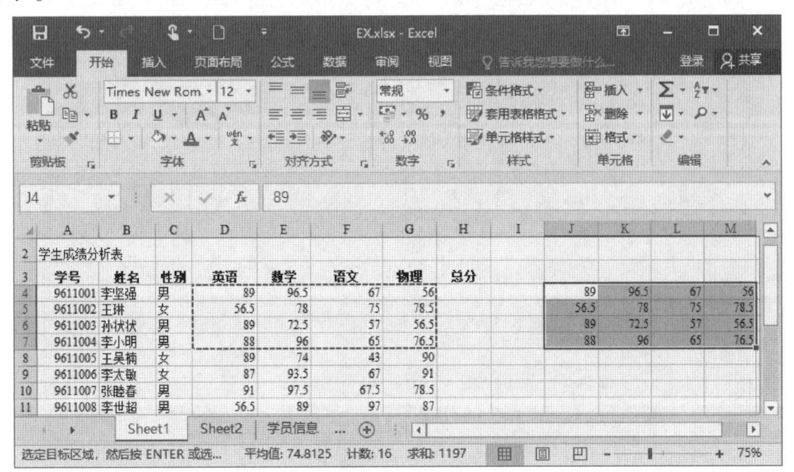


图 3-6　数据移动

再选中区域 D8:G11,右击,选择【剪切】命令,点击 D4 单元格,右击,选择【粘贴】命令,将区域 D8:G11 的内容移动到区域 D4:G7。

最后选中区域 J4:M7,右击,选择【剪切】命令,点击 D8 单元格,右击,选择【粘贴】命令,将区域 J4:M7 的内容移动到区域 D8:G11。

☞ **提示**

删除与清除的区别如下:

删除:仅删除单元格的内容,但单元格的格式仍然保留。

清除:在删除单元格内容的同时可去除单元格的格式。

## 实验三　填充柄的使用

### 实验内容

在"\实验素材\Excel\第一节"文件夹中 EX 工作簿中的 Sheet2 工作表的 A1:A5 单元格区域中输入"2";在"学员信息"工作表中,从 A3 单元格起,依次输入"9609001""9609002""9609003"……直至"9609028"为止。

### 实验步骤

1. 打开"\实验素材\Excel\第一节"文件夹中 EX 工作簿中的 Sheet2 工作表,点击 A1 单元格并输入"2",将鼠标指针指向活动单元格的"填充柄"(位于单元格右下角的小黑块),此时鼠标指针变成黑十字,按住鼠标左键向下拖动填充柄,拖到目标单元格 A5 释放鼠标,拖动过程中数据就自动填充了,结果如图 3-7 所示。

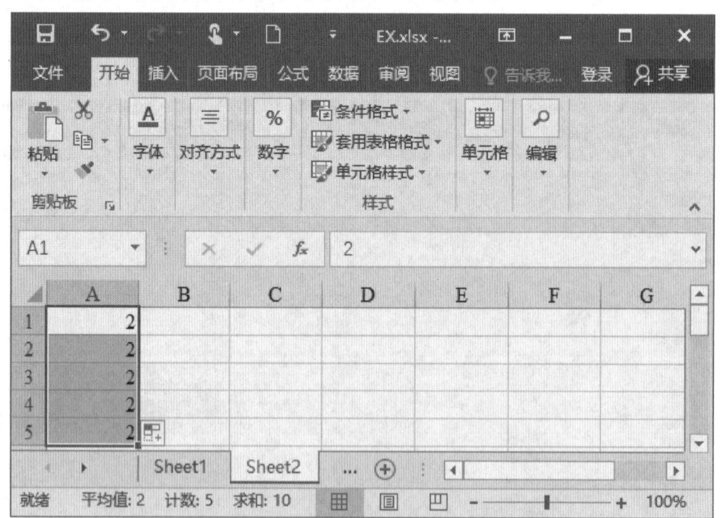


图 3-7　数据填充

2. 打开“\实验素材\Excel\第一节”文件夹中 EX 工作簿中的“学员信息”工作表，点击 A3 单元格并输入“9609001”，再将鼠标指针指向活动单元格的“填充柄”并按住 <Ctrl> 键，此时鼠标指针变成双十字，按住鼠标左键向下拖动填充柄，拖到目标单元格 A30 释放鼠标，拖动过程中数据就自动填充了，结果如图 3-8 所示。

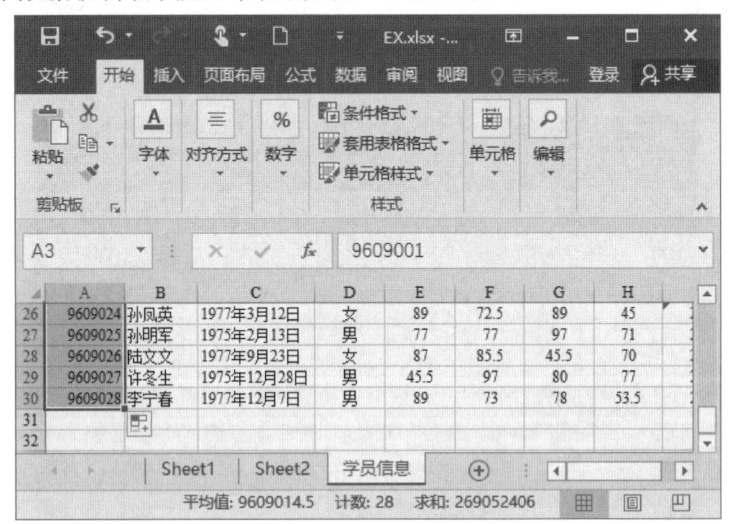


图 3-8　递增学号数据填充

☞ **提示**

填充日期型数据时必须按下 <Ctrl> 键进行鼠标拖动，否则将出现递增的序列；而填充其他类型数据时按下 <Ctrl> 键进行鼠标拖动时才会出现递增的序列。

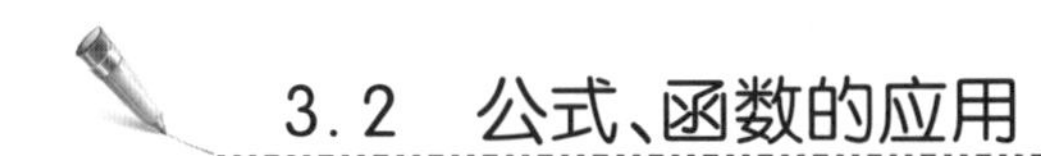

## 3.2　公式、函数的应用

### 实验目的

1. 掌握公式的创建方法。
2. 了解相对地址、绝对地址的概念及使用方法。
3. 掌握常用函数的使用方法。

### 实验一　公式的使用

#### 实验内容

在“\实验素材\Excel\第二节”文件夹中 EX 工作簿中的“商品销售情况表”工作表的 E3:E14 单元格区域中求出每种商品的已销售数量(已销售数量 = 进货数量 - 库存数量)，

在 F3:F14 单元格区域中求出每种商品的销售额(销售额 = 商品单价 × 已销售数量)。

## 实验步骤

1. 打开"\实验素材\Excel\第二节"文件夹中 EX 工作簿中的"商品销售情况表"工作表,如图 3-9 所示。

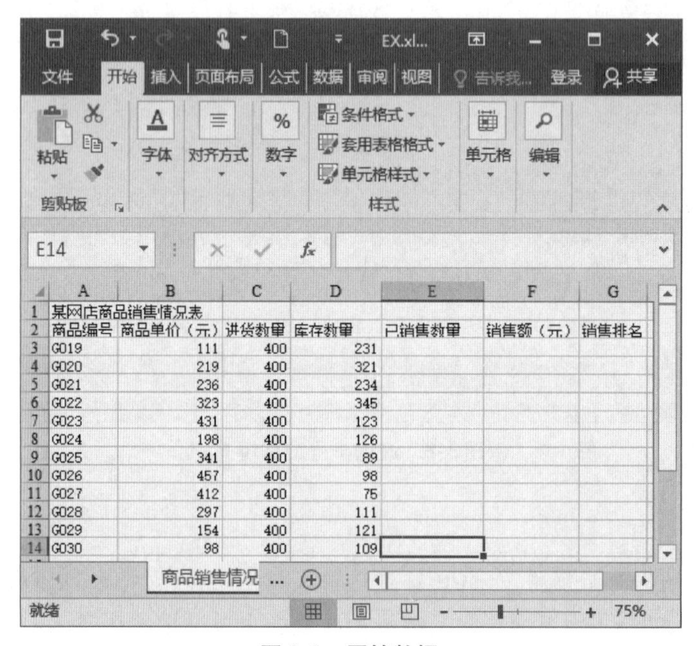

| | A | B | C | D | E | F | G |
|---|---|---|---|---|---|---|---|
| 1 | 某网店商品销售情况表 | | | | | | |
| 2 | 商品编号 | 商品单价(元) | 进货数量 | 库存数量 | 已销售数量 | 销售额(元) | 销售排名 |
| 3 | G019 | 111 | 400 | 231 | | | |
| 4 | G020 | 219 | 400 | 321 | | | |
| 5 | G021 | 236 | 400 | 234 | | | |
| 6 | G022 | 323 | 400 | 345 | | | |
| 7 | G023 | 431 | 400 | 123 | | | |
| 8 | G024 | 198 | 400 | 126 | | | |
| 9 | G025 | 341 | 400 | 89 | | | |
| 10 | G026 | 457 | 400 | 98 | | | |
| 11 | G027 | 412 | 400 | 75 | | | |
| 12 | G028 | 297 | 400 | 111 | | | |
| 13 | G029 | 154 | 400 | 121 | | | |
| 14 | G030 | 98 | 400 | 109 | | | |

图 3-9 原始数据

2. 选中 E3 单元格(运算结果所要放的位置),输入公式" = C3 - D3"(" = "为 Excel 中的公式标志),确定后效果如图 3-10 所示。

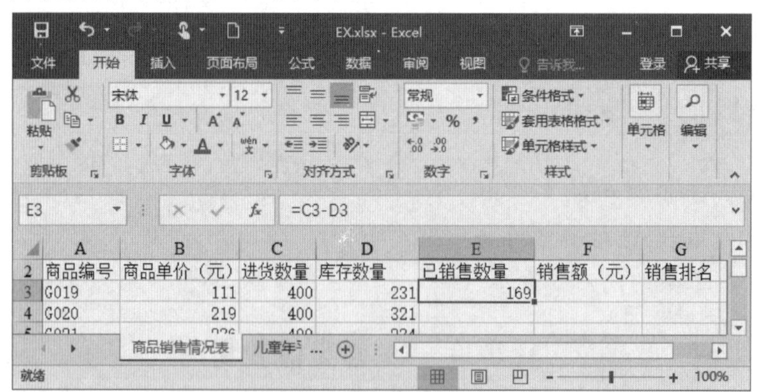

| | A | B | C | D | E | F | G |
|---|---|---|---|---|---|---|---|
| 2 | 商品编号 | 商品单价(元) | 进货数量 | 库存数量 | 已销售数量 | 销售额(元) | 销售排名 |
| 3 | G019 | 111 | 400 | 231 | 169 | | |
| 4 | G020 | 219 | 400 | 321 | | | |

图 3-10 计算已销售数量

3. 选中 E3 单元格,将填充柄拖至 E14 单元格并释放,最终结果如图 3-11所示。

4. 选中 F3 单元格(运算结果所要放的位置),输入公式" = B3 * E3",确定后效果如图 3-12所示。

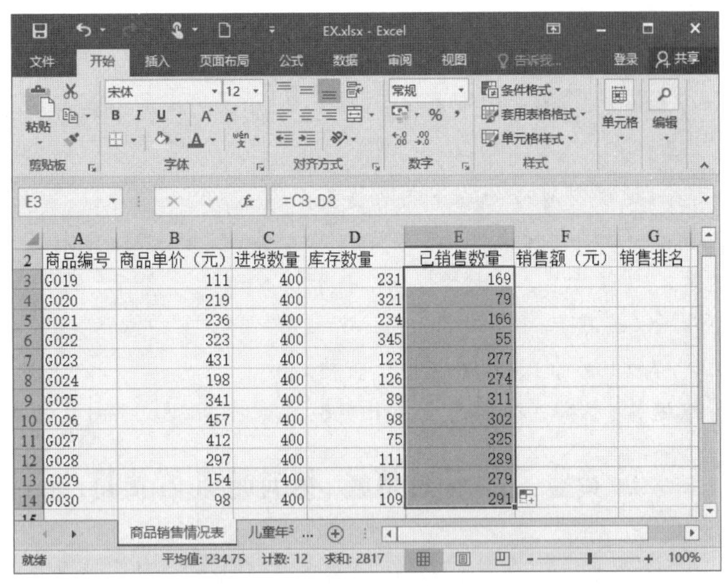

| | A | B | C | D | E | F | G |
|---|---|---|---|---|---|---|---|
| 2 | 商品编号 | 商品单价（元） | 进货数量 | 库存数量 | 已销售数量 | 销售额（元） | 销售排名 |
| 3 | G019 | 111 | 400 | 231 | 169 | | |
| 4 | G020 | 219 | 400 | 321 | 79 | | |
| 5 | G021 | 236 | 400 | 234 | 166 | | |
| 6 | G022 | 323 | 400 | 345 | 55 | | |
| 7 | G023 | 431 | 400 | 123 | 277 | | |
| 8 | G024 | 198 | 400 | 126 | 274 | | |
| 9 | G025 | 341 | 400 | 89 | 311 | | |
| 10 | G026 | 457 | 400 | 98 | 302 | | |
| 11 | G027 | 412 | 400 | 75 | 325 | | |
| 12 | G028 | 297 | 400 | 111 | 289 | | |
| 13 | G029 | 154 | 400 | 121 | 279 | | |
| 14 | G030 | 98 | 400 | 109 | 291 | | |



图 3-11　已销售数量填充的结果

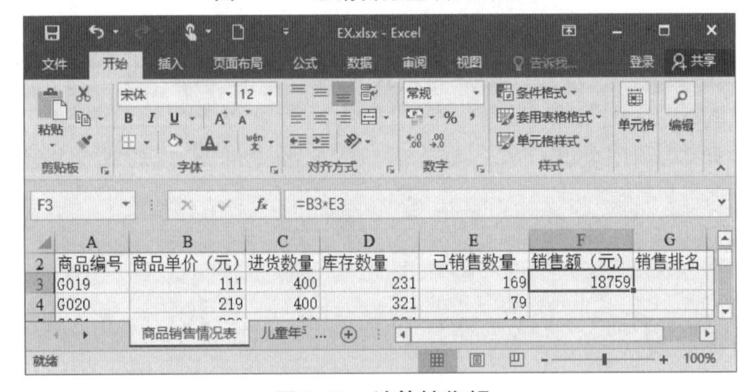

| | A | B | C | D | E | F | G |
|---|---|---|---|---|---|---|---|
| 2 | 商品编号 | 商品单价（元） | 进货数量 | 库存数量 | 已销售数量 | 销售额（元） | 销售排名 |
| 3 | G019 | 111 | 400 | 231 | 169 | 18759 | |
| 4 | G020 | 219 | 400 | 321 | 79 | | |



图 3-12　计算销售额

5. 选中 F3 单元格，将填充柄拖至 F14 单元格并释放，最终结果如图 3-13 所示。

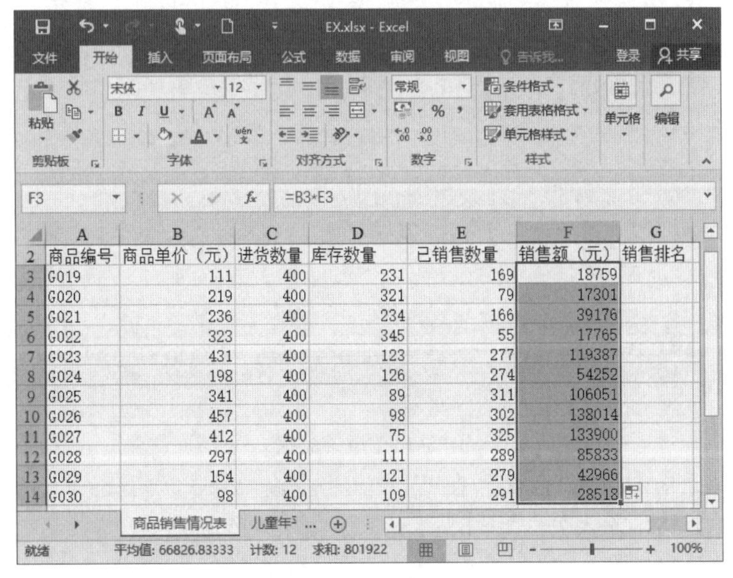

| | A | B | C | D | E | F | G |
|---|---|---|---|---|---|---|---|
| 2 | 商品编号 | 商品单价（元） | 进货数量 | 库存数量 | 已销售数量 | 销售额（元） | 销售排名 |
| 3 | G019 | 111 | 400 | 231 | 169 | 18759 | |
| 4 | G020 | 219 | 400 | 321 | 79 | 17301 | |
| 5 | G021 | 236 | 400 | 234 | 166 | 39176 | |
| 6 | G022 | 323 | 400 | 345 | 55 | 17765 | |
| 7 | G023 | 431 | 400 | 123 | 277 | 119387 | |
| 8 | G024 | 198 | 400 | 126 | 274 | 54252 | |
| 9 | G025 | 341 | 400 | 89 | 311 | 106051 | |
| 10 | G026 | 457 | 400 | 98 | 302 | 138014 | |
| 11 | G027 | 412 | 400 | 75 | 325 | 133900 | |
| 12 | G028 | 297 | 400 | 111 | 289 | 85833 | |
| 13 | G029 | 154 | 400 | 121 | 279 | 42966 | |
| 14 | G030 | 98 | 400 | 109 | 291 | 28518 | |



图 3-13　销售额填充的结果

☞ **提示**

公式是在工作表中对数据进行计算的式子,它可以对工作表中的数据进行加、减、乘、除等运算。

在 Excel 公式中,运算符可分为以下四种类型:

(1) 算术运算:+(加)、-(减)、*(乘)、/(除)、%(百分比)。

(2) 比较运算:=(等于)、>(大于)、<(小于)、>=(大于等于)、<=(小于等于)。

(3) 字符运算:&(连接)。

(4) 引用运算:":"(冒号)、","(逗号)、空格。

对于一些特殊运算,无法直接利用公式来实现,可以使用 Excel 内置的函数来求解。

## 实验二　相对地址、绝对地址的使用

### 实验内容

打开"\实验素材\Excel\第二节"文件夹中的 EX 工作簿,在"儿童年平均支出"工作表的 A7 单元格中输入"合计",在 B7 单元格中利用函数计算各支出之和;在"儿童年平均支出"工作表的 C 列中,利用公式计算各支出占总支出的比例,分母要求使用绝对地址。

### 实验步骤

1. 打开"\实验素材\Excel\第二节"文件夹中 EX 工作簿中的"儿童年平均支出"工作表,如图 3-14 所示。

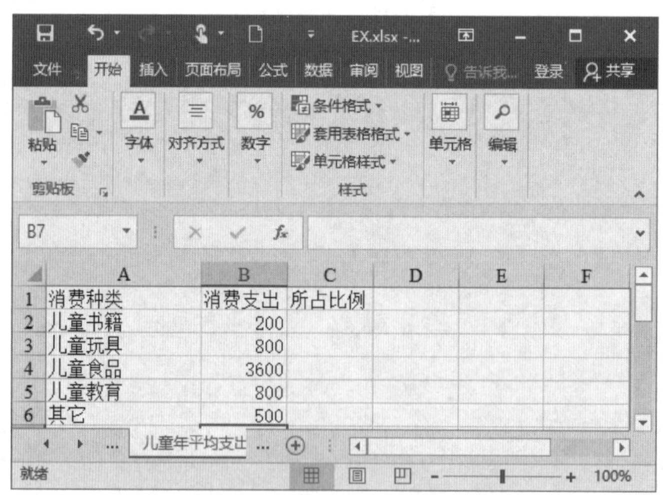


图 3-14　原始数据

2. 在 A7 单元格中输入"合计",在 B7 单元格中输入公式"=B2+B3+B4+B5+B6"。

3. 在 C2 单元格中输入公式"=B2/$B$7",如图 3-15 所示。

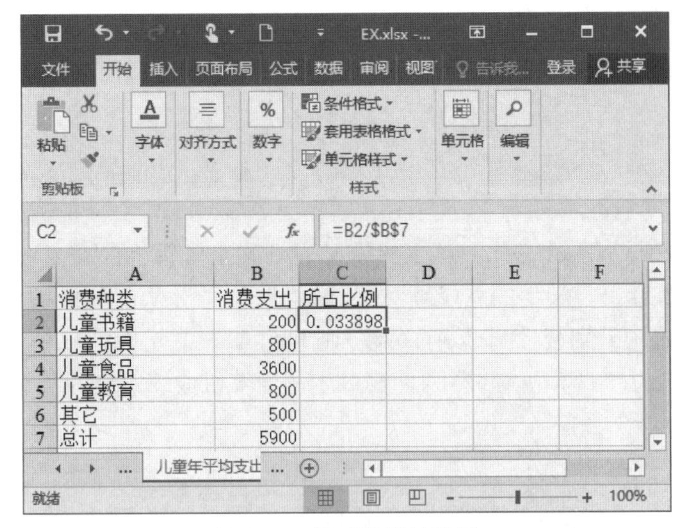


图 3-15　绝对地址的使用

4. 选中 C2 单元格,将填充柄拖至 C6 单元格并释放,最终结果如图 3-16 所示。

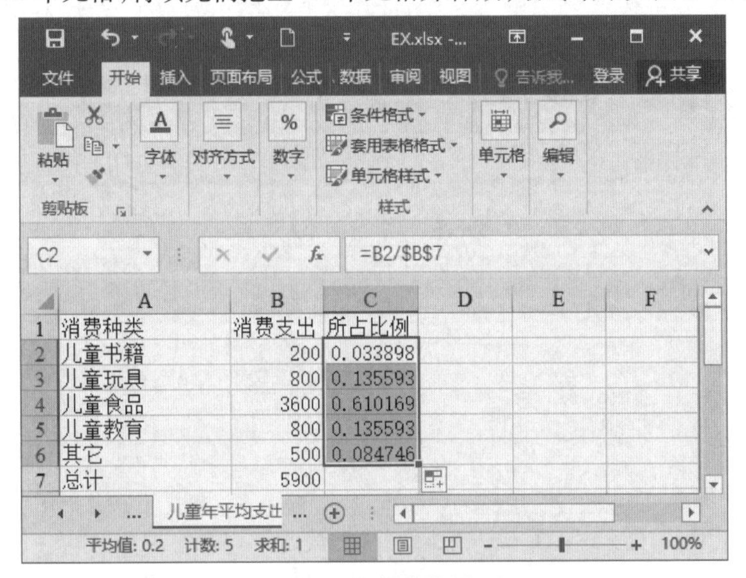


图 3-16　最终结果

☞ **提示**

相对引用:引用一个或多个相对位置的单元格。在相对引用方式下,公式中对单元格区域的引用基于它们与公式单元格的相对位置,公式中的地址内容随着公式所在单元格地址的变化而变化。

绝对引用:引用一个或多个特定位置的单元格。在绝对引用方式下,公式中引用的单元格地址不会被更新,公式中单元格的地址始终保持不变。

如上面的公式"=B2/$B$7",其中的 B2 为相对引用,B7 为绝对引用。

# 实验三　常用函数的使用

## 实验内容

打开“\实验素材\Excel\第二节”文件夹中的 EX 工作簿,在“学生成绩表”工作表的 H 列、I 列中分别统计每个学生的总成绩和平均成绩,按总分从高到低在名次列计算排名,在 B32、B33 单元格中分别统计男、女生人数,在 E35:G36 单元格区域中分别统计男、女生各门课的平均成绩,在“计算机等级”列计算各生的计算机成绩对应的等级(60 分及以上为合格,60 分以下为不合格)。

## 实验步骤

1. 打开“\实验素材\Excel\第二节”文件夹中 EX 工作簿中的“学生成绩表”工作表,如图 3-17 所示。

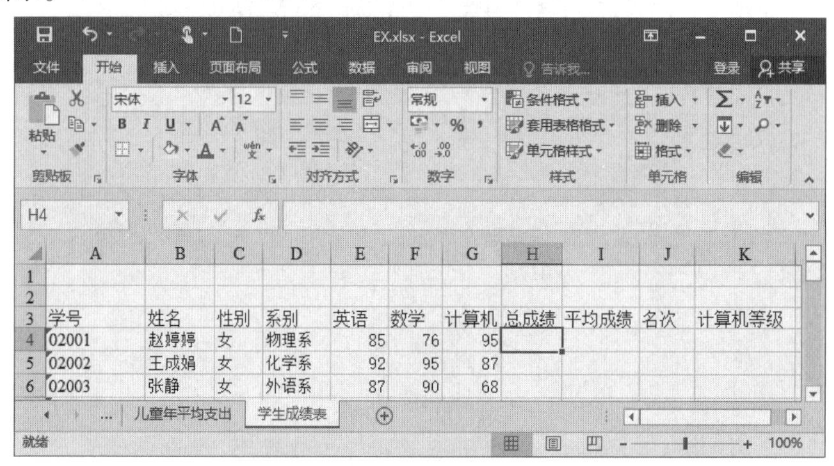


图 3-17　原始数据

2. 选中 H4 单元格,双击【编辑】组中的“自动求和”按钮 Σ ,结果如图 3-18 所示。

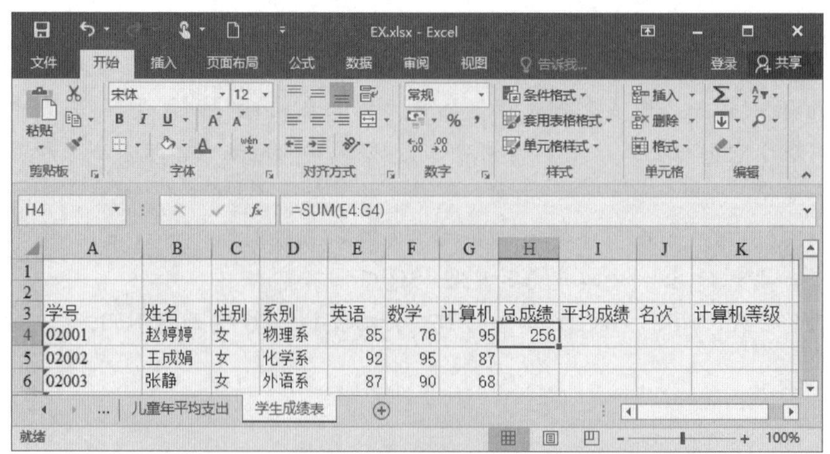


图 3-18　自动求和

3. 选中 I4 单元格,点击编辑栏左边的“插入函数”按钮 $f_x$ ,打开“插入函数”对话框,如图 3-19 所示。

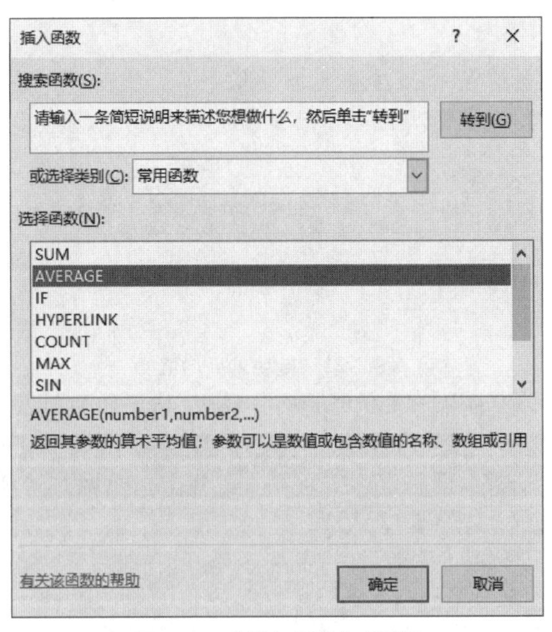


图 3-19　“插入函数”对话框

4. 在“插入函数”对话框的“选择函数”列表框中选择“AVERAGE”函数,点击“确定”按钮,弹出“函数参数”对话框,如图 3-20 所示。

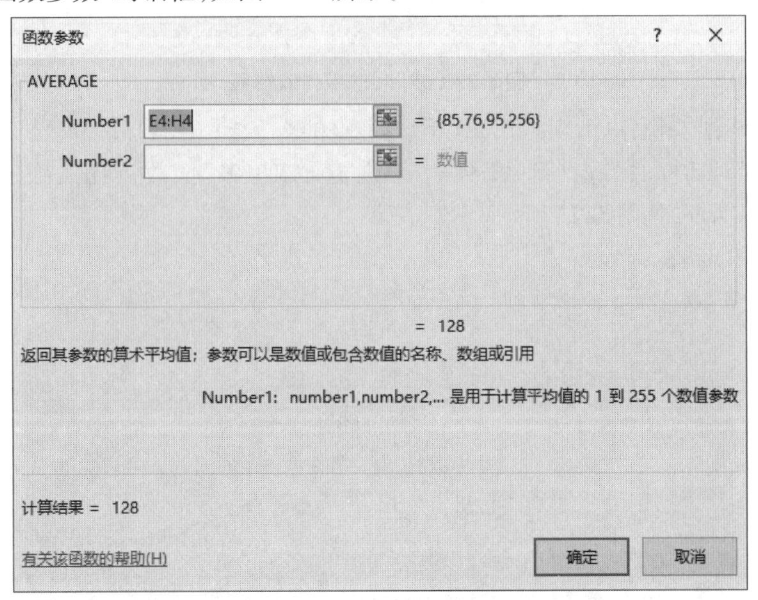


图 3-20　AVERAGE 函数的“函数参数”对话框

5. 在“函数参数”对话框中点击“Number1”后面的按钮 ，然后在“学生成绩表”中选中要求平均值的数据单元 E4:G4,连续按两次回车键确认,结果如图 3-21 所示。

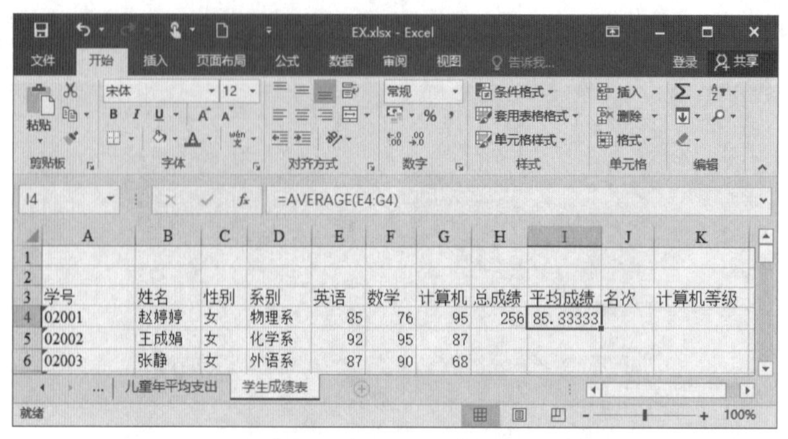

图 3-21　自动求平均值

6. 选中 H4:I4,将填充柄拖至 I30 单元格并释放,结果如图 3-22 所示。

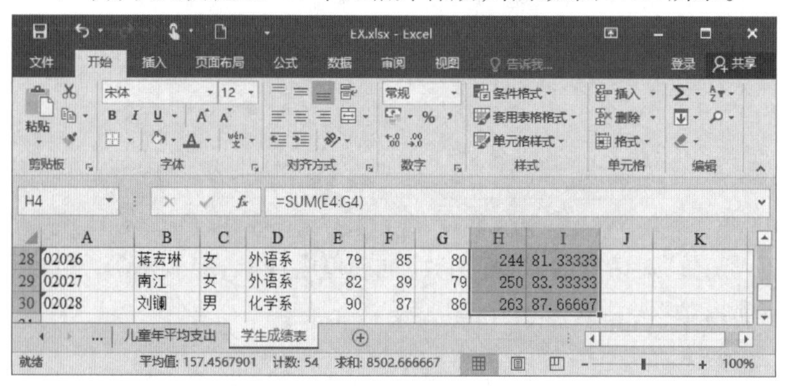

图 3-22　求和、求平均值结果

7. 选中 J4 单元格,点击编辑栏左边的“插入函数”按钮 $f_x$ ,打开“插入函数”对话框,在“插入函数”对话框的“选择函数”列表框中选择“RANK”函数,点击“确定”按钮,弹出“函数参数”对话框,如图 3-23 所示。

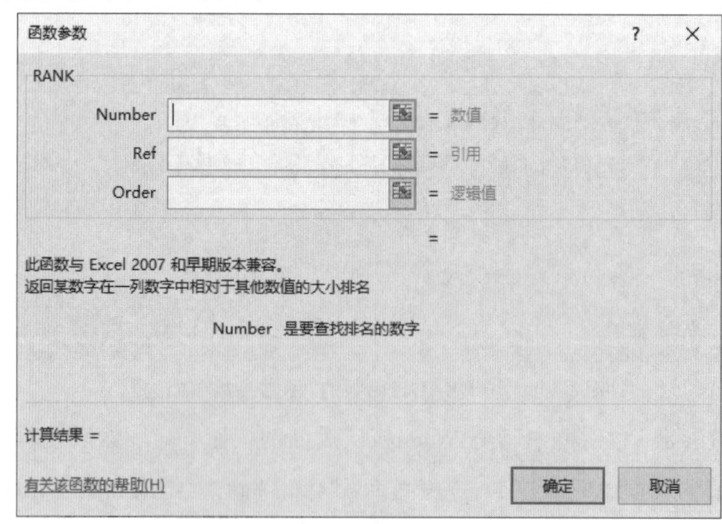


图 3-23　RANK 函数的“函数参数”对话框

8. 在“函数参数”对话框中点击“Number”后面的按钮 ，然后在“学生成绩表”中选中要排名的单元格 H4，再点击“Ref”后面的按钮 ，然后在“学生成绩表”中选中要排名的区域 H4:H30，并把 H4:H30 设置为绝对地址（可用 < F4 > 键进行地址转换），按回车键确认，结果如图 3-24 所示。

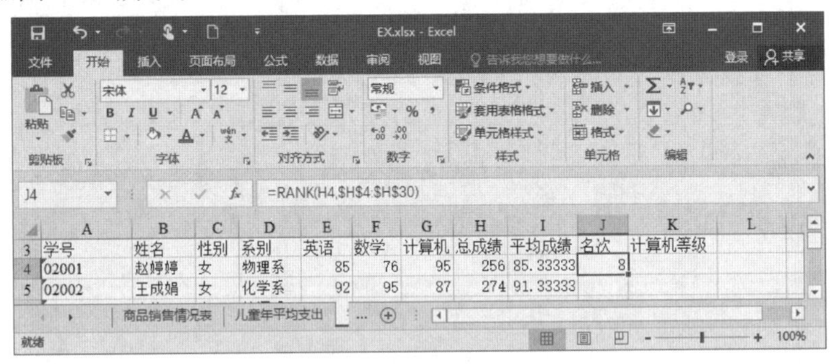


图 3-24　RANK 函数的使用

9. 选中 J4，将填充柄拖至 J30 单元格并释放，结果如图 3-25 所示。

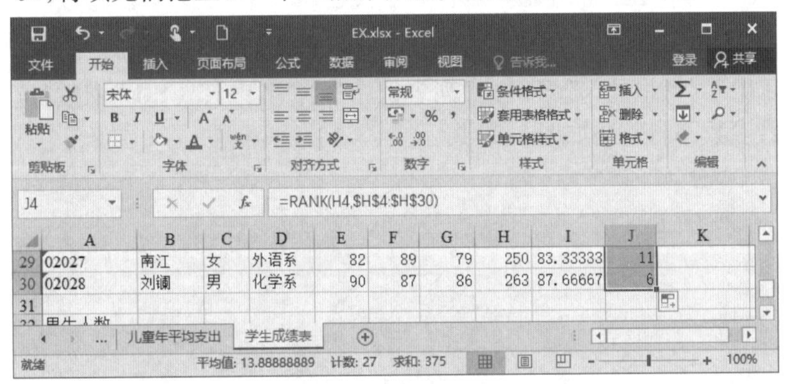


图 3-25　排名后结果

10. 选中 B32 单元格，点击编辑栏左边的“插入函数”按钮 *fx*，打开“插入函数”对话框，在“插入函数”对话框的“选择函数”列表框中选择“COUNTIF”函数，点击“确定”按钮，弹出“函数参数”对话框，如图 3-26 所示。

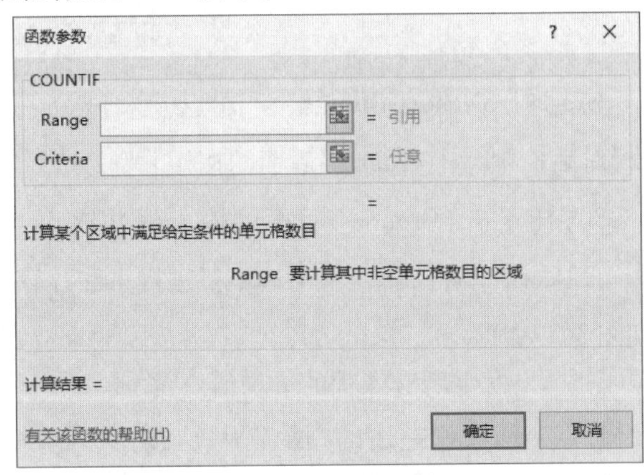


图 3-26　COUNTIF 函数的“函数参数”对话框

11. 在“函数参数”窗口中点击“Range”后面的按钮，然后在“学生成绩表”中选中要统计的区域 C4:C30,再点击“Criteria”后面的输入框并输入“男”,按回车键确认,结果如图 3-27 所示。

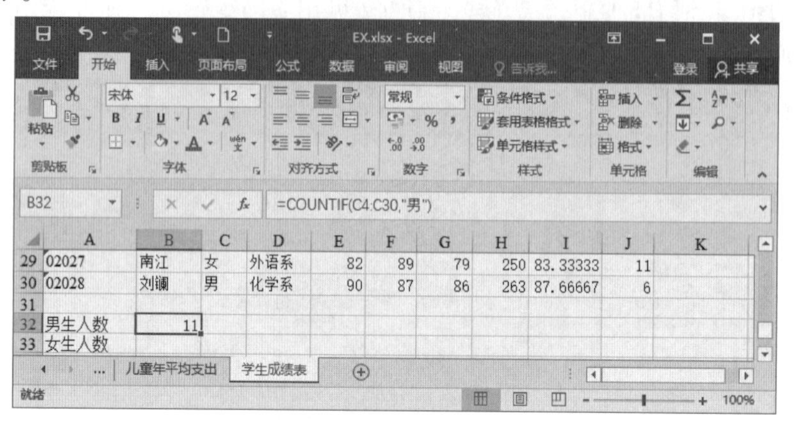


图 3-27 COUNTIF 函数的使用

12. 用上述方法在 B33 单元格中统计女生人数。

13. 选中 E35 单元格,点击编辑栏左边的“插入函数”按钮 *fx*,打开“插入函数”对话框,在“插入函数”对话框的“选择函数”列表框中选择“AVERAGEIF”函数,点击“确定”按钮,弹出“函数参数”对话框,如图 3-28 所示。

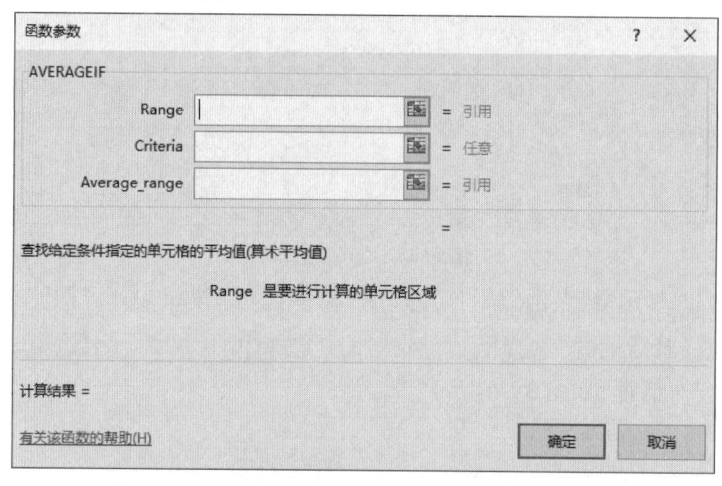


图 3-28 AVERAGEIF 函数的“函数参数”对话框

14. 在“函数参数”对话框中点击“Range”后面的按钮，然后在“学生成绩表”中选中要计算的区域 C4:C30,再点击“Criteria”后面的输入框并输入“男”,点击“Average_range”后面的按钮，然后在“学生成绩表”中选中要进行求和计算的实际区域 E4:E30,按回车键确认,结果如图 3-29 所示。

15. 用上述方法再完成男、女生所有课程的平均值。

16. 选中 K4 单元格,点击编辑栏左边的“插入函数”按钮 *fx*,打开“插入函数”对话框,在“插入函数”对话框的“选择函数”列表框中选择“IF”函数,点击“确定”按钮,弹出

“函数参数”对话框,如图 3-30 所示。

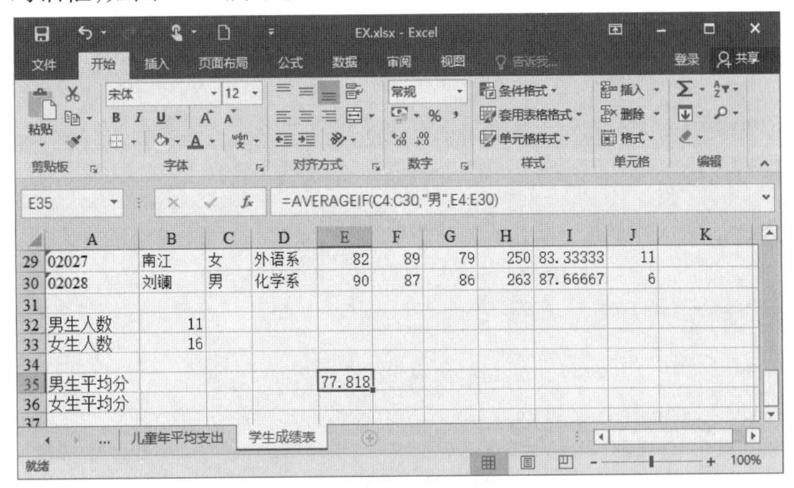


图 3-29　AVERAGEIF 函数的使用

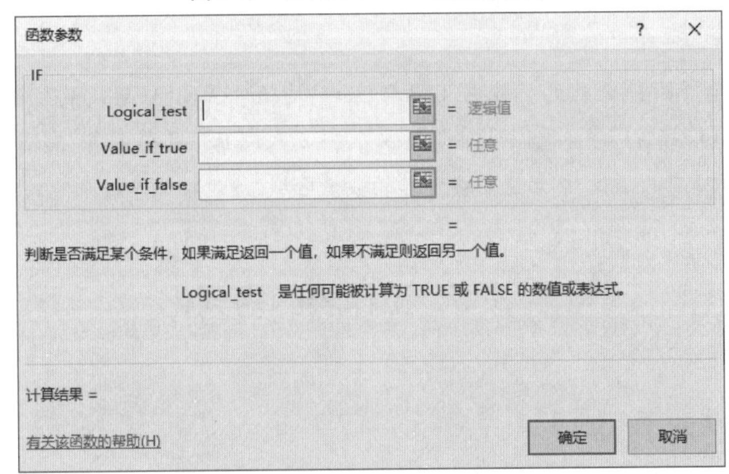


图 3-30　IF 函数的“函数参数”对话框

17. 在“函数参数”对话框中点击“Logical_test”后面的输入框并输入条件“G4 >= 60”,然后在“Value_if_true”后的输入框中输入“合格”,在“Value_if_false”后的输入框中输入“不合格”,按回车键确认,结果如图 3-31 所示。

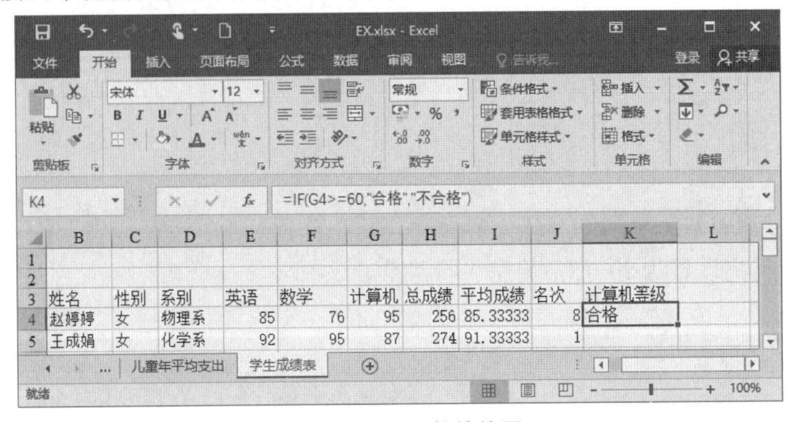


图 3-31　IF 函数的使用

18. 选中 K4,将填充柄拖至 K30 单元格并释放,最终结果如图 3-32 所示。

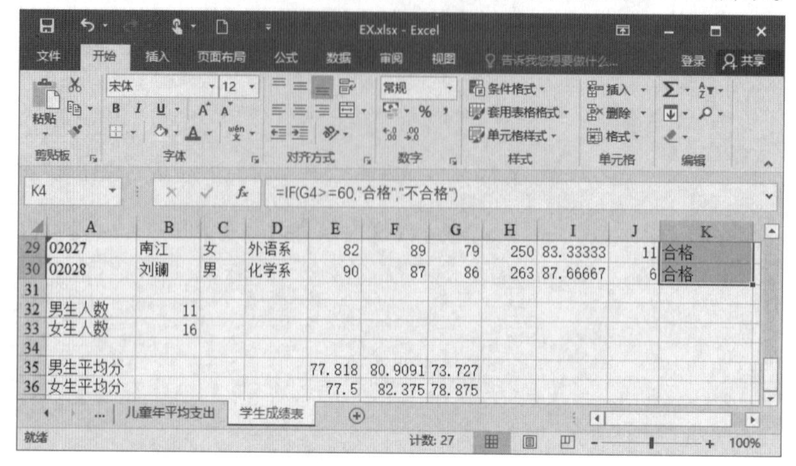

图 3-32　最终结果

☞ 提示

对于除求和(SUM)之外的其他常用函数,如平均值(AVERAGE)、最大值(MAX)、最小值(MIN)、计数(COUNT)等,我们可参照自动求和方式点击"自动求和"按钮右边的向下箭头  来打开对应的函数,然后选中要计算的数据区域,最后按回车键来完成操作。

## 3.3　工作表的格式化

### 实验目的

1. 掌握行、列格式化的方法。
2. 掌握单元格格式化的方法。
3. 掌握条件格式、套用表格格式、单元格样式的设置方法。

### 实验一　行、列格式化

#### 实验内容

将"\实验素材\Excel\第三节"文件夹中 EX 工作簿中的"考试成绩"工作表中的第 4 行到第 12 行行高设置为 20,然后将第 1 行隐藏。

## 实验步骤

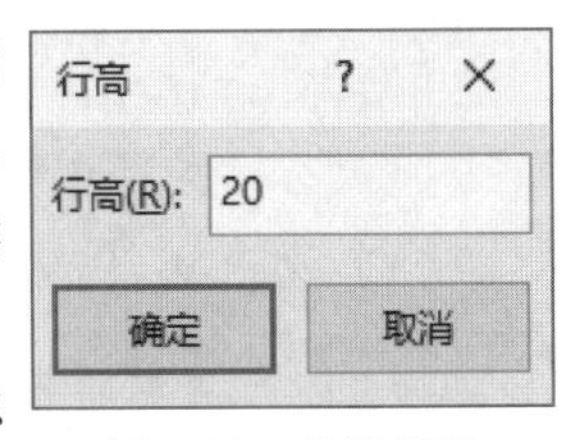

图 3-33　设置行高

1. 打开“\实验素材\Excel\第三节”文件夹中 EX 工作簿中的“考试成绩”工作表，在行号上选中第 4 行到第 12 行，右击，在弹出的快捷菜单中选择【行高】命令，打开“行高”对话框，输入“20”，然后点击“确定”按钮，如图 3-33 所示。

2. 在行号上选中第 1 行，右击，在弹出的快捷菜单中选择【隐藏】命令，即可隐藏第 1 行。

☞ **提示**

(1) 设置列宽的操作类似，只是将选中行号改为选中相应的列标。

(2) 插入(或删除)行(或列)的操作：选中行号(或列标)，右击，在快捷菜单中选择【插入】(或【删除】)命令，就完成了插入(或删除)操作。

(3) 行高和列宽的操作也可以通过【单元格】组中的“格式”按钮设置。

(4) 取消隐藏：选中包含已隐藏行(或列)的数据行(或列)区域，右击，在快捷菜单中选择【取消隐藏】命令，就能显示该区域中已经隐藏了的行(或列)。

# 实验二　单元格格式化

## 实验内容

将“\实验素材\Excel\第三节”文件夹中 EX 工作簿中的 Sheet1 工作表中的 A2:H2 单元格区域合并及居中，并设置其中文字格式为楷体、20、红色；设置所有成绩小数位数为 0 位；设置 A3:H12 区域外框线为最粗实线、内框线为最细实线；设置数据区域 A3:H3 背景色为黄色。

## 实验步骤

1. 打开“\实验素材\Excel\第三节”文件夹中 EX 工作簿中的 Sheet1 工作表，选中区域 A2:H2，右击，在弹出的快捷菜单中选择【设置单元格格式】命令，打开“设置单元格格式”对话框，选择“对齐”选项卡，在“水平对齐”下拉列表中选择“居中”，在“文本控制”中选中“合并单元格”复选框，如图 3-34 所示。(或选中区域 A2:H2 后，直接点击【开始】选项卡的【对齐方式】组中的 合并后居中 按钮即可)

2. 选择“字体”选项卡，在“字体”列表中选择“楷体”，在“字号”列表中选择“20”，在“颜色”列表中选择红色，如图 3-35 所示，点击“确定”按钮完成。

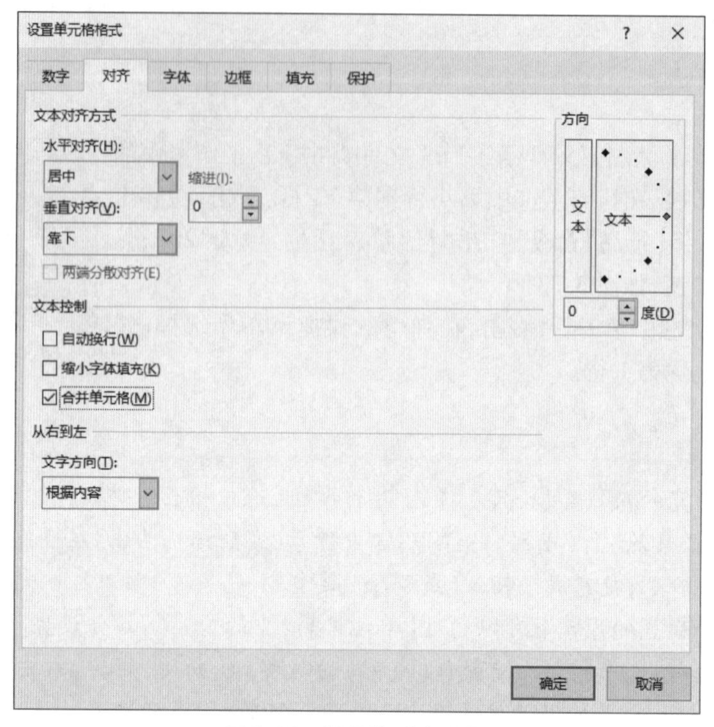


图 3-34　单元格对齐设置

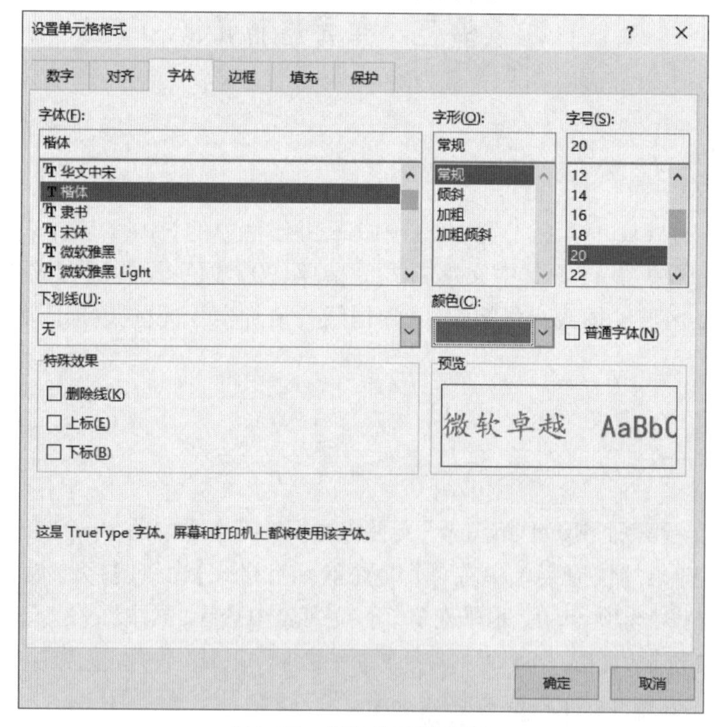


图 3-35　单元格字体设置

3. 选中表格中成绩所在区域 D4:H12,右击,在弹出的快捷菜单中选择【设置单元格格式】命令,打开“设置单元格格式”对话框,选择“数字”选项卡,在“分类”列表框中选择“数值”,在小数位数中选择“0”,如图 3-36 所示。

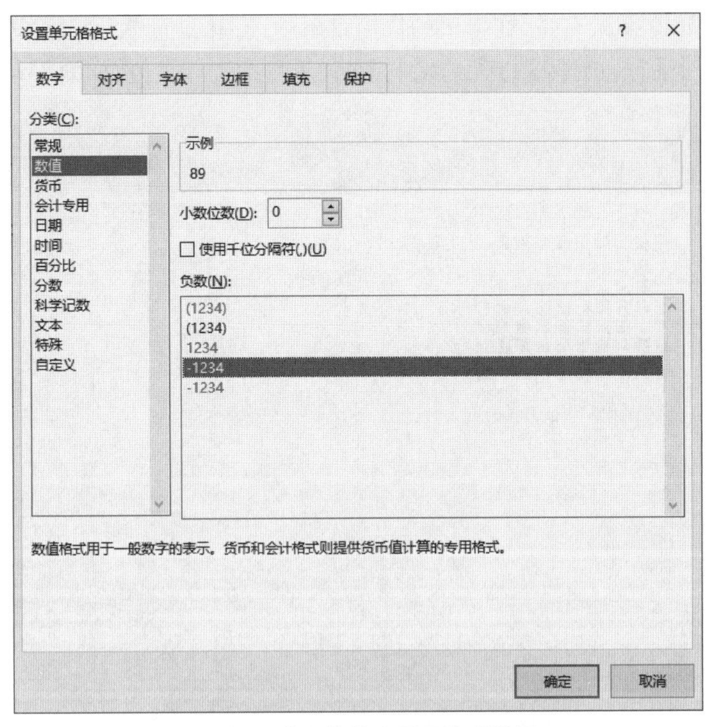


图 3-36　单元格数字显示格式设置

4. 选中区域 A3:H12,右击,在弹出的快捷菜单中选择【设置单元格格式】命令,打开"设置单元格格式"对话框,选择"边框"选项卡,在样式中选择最粗实线,在"预置"中点击"外边框",在"样式"中选择最细实线,在"预置"中点击"内部",如图 3-37 所示。

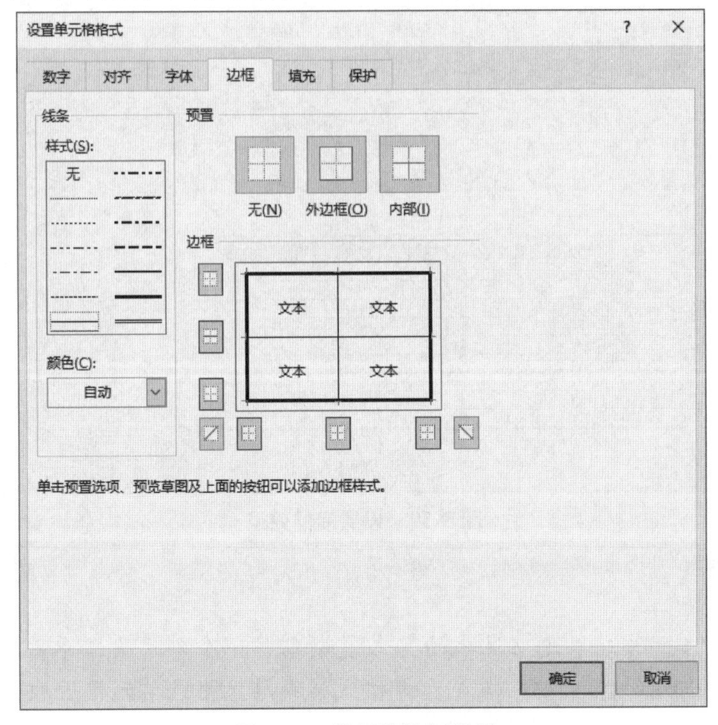


图 3-37　单元格边框设置

5. 选中区域 A3:H3,右击,在弹出的快捷菜单中选择【设置单元格格式】命令,打开“设置单元格格式”对话框,选择“填充”选项卡,在背景色中选择黄色,如图 3-38 所示。

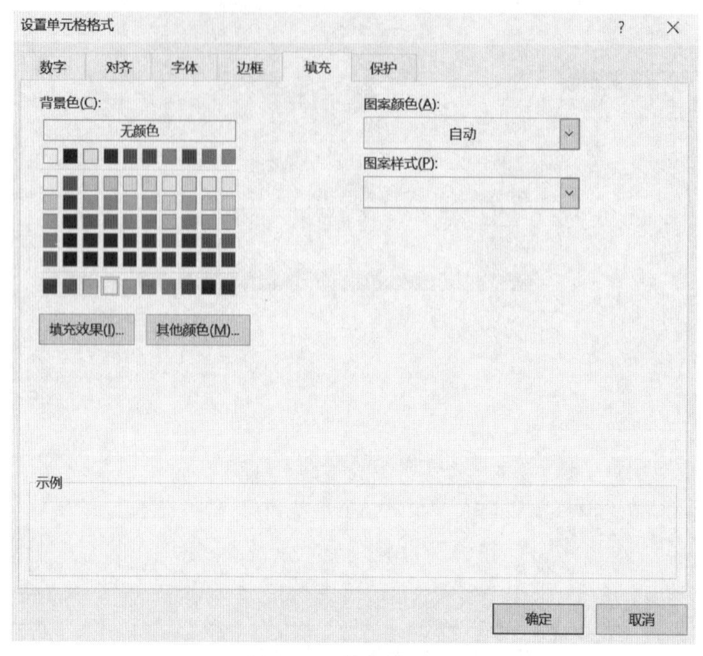


图 3-38 背景色设置

6. 表格设置好后的效果如图 3-39 所示。

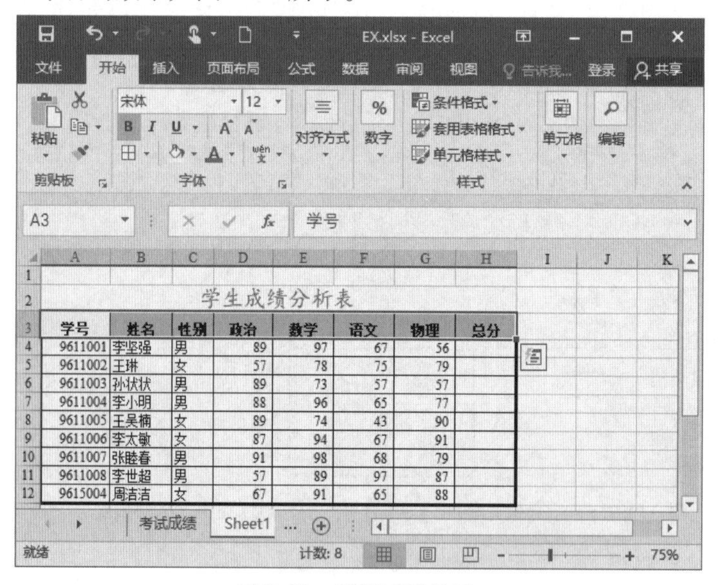


图 3-39 设置后的效果

☞ **提示**

把工作表中单元格或单元格区域的格式复制到另一个单元格或单元格区域,可使用【剪贴板】组中的“格式刷”按钮。首先选定格式样式单元格或单元格区域,点击“格式刷”按钮,然后选取目标单元格或单元格区域即可。

# 实验三　条件格式、套用表格格式和单元格样式的设置

## 实验内容

打开“\实验素材\Excel\第三节”文件夹中的EX工作簿，在“工资表”工作表中，将“原来工资”列大于或等于8000的值设置为红色；设置“备注”列的单元格样式为“20% – 着色1”；将A2:G12数据区域设置为套用表格格式“表样式中等深浅2”。

## 实验步骤

1. 打开“\实验素材\Excel\第三节”文件夹中EX工作簿中的“工资表”工作表，选定区域C3:C12，点击【条件格式】→【突出显示单元格规则】→【其他规则】，如图3-40所示。打开“新建格式规则”对话框，按图3-41设置好条件后点击“格式”按钮，打开“设置单元格格式”对话框中的“字体”选项卡，在“颜色”列表中选择红色，点击“确定”按钮，效果如图3-42所示。

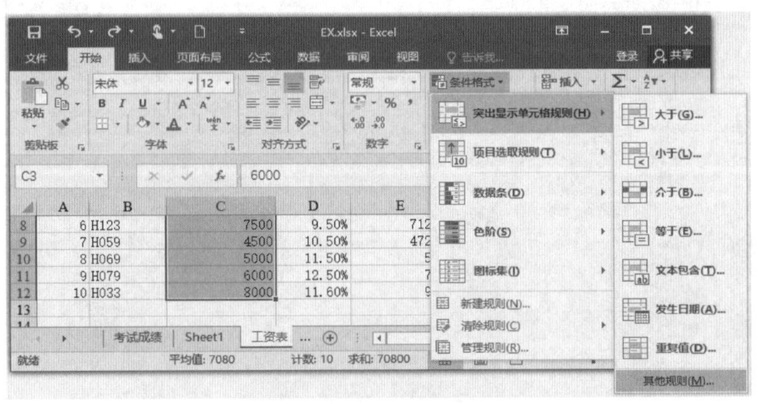

图3-40　选择其他规则

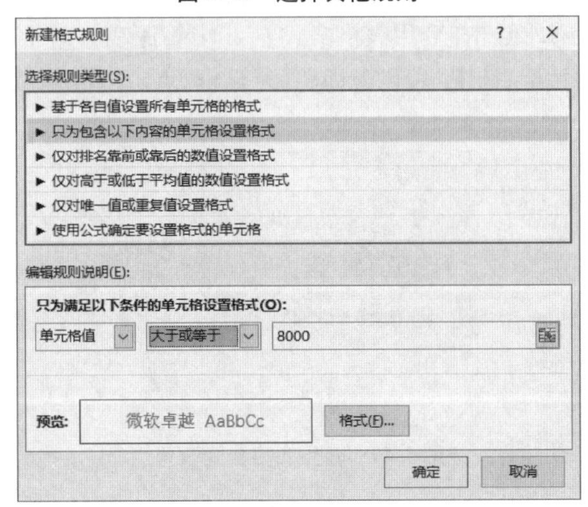


图3-41　条件格式设置

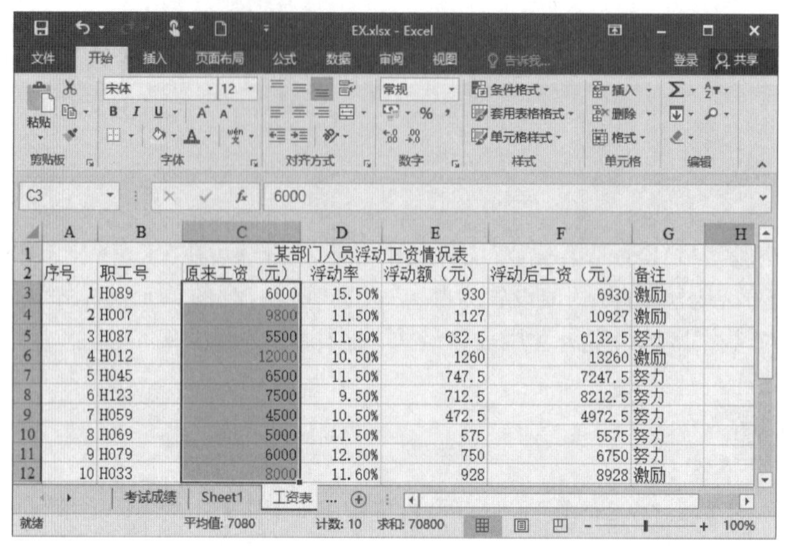


图 3-42　设置条件格式后的效果

2. 选定区域 G3:G12,点击【单元格样式】→【主题单元格样式】→【20% －着色 1】,结果如图 3-43 所示。

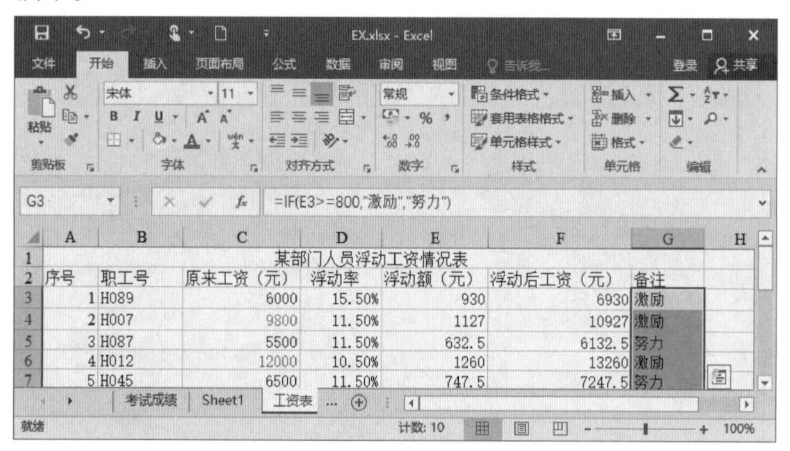


图 3-43　设置单元格样式后的效果

3. 选定区域 A2:G12,点击【套用表格格式】→【中等深浅】→【表样式中等深浅 2】,弹出如图 3-44 所示的对话框,选中“表包含标题”复选框,点击“确定”按钮,结果如图 3-45 所示。

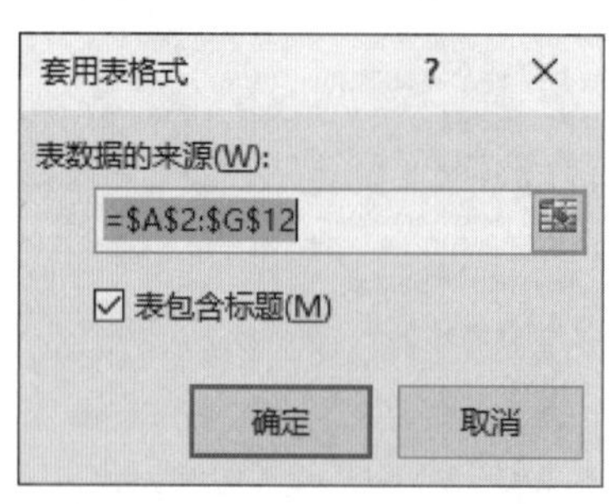


图 3-44　套用表格格式设置

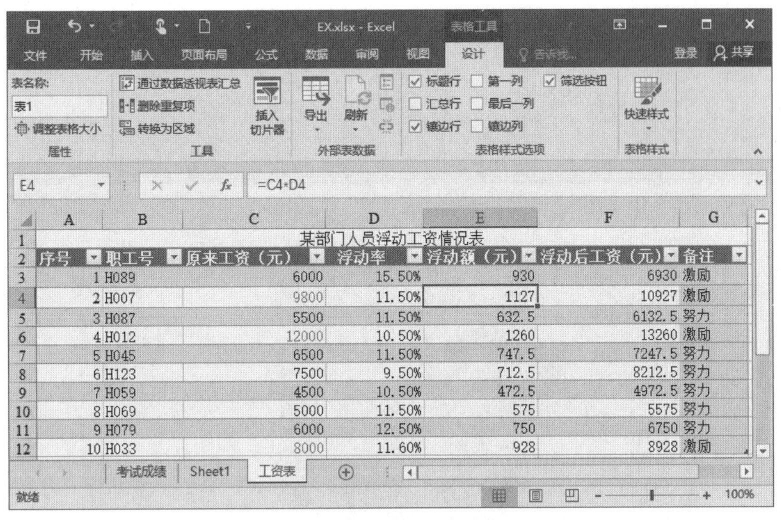


| | A | B | C | D | E | F | G |
|---|---|---|---|---|---|---|---|
| 1 | 某部门人员浮动工资情况表 | | | | | | |
| 2 | 序号 | 职工号 | 原来工资（元） | 浮动率 | 浮动额（元） | 浮动后工资（元） | 备注 |
| 3 | 1 | H089 | 6000 | 15.50% | 930 | 6930 | 激励 |
| 4 | 2 | H007 | 9800 | 11.50% | 1127 | 10927 | 激励 |
| 5 | 3 | H087 | 5500 | 11.50% | 632.5 | 6132.5 | 努力 |
| 6 | 4 | H012 | 12000 | 10.50% | 1260 | 13260 | 激励 |
| 7 | 5 | H045 | 6500 | 11.50% | 747.5 | 7247.5 | 努力 |
| 8 | 6 | H123 | 7500 | 9.50% | 712.5 | 8212.5 | 努力 |
| 9 | 7 | H059 | 4500 | 10.50% | 472.5 | 4972.5 | 努力 |
| 10 | 8 | H069 | 5000 | 11.50% | 575 | 5575 | 努力 |
| 11 | 9 | H079 | 6000 | 12.50% | 750 | 6750 | 努力 |
| 12 | 10 | H033 | 8000 | 11.60% | 928 | 8928 | 激励 |

**图 3-45　设置套用表格格式后的效果**

☞ **提示**

使用【套用表格格式】命令，可以帮助用户快速直接应用系统预先定义好的一系列格式。它的好处在于我们无须像刚刚那样一步一步来设置表格的格式，而是直接套用一系列已定义好的格式。

## 3.4　图表的基本操作

### 实验目的

1. 掌握图表的创建方法。
2. 掌握图表的修改方法。
3. 掌握图表的复制、移动与删除方法。

## 实验一　图表的创建

### 实验内容

依据“\实验素材\Excel\第四节”文件夹中 EX 工作簿中的“儿童年平均支出”工作表中的 A、B 两列，生成一张“饼图”，嵌入“儿童年平均支出”工作表中，图表标题为“儿童各项支出比例图”，样张如图 3-46 所示。

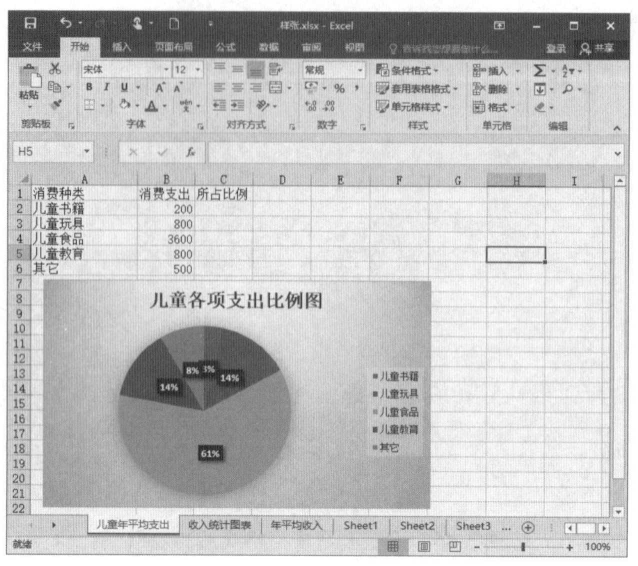


图 3-46　图表样张

## 实验步骤

1. 打开“\实验素材\Excel\第四节”文件夹中 EX 工作簿中的“儿童年平均支出”工作表。
2. 选取创建图表的数据区域 A1:B6。

☞ **提示**

如果要选取不连续的数据区域,可按下 <Ctrl> 键再逐个选取。

3. 切换到【插入】选项卡,点击【图表】组中的“饼图”按钮,在“二维饼图”下选择“饼图”,操作如图 3-47 所示,结果如图 3-48 所示。

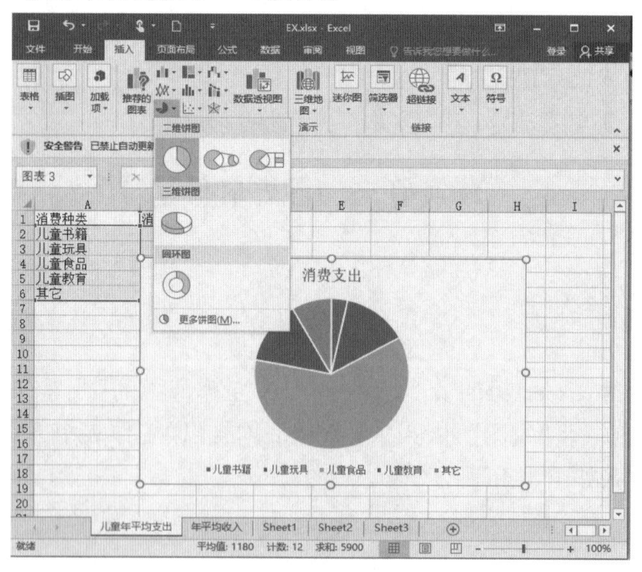


图 3-47　创建图表

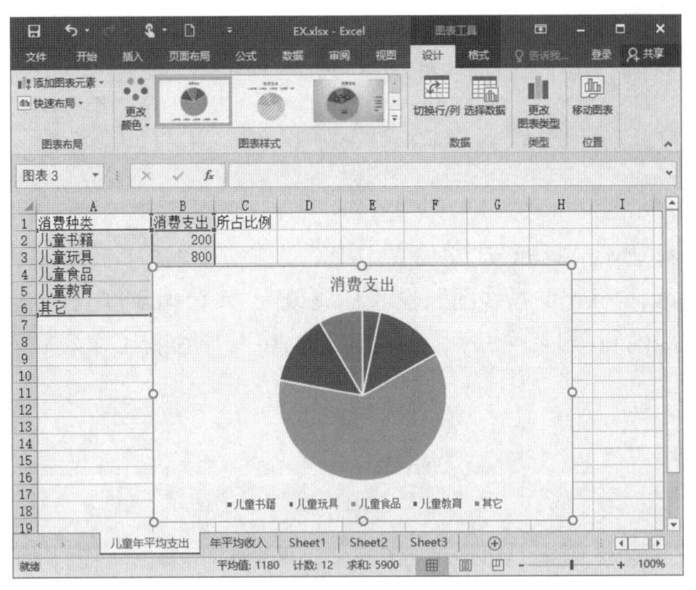


图 3-48　生成的图表

4. 在【图表工具-样式】选项卡中的【图表样式】组中选择“样式 3”，再修改图表标题为“儿童各项支出比例图”，最终效果如图 3-49 所示。

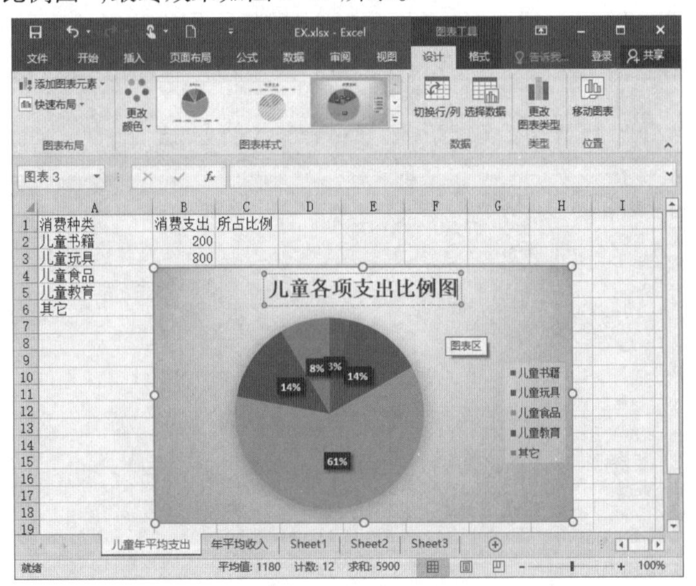


图 3-49　最终生成的图表

☞ **提示**

点击【数据】组中的“切换行/列”按钮，将交换坐标轴上的数据，即标在 X 轴上的数据将移到 Y 轴上，反之亦然。

# 实验二　图表的修改

## 实验内容

将“\实验素材\Excel\第四节”文件夹中EX工作簿中的“年平均收入”工作表中的图表类型更改为“带数据标记的折线图”;图表标题改为“A公司年度收入统计图表”,字体颜色为红色,字号为16;行/列互换,然后更改其位置,将其作为新工作表插入,工作表名称为“收入统计图表”。

## 实验步骤

1. 打开“\实验素材\Excel\第四节”文件夹中EX工作簿中的“年平均收入”工作表。

2. 选中图表,右击,在弹出的快捷菜单中选择【更改图表类型】命令,打开“更改图表类型”对话框,选择“折线图”下的“带数据标记的折线图”,如图3-50所示,然后点击“确定”按钮。

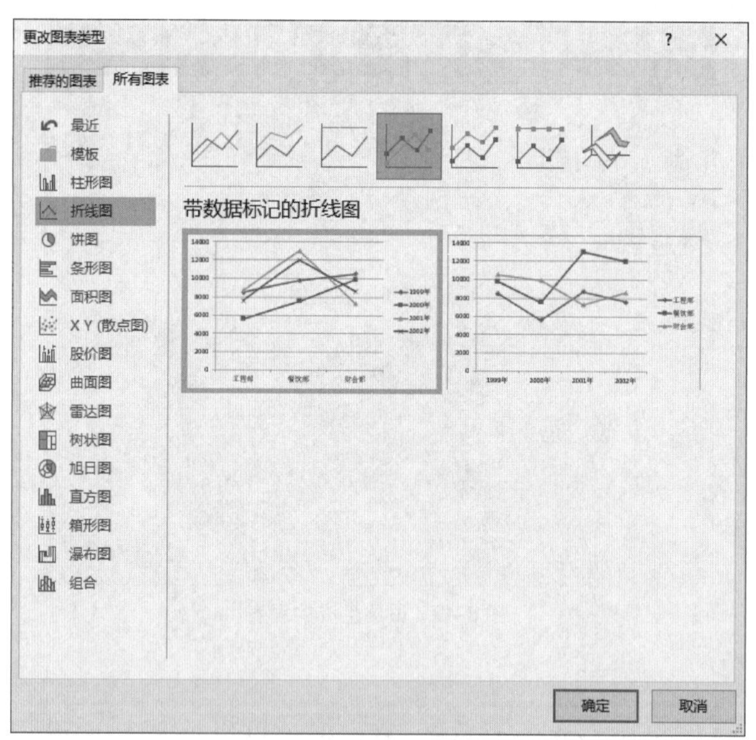


图3-50　更改图表类型

3. 选中图表,在【图表工具-设计】选项卡中的【图表布局】组中点击“快速布局”中的“布局9”,在图表标题中输入“A公司年度收入统计图表”,结果如图3-51所示。

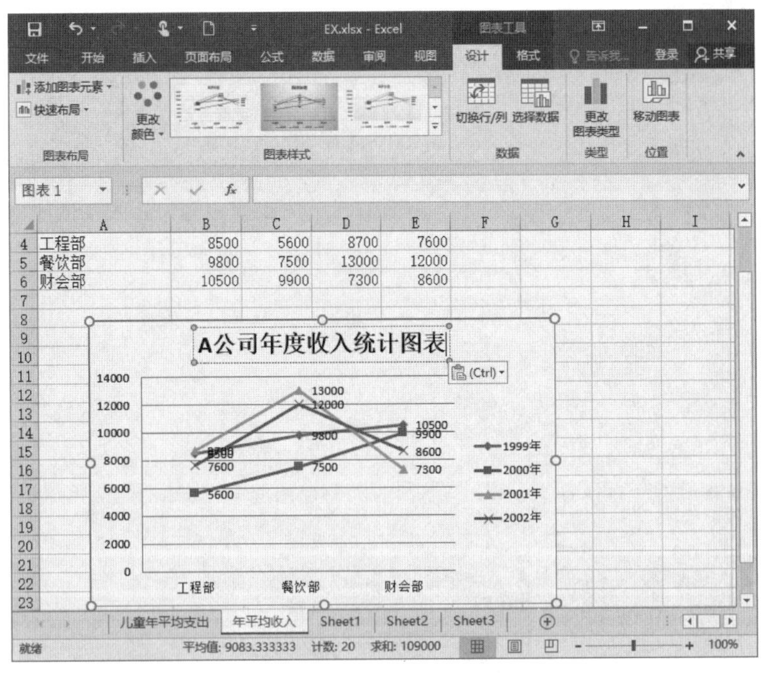


图 3-51　更改图表类型

4. 右击图表标题，选择【字体】命令，打开“字体”对话框，设置字号为 16，字体颜色为红色，如图 3-52 所示，然后点击“确定”按钮。

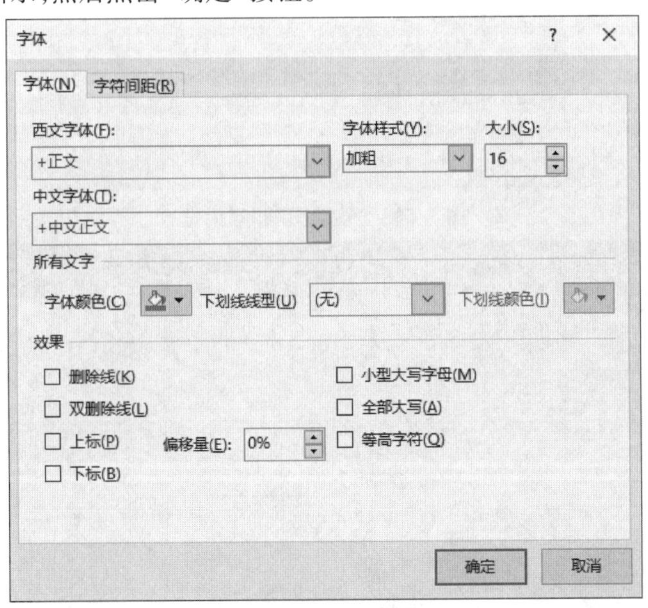


图 3-52　更改图表标题格式

5. 选中图表，点击【图表工具-设计】选项卡中的【数据】组中的“切换行/列”按钮，效果如图 3-53 所示。

6. 选中图表，点击【位置】组中的“移动图表”按钮，在打开的“移动图表”对话框中选择“新工作表”，并输入“收入统计图表”，如图 3-54 所示，然后点击“确定”按钮，最终效果如图 3-55 所示。

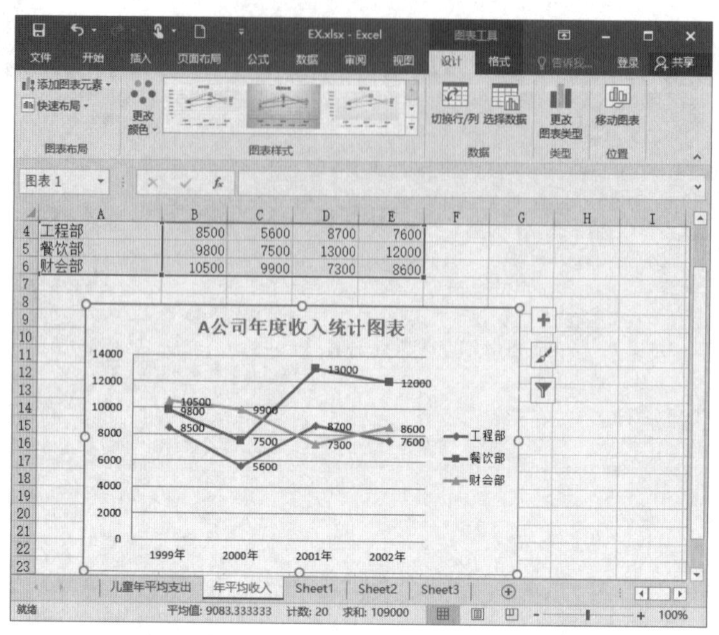


图 3-53　切换行/列后的效果

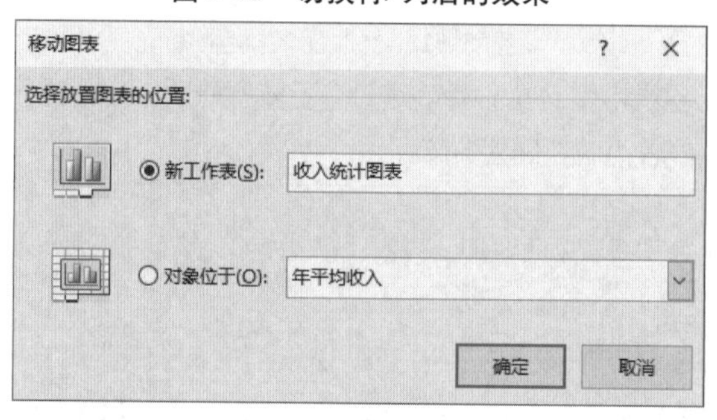


图 3-54　“移动图表”对话框

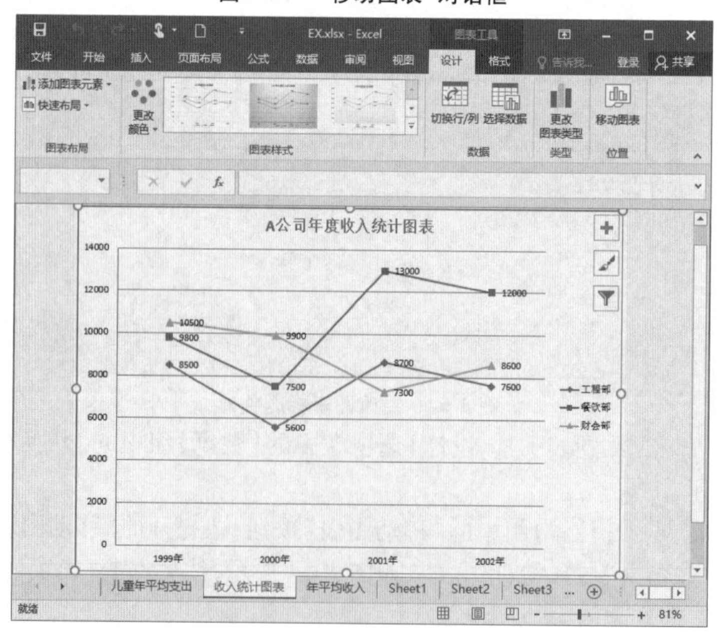


图 3-55　移动后的图表

☞ **提示**

图表的构成部件很多,每一个部分都可以再编辑,方法可以归纳为:设置哪部分,光标就准确定位在哪,右击,选择相应选项,在出现的对话框中按要求进一步设置。

## 实验三　图表的移动和删除

### 实验内容

将“\实验素材\Excel\第四节”文件夹中EX工作簿中的Sheet1工作表中的图表删除,再将Sheet2工作表中的图表移动到Sheet3工作表数据区的下方。

### 实验步骤

1. 打开“\实验素材\Excel\第四节”文件夹中EX工作簿中的Sheet1工作表。
2. 选中图表,按 < Del > 键,即可删除图表。
3. 切换到Sheet2工作表,右击图表,在弹出的快捷菜单中选择【剪切】命令,然后切换到Sheet3工作表,点击数据区下方某一单元格,然后点击【剪贴板】组中的“粘贴”按钮,即可完成工作表的移动。

☞ **提示**

对于独立图表的移动和删除,实际就是移动和删除图表所在的工作表。

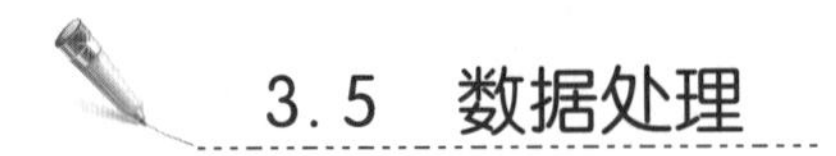

# 3.5　数据处理

### 实验目的

1. 掌握数据排序的方法。
2. 掌握数据筛选的方法。
3. 掌握数据分类汇总的方法。
4. 掌握数据透视表的创建方法。

# 实验一　数据排序

## 实验内容

打开“\实验素材\Excel\第五节”文件夹中的 EX1. xlsx 文件,对“学生成绩表 1”中的数据按“系别”进行升序排列;对“学生成绩表 2”中的数据先按“英语”进行降序排序,“英语”相同的再按“数学”进行降序排列,“英语”和“数学”都相同的,再按“计算机”进行降序排列;对“工资报表”中的数据按“职称”进行升序排列。

## 实验步骤

1. 打开“\实验素材\Excel\第五节”文件夹中的 EX1. xlsx 文件。

2. 先选定“学生成绩表 1”中“系别”列的任一数据单元格,再点击【开始】选项卡的【编辑】组中的“排序和筛选”按钮,选择“升序”项,即可对整个数据表按“系别”进行升序排列,如图 3-56 所示。

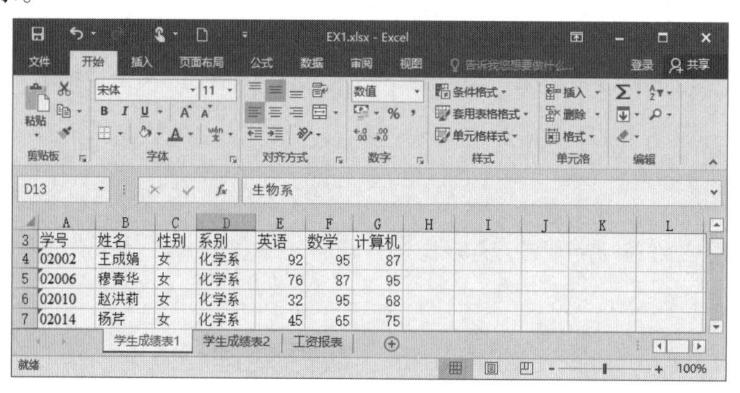


图 3-56　简单排序

3. 先选定“学生成绩表 2”中的任一数据单元格,再点击【编辑】组中的“排序和筛选”按钮,选择“自定义排序”,打开“排序”对话框,如图 3-57 所示。在“主要关键字”中点击右侧的下拉箭头,选择“英语”,点击“添加条件”按钮,设置“次要关键字”为“数学”,再点击“添加条件”按钮,设置“次要关键字”为“计算机”,都按“降序”排列,点击“确定”按钮。排序后的结果如图 3-58 所示。

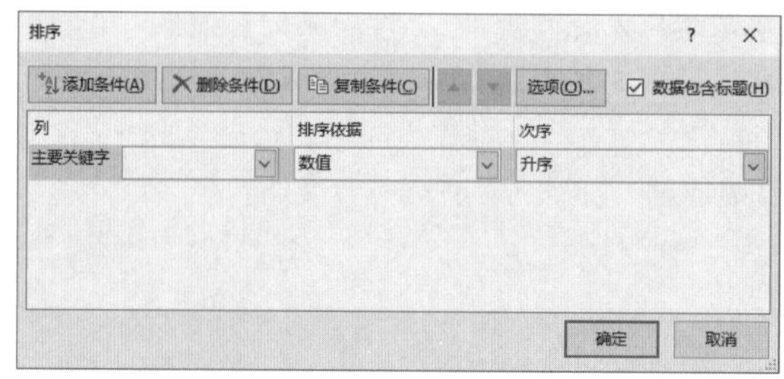


图 3-57　多关键字排序

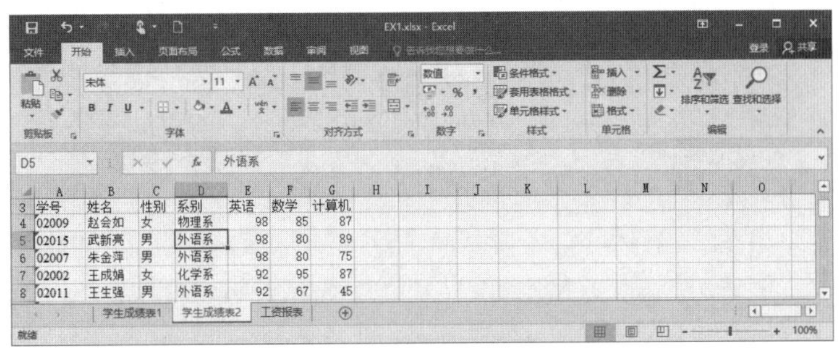


图 3-58　排序后的结果

4. 先选定“工资报表”中的任一数据单元格，再点击【编辑】组中的“排序和筛选”按钮，选择“自定义排序”，打开“排序”对话框，在“主要关键字”中点击右侧下拉箭头，选择“职称”，选择“次序”下的“自定义序列”，如图 3-59 所示。

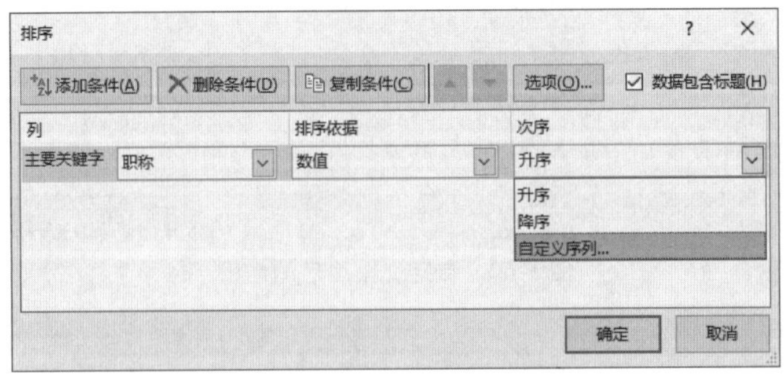


图 3-59　自定义序列的选取

5. 在“自定义序列”对话框的“输入序列”文本框中输入三行文字“助教”“讲师”“教授”，点击“添加”按钮，如图 3-60 所示。最后点击“确定”按钮，回到原来的“排序”对话框，在“次序”下系统自动选取刚才添加的自定义序列“助教，讲师，教授”为排序方式，如图 3-61 所示，点击“确定”按钮，最终排序结果如图 3-62 所示。

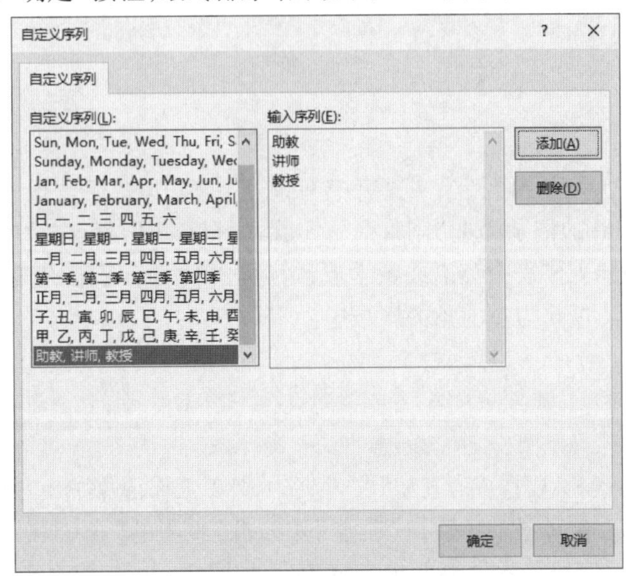


图 3-60　添加自定义序列

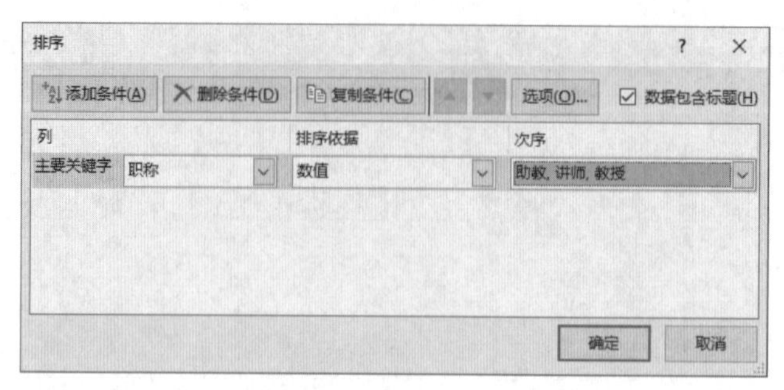

图 3-61　自定义序列排序

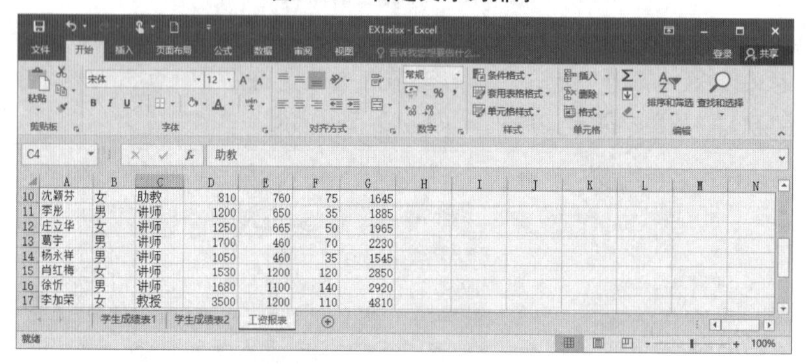

图 3-62　自定义排序后的结果

☞ **提示**

(1) 简单排序仅适用于一个关键字的升序和降序排列。

(2) 多关键字排序适用于对多个关键字同时排序。

(3) 自定义序列排序可依据不同排序需求自行定义排序。

## 实验二　数据筛选

### 实验内容

将"\实验素材\Excel\第五节"文件夹中 EX2 工作簿中的"工资报表"工作表中女性实发工资大于等于4000 的记录筛选出来;将"\实验素材\Excel\第五节"文件夹中 EX2 工作簿中的"学生成绩表"工作表中英语或数学或计算机成绩大于等于 95 的记录筛选出来,并将筛选结果放置在以 A36 为左上角的区域中。

### 实验步骤

1. 打开"\实验素材\Excel\第五节"文件夹中 EX2 工作簿中的"工资报表"工作表,选定数据区域任一单元格,点击【开始】选项卡下【编辑】组中的"排序和筛选"下的"筛选",此时数据列表的每一字段名右边显示出下拉箭头,如图 3-63 所示。

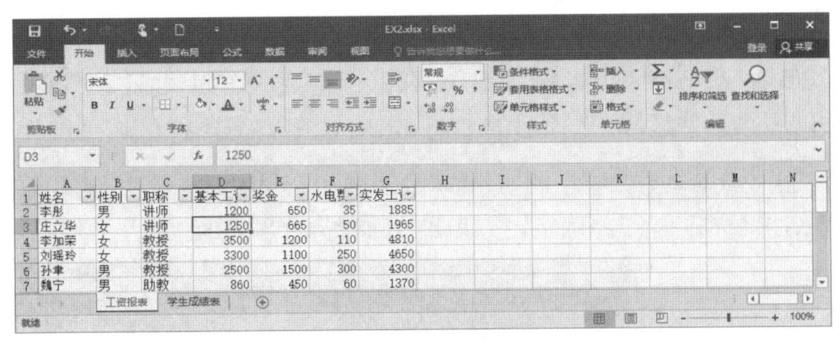

图 3-63　自动筛选

2. 点击“性别”栏的下拉箭头，在下拉列表中选择“女”，点击“实发工资”栏的下拉箭头，在下拉列表中选择“数字筛选”下的“大于或等于”项，打开“自定义自动筛选方式”对话框，在右边的下拉列表框中直接输入“4000”，如图 3-64 所示。

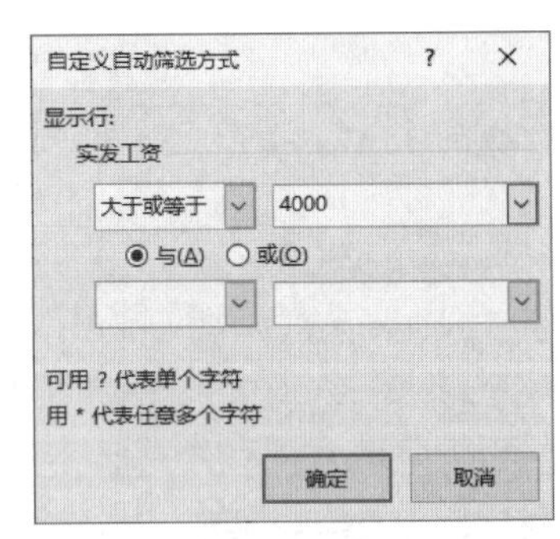


图 3-64　“自定义自动筛选方式”对话框

3. 点击“确定”按钮，筛选结果如图 3-65 所示。

4. 点击“学生成绩表”标签，在第一行前插入五个空行，选中数据的标题栏复制到第一行，在新标题下方设置条件（“或”设置为错行，“与”设置为同行），如图 3-66 所示。

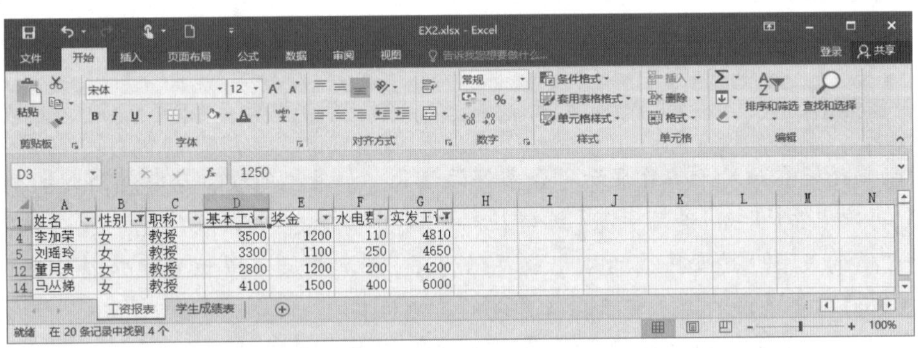

图 3-65　自动筛选后的结果

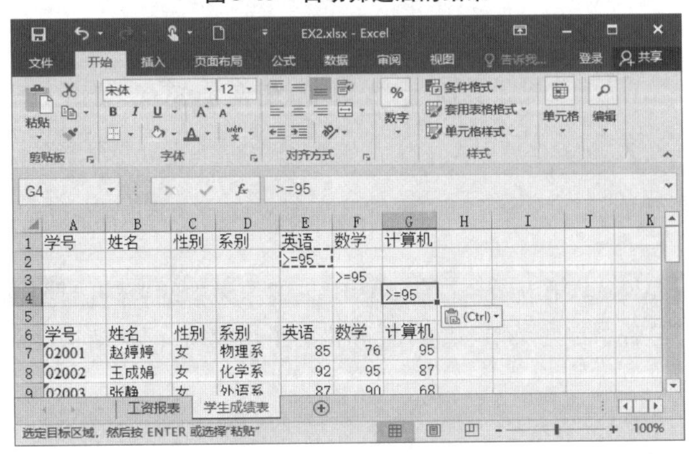

图 3-66　设置筛选条件

5. 选定原始数据区域任一单元格,点击【数据】选项卡下【排序和筛选】组中的“高级”项,打开“高级筛选”对话框,如图3-67所示,在“方式”选项组中选择“将筛选结果复制到其他位置”,再点击“条件区域”选项后的按钮,选中整个条件区域A1:G4,点击“复制到”选项后的按钮,选择筛选结果的放置区域A36:G60(宽度要等同于原数据区域,长度要足够放下结果数据),点击“确定”按钮,结果如图3-68所示。

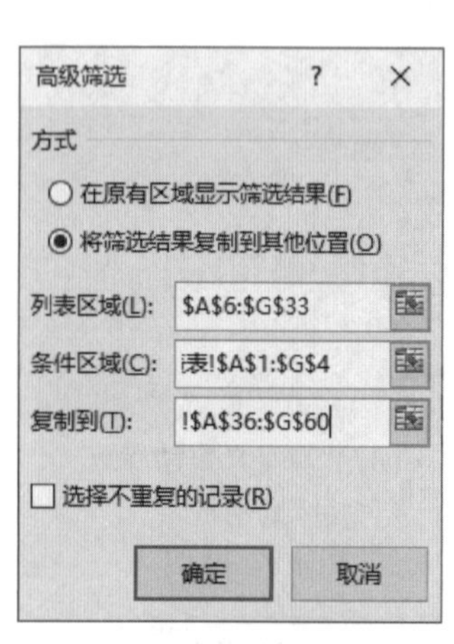


图3-67　设置高级筛选

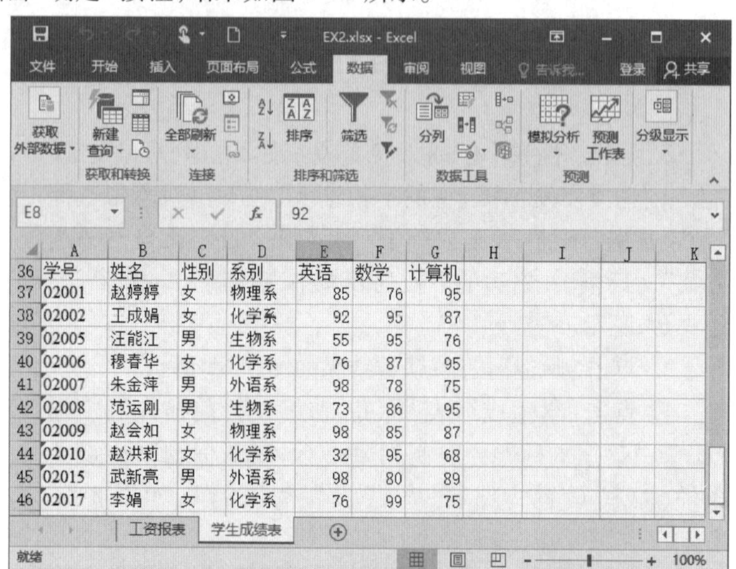


| | A | B | C | D | E | F | G |
|---|---|---|---|---|---|---|---|
| 36 | 学号 | 姓名 | 性别 | 系别 | 英语 | 数学 | 计算机 |
| 37 | 02001 | 赵婷婷 | 女 | 物理系 | 85 | 76 | 95 |
| 38 | 02002 | 工成娟 | 女 | 化学系 | 92 | 95 | 87 |
| 39 | 02005 | 汪能江 | 男 | 生物系 | 55 | 95 | 76 |
| 40 | 02006 | 穆春华 | 女 | 化学系 | 76 | 87 | 95 |
| 41 | 02007 | 朱金萍 | 男 | 外语系 | 98 | 78 | 75 |
| 42 | 02008 | 范运刚 | 男 | 生物系 | 73 | 86 | 95 |
| 43 | 02009 | 赵会如 | 女 | 物理系 | 98 | 85 | 87 |
| 44 | 02010 | 赵洪莉 | 女 | 化学系 | 32 | 95 | 68 |
| 45 | 02015 | 武新亮 | 男 | 外语系 | 98 | 80 | 89 |
| 46 | 02017 | 李娟 | 女 | 化学系 | 76 | 99 | 75 |

图3-68　高级筛选结果

☞ **提示**

自动筛选是在原清单位置显示符合条件的记录。如果想删除自动筛选的效果,显示全部数据,再次点击【开始】选项卡下【编辑】组中“排序和筛选”下的“筛选”,就可以恢复到自动筛选前的效果。高级筛选的应用就灵活得多,可以在原清单位置显示符合条件的记录,也可以将符合条件的记录显示在工作表的其他位置。

自动筛选列与列之间只能是“与”的关系;如果列与列之间是“或”的关系,只能用高级筛选。

## 实验三　数据分类汇总

### 实验内容

将“\实验素材\Excel\第五节”文件夹中EX3工作簿中的“学生成绩表” 按“系别”升序排序后,分类汇总各系学生英语、数学、计算机的平均成绩,汇总结果显示在数据下方。

☞ **提示**

数据分类汇总就是将数据先分类(用排序的方法),再按要求汇总后显示结果。

## 实验步骤

1. 打开“\实验素材\Excel\第五节”文件夹中 EX3 工作簿中的“学生成绩表”工作表。

2. 点击【数据】选项卡，选定“系别”所在列任一数据单元格，点击【排序和筛选】组中的“A↓Z”按钮，按“系别”进行升序排序，再点击【分级显示】组中的“分类汇总”，打开“分类汇总”对话框，“分类字段”选择“系别”，“汇总方式”选择“平均值”，“选定汇总项”选择“英语”“数学”“计算机”，选中“汇总结果显示在数据下方”复选框，如图 3-69 所示。

3. 点击“确定”按钮，分类汇总结果如图 3-70 所示。

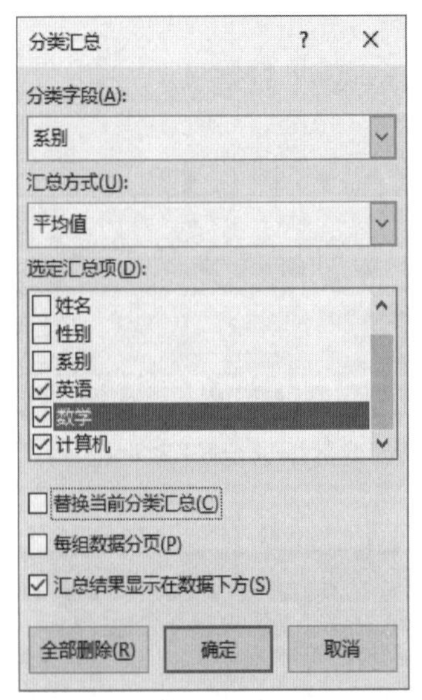


图 3-69　设置分类汇总

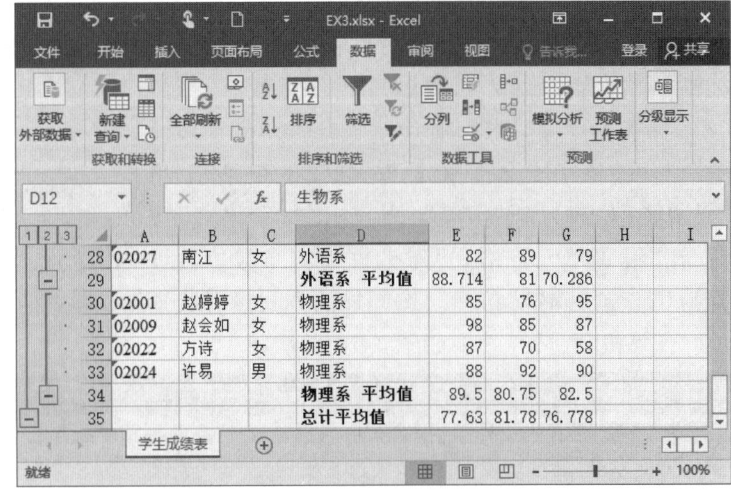


图 3-70　分类汇总结果

### ☞ 提示

点击图 3-69 中的“全部删除”按钮，就可以撤消分类汇总效果。点击图 3-70 中的 ▬ 按钮，可以对汇总内容进行折叠，只显示汇总结果，折叠后 ▬ 按钮变成 ✚ 按钮，再点击 ✚ 按钮，就恢复到图 3-70 所示的效果。

## 实验四　数据透视表的建立与编辑

## 实验内容

根据“\实验素材\Excel\第五节”文件夹中 EX4 工作簿中的“学生成绩表”中的数据，利用数据透视表功能，统计不同系别下不同性别学生的英语平均分、数学平均分、计算机平均分（小数位数为 0），“系别”放在行字段处，“性别”放在列字段处，统计结果放置在以 I3 为左上角的区域中。

## 实验步骤

1. 打开“\实验素材\Excel\第五节”文件夹中EX4工作簿中的“学生成绩表”工作表。

2. 选定原始数据区域任一单元格,选择【插入】选项卡,点击【表格】组中的“数据透视表”按钮,打开“创建数据透视表”对话框,并按图3-71所示进行设置。

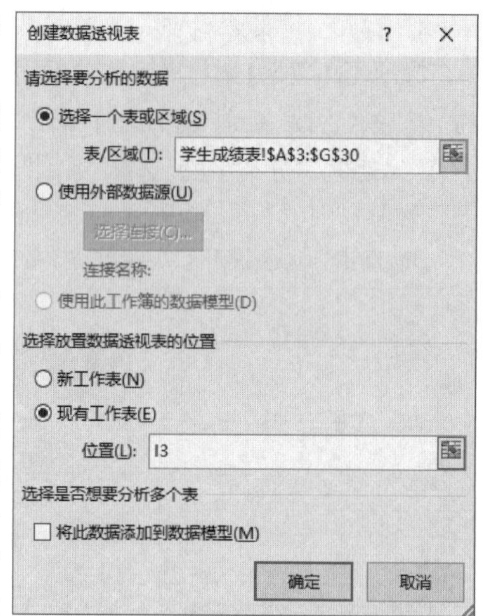


图3-71 “创建数据透视表”对话框

3. 点击“确定”按钮后,工作表上显示如图3-72所示的界面。选择要添加到报表的字段:性别、系别、英语、数学、计算机,将“行”标签下的“性别”拖到“列”标签中,将“列”标签中的“∑数值”拖到“行”标签中,点击“求和项:英语”,选择“值字段设置”,打开“值字段设置”对话框,如图3-73所示,将“计算类型”改为“平均值”,再点击“数字格式”按钮,在“设置单元格格式”对话框中将小数位数设置为0,点击“确定”按钮。按同样的方式设置数学项和计算机项,最终效果如图3-74所示。

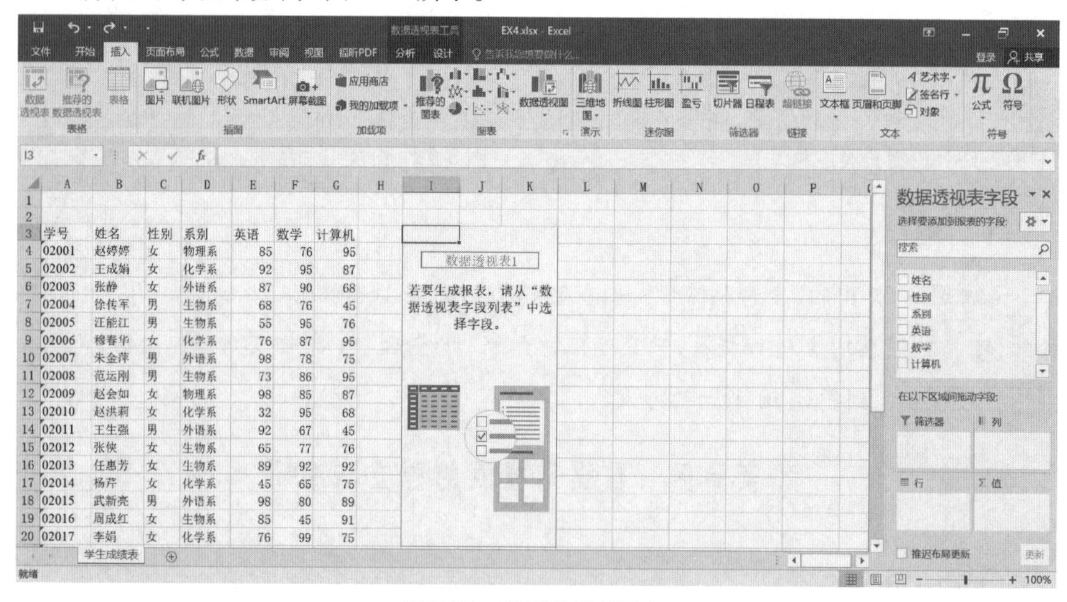


图3-72 设置数据透视表

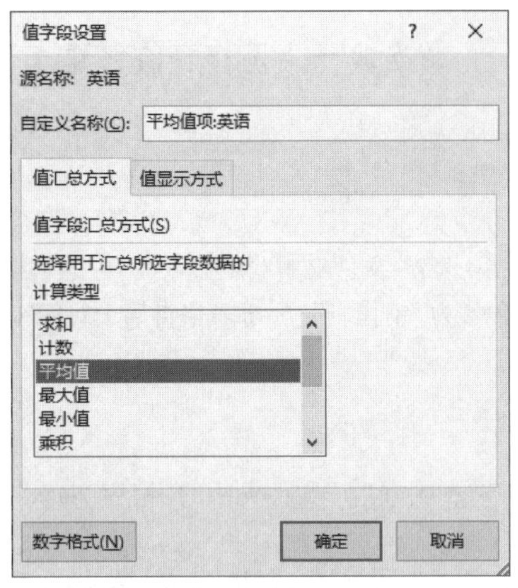


图 3-73 “值字段设置”对话框

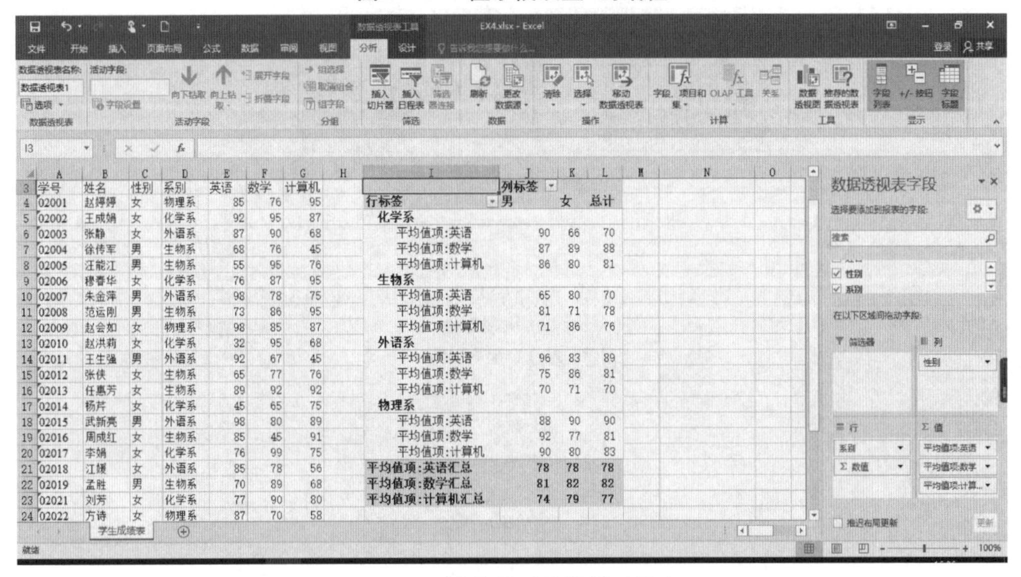

图 3-74 最终得到的数据透视表

## 3.6 工作簿的管理

### 实验目的

1. 掌握工作表的创建方法。
2. 掌握工作表的删除方法。
3. 掌握工作表的复制和移动方法。
4. 掌握工作表的重命名方法。

# 实验一　工作表的创建

## 实验内容

将“\实验素材\Excel\第六节”文件夹中“销售.docx”中的表格转换为 EX1 工作簿中的一张新工作表,将工作表命名为“销售表”,要求表格自第 1 行第 1 列开始存放。

## 实验步骤

1. 打开“\实验素材\Excel\第六节”文件夹中的“销售.docx”文档,选中其中的表格并复制,如图 3-75 所示。

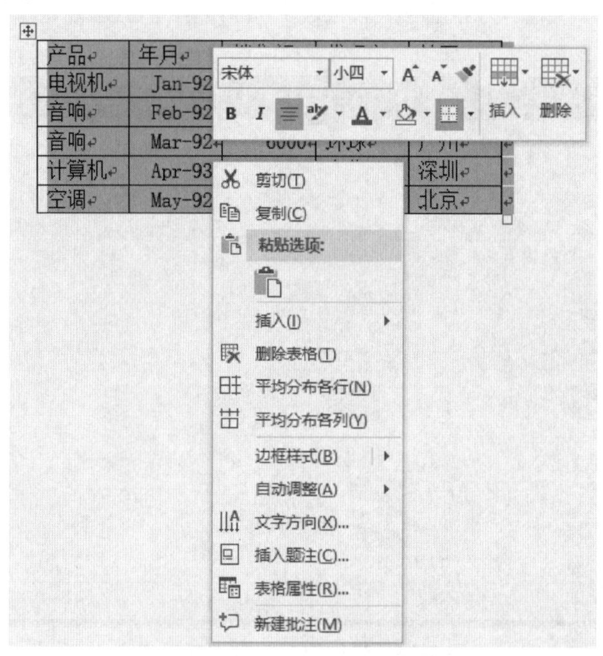


图 3-75　选中表格并复制

☞ **提示**

将网页(.htm)文件中的表格转换为 Excel 工作表的方法与上面的操作类似,只不过是打开网页中的表格进行复制,其余步骤相同。

2. 打开 EX1 工作簿,右击“工资表”标签,选择【插入】命令,打开如图 3-76 所示的对话框,点击“确定”按钮,则在工资表前面插入一张新工作表,如图 3-77 所示。

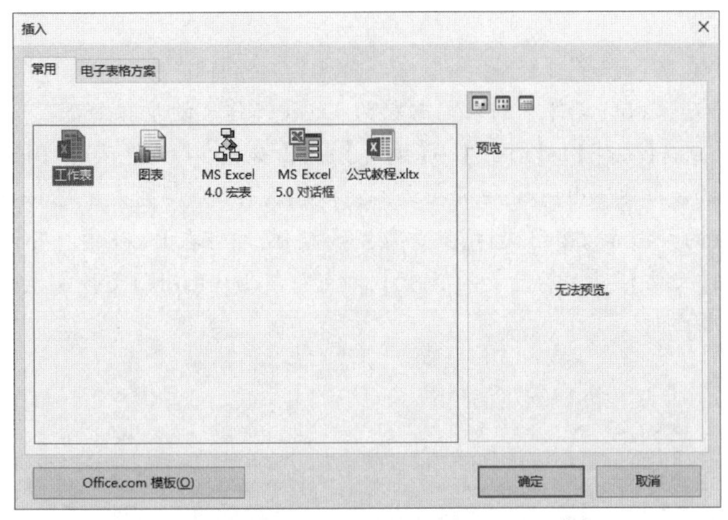


图 3-76　“插入”对话框

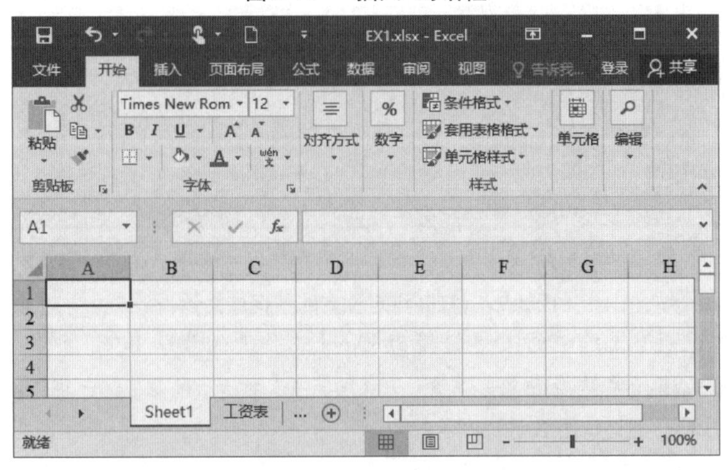


图 3-77　已插入的新工作表

3. 选中新工作表中的 A1 单元格，将表格粘贴进来，再选中 Sheet1 标签，点击鼠标右键，选择【重命名】命令，将名称改为“销售表”，如图 3-78 所示。

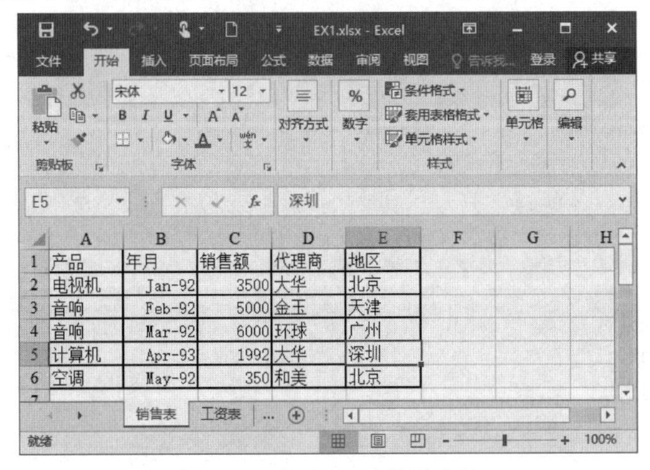


图 3-78　在 Excel 中粘贴表格

## ☞ 提示

(1) 将数据库(.dbf)文件中的表格转换为 Excel 工作表的步骤如下:

启动 Excel,点击【文件】→【打开】→【浏览】,弹出如图 3-79 所示的对话框,在“查找范围”列表框中选择数据库(.dbf)文件所在文件夹,在“文件类型”列表中选择类型为“所有文件”,选择要转换的数据库(.dbf)文件,点击“打开”按钮,即可在 Excel 中打开该数据库(.dbf)文件。然后点击【文件】→【另存为】→【浏览】,即可将数据库(.dbf)文件转换为 Excel 文件。

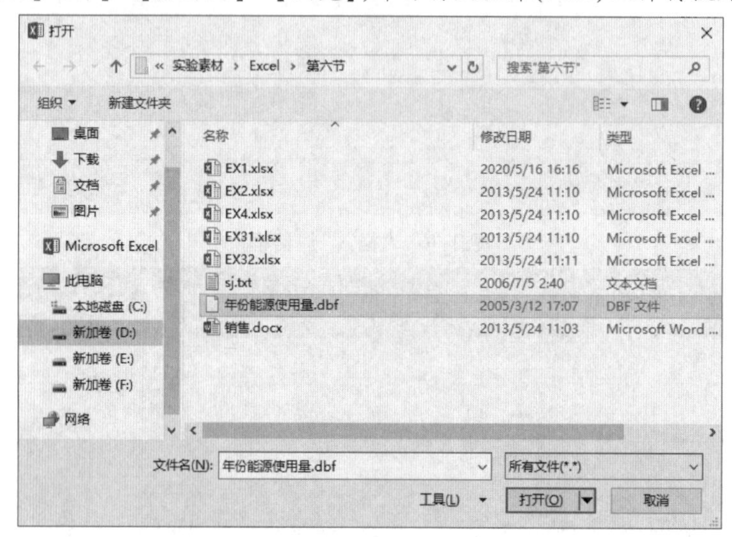


图 3-79 打开指定位置的数据库文件

(2) 将文本文件(.txt)中的表格转换为 Excel 工作表的步骤如下:

用上面的方式选择要转换的文本文件(.txt),点击“打开”按钮,会出现“文本导入向导-第 1 步,共 3 步”对话框,如图 3-80 所示。

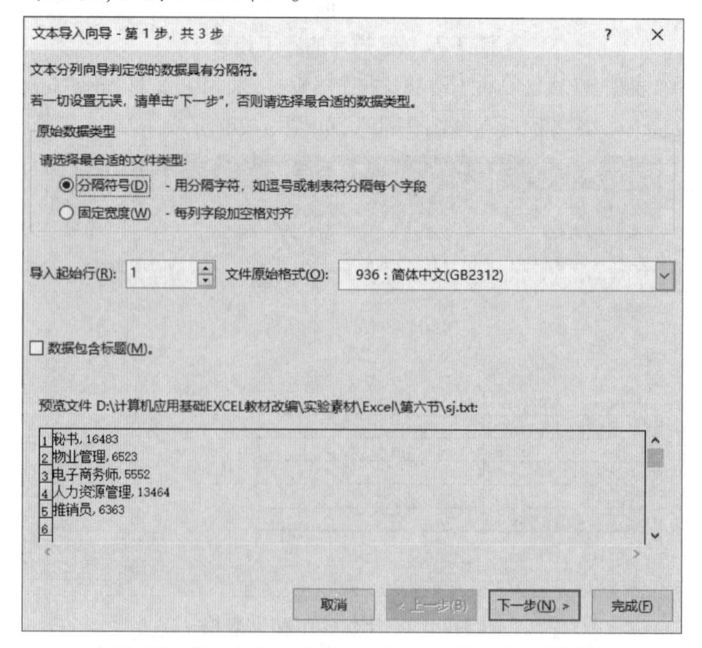


图 3-80 “文本导入向导-第 1 步,共 3 步”对话框

点击“下一步”按钮，在“文本导入向导 - 第2步，共3步”对话框的“分隔符号”里选择分隔符(如“逗号”)，如图3-81所示，点击“完成”按钮，即可在Excel中打开该文本文件(.txt)。然后点击【文件】→【另存为】→【浏览】，即可将文本文件(.txt)转换为Excel文件。

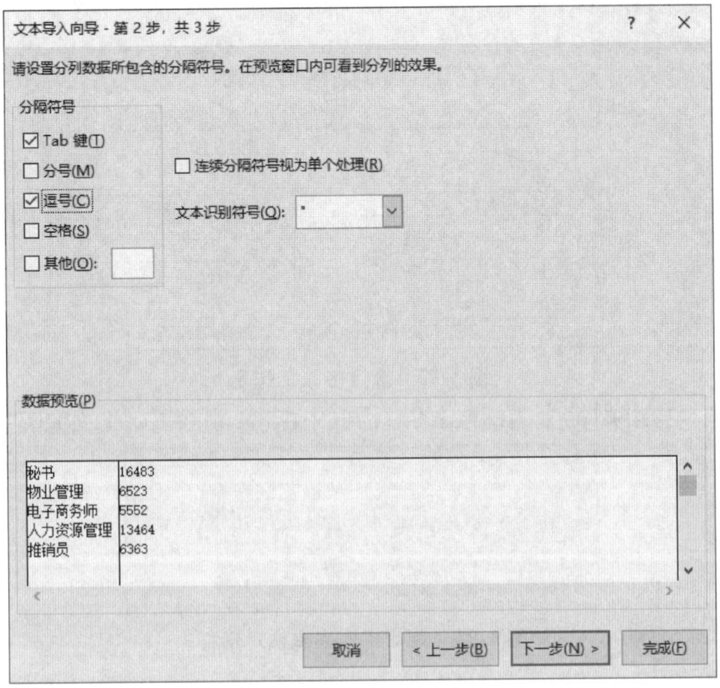

图3-81　“文本导入向导 - 第2步，共3步”对话框

如果要求在已有的Excel工作簿的某一张工作表中导入数据库文件(或文本文件)表格，步骤为：先打开该工作表，切换到【数据】选项卡，然后点击【获取外部数据】组中的相关选项，后面的步骤同上。

## 实验二　工作表的删除

### 实验内容

删除“\实验素材\Excel\第六节”文件夹中EX2工作簿中的“工资表”工作表和“儿童年平均支出”工作表。

### 实验步骤

1. 打开“\实验素材\Excel\第六节”文件夹中的EX2工作簿。

2. 按住<Ctrl>键，点击要删除的“工资表”和“儿童年平均支出”工作表标签，此时，在Excel标题中提示已选定为“[工作组]”，如图3-82所示。

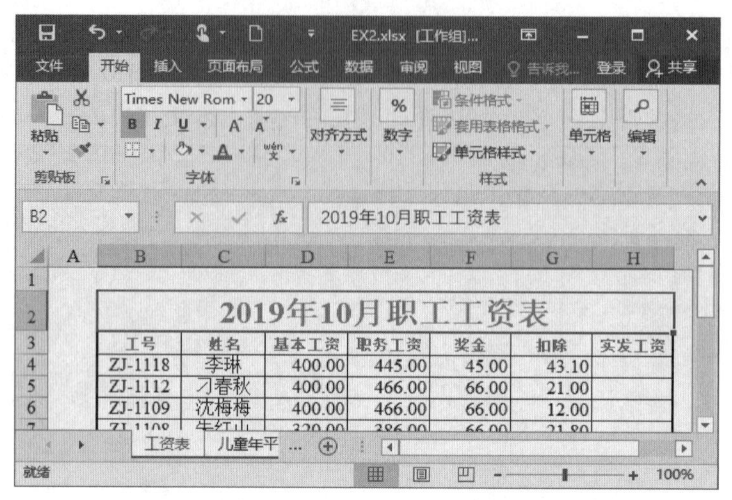


图 3-82　选定多张工作表

3. 右击,选择【删除】命令,在弹出的对话框中点击“删除”按钮,如图 3-83 所示。

图 3-83　删除工作表确认对话框

☞ **提示**

删除工作表是不能还原的,即工作表一旦删除,通过“撤消”是不能还原的。同样,复制工作表、移动工作表也是不能还原的。

## 实验三　工作表的复制和移动

### 实验内容

将“\实验素材\Excel\第六节”文件夹中 EX31 工作簿中的“儿童年平均支出”工作表复制到 EX32 工作簿中,并放置在“学生成绩表”工作表之前。

### 实验步骤

1. 打开“\实验素材\Excel\第六节”文件夹中的 EX31 工作簿和 EX32 工作簿。

2. 在 EX31 工作簿中右击“儿童年平均支出”工作表标签,在弹出的快捷菜单中选择【移动或复制】命

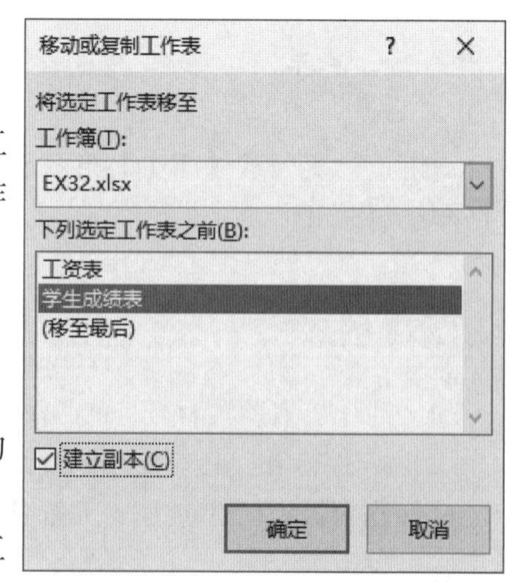


图 3-84　“移动或复制工作表”对话框

令，打开如图3-84所示的对话框，在“工作簿”下拉列表中选择工作表要移到（或复制到）的工作簿名称EX32，在“下列选定工作表之前”列表框中选择工作表的目的位置“学生成绩表”，选中最下面的“建立副本”复选框（选中此复选框，则是“复制”操作，否则是移动操作），点击“确定”按钮。

## 实验四　工作表的重命名

### 实验内容

将“\实验素材\Excel\第六节”文件夹中EX4工作簿中的Sheet1工作表重命名为“工资表”。

### 实验步骤

1. 打开“\实验素材\Excel\第六节”文件夹中的EX4工作簿。
2. 右击Sheet1工作表标签，选择【重命名】命令，输入“工资表”，按回车键确认。

## 综合练习

**综合练习一**

1. 打开“\实验素材\Excel\综合练习\综合训练一”文件夹中的excel. xlsx，按下列要求进行操作：

（1）将Sheet1工作表的A1:E1单元格区域合并为一个单元格，内容水平居中。计算实测值与预测值之间的误差的绝对值，将其置于“误差（绝对值）”列。评估“预测准确度”列，评估规则为：“误差”小于或等于“实测值”的10%的，“预测准确度”为“高”；“误差”大于“实测值”的10%的，“预测准确度”为“低”（使用IF函数）。利用“条件格式”下“数据条”中的“渐变填充”修饰A3:C14单元格区域。

（2）选择“实测值”“预测值”两列数据，建立“带数据标记的折线图”，图表标题为“测试数据对比图”，居中覆盖标题，并将其移动到工作表的A17:E37区域中。将工作表Sheet1重命名为“测试结果误差表”，保存excel. xlsx工作簿。

2. 打开“\实验素材\Excel\综合练习\综合训练一”中的exc. xlsx，对工作表“产品销售情况表”内数据清单的内容建立数据透视表，行标签为“分公司”，列标签为“季度”，求和项为“销售数量”，并将其置于现工作表的I8:M22单元格区域，工作表名不变，保存exc. xlsx工作簿。

**综合练习二**

1. 打开“\实验素材\Excel\综合练习\综合训练二”文件夹下的excel. xlsx，按下列要求

进行操作:

(1) 将Sheet1工作表的A1:E1单元格区域合并为一个单元格,内容水平居中;计算“总产量(吨)”“总产量排名”(利用RANK函数,降序);利用条件格式“数据条”下“实心填充”中的“蓝色数据条”修饰D3:D9单元格区域。

(2) 选择“地区”和“总产量(吨)”两列数据区域的内容,建立“簇状棱锥图”,图表标题为“粮食产量统计图”,图例位于底部;将图表移动到工作表A11:E26单元格区域,将工作表重命名为“统计表”,保存excel.xlsx工作簿。

2. 打开“\实验素材\Excel\综合练习\综合训练二”文件夹下的exc.xlsx,对工作表“产品销售情况表”内数据清单的内容建立筛选,条件是:分公司为“西部1”和“南部2”,产品为“空调”和“电视”,销售额均在10万元以上的数据,工作表名不变,保存exc.xlsx工作簿。

**综合练习三**

1. 打开“\实验素材\Excel\综合练习\综合训练三”文件夹下的excel.xlsx,将工作表Sheet1的A1:G1单元格区域合并为一个单元格,内容居中对齐,计算“总计”行和“合计”列单元格的内容,计算“合计”和“占总计比例”列的内容(百分比型,小数位数为0),数据按“占总计比例”的降序次序进行排序(不包括“总计”行)。选择A2:A5和F2:F5单元格区域,建立“簇状圆柱图”,将其插入工作表的A17:G33单元格区域,删除图例,图表标题为“产品销售统计图”,将工作表命名为“商品销售数量情况表”,保存excel.xlsx文件。

2. 打开“\实验素材\Excel\综合练习\综合训练三”文件夹下的exc.xlsx,对工作表“选修课程成绩单”内的数据清单的内容进行筛选,条件是:“系别”为“计算机”并且“课程名称”为“计算机图形学”,筛选后的结果显示在原有区域,工作表名不变,保存exc.xlsx工作簿。

**综合练习四**

1. 打开“\实验素材\Excel\综合练习\综合训练四”文件夹下的excel.xlsx,按下列要求进行操作:

(1) 将工作表Sheet1的A1:E1单元格区域合并为一个单元格,内容水平居中,计算“总计”行的内容,将工作表命名为“情况表”。

(2) 选择“情况表”的A2:E8单元格区域的内容,建立“簇状柱形图”,图例靠右,移动到工作表的A10:G25单元格区域内,保存excel.xlsx工作簿。

2. 打开“\实验素材\Excel\综合练习\综合训练四”文件夹下的exc.xlsx,对工作表“产品销售情况表”内数据清单的内容按主要关键字“产品名称”的降序次序和次要关键字“分公司”的降序次序进行排序,以“产品名称”作为汇总字段,完成对各产品销售额总和的分类汇总,汇总结果显示在数据下方,工作表名不变,保存exc.xlsx工作簿。

**综合练习五**

打开“\实验素材\Excel\综合练习\综合训练五”文件夹下的excel.xlsx,按下列要求进行操作:

1. 选择Sheet1工作表,将A1:N1单元格区域合并为一个单元格,内容居中对齐;利用SUM函数计算A产品、B产品的全年销售总量(数值型,保留小数点后0位),分别置于N3、

N4 单元格内；计算 A 产品和 B 产品每月销售量占全年销售总量的百分比（百分比型，保留小数点后 2 位），分别置于 B5：M5、B6：M6 单元格区域内；利用 IF 函数给出“销售表现”行（B7：M7）的内容，如果某月 A 产品所占百分比大于 10% 并且 B 产品所占百分比也大于 10%，在相应单元格内填入“优良”，否则填入中等；利用“条件格式”下“图标集”中的“四等级”修饰 B3：M4 单元格区域。

2. 选取 Sheet1 工作表“月份”行（A2：M2）和“A 所占百分比”行（A5：M5）、“B 所占百分比”行（A6：M6）数据区域的内容，建立“簇状柱形图”，图表标题为“产品销售统计图”，图例位于底部；设置图表数据系列 A 产品为纯色填充“蓝色，个性色 1，深色 25%”、B 产品为纯色填充“橄榄色，个性色 3，深色 25%”；将图表插入当前工作表的 A9：J25 单元格区域内，将 Sheet1 工作表命名为“产品销售情况表”。

3. 选择“图书销售统计表”工作表，对工作表内数据清单的内容按主要关键字“图书类别”的降序和次要关键字“季度”的升序进行排序；完成对各图书类别销售数量求和的分类汇总，汇总结果显示在数据下方，工作表名不变，保存 excel. xlsx 工作簿。

**综合练习六**

1. 打开“\实验素材\Excel\综合练习\综合训练六”文件夹下的 excel. xlsx，将工作表 Sheet1 的 A1：D1 单元格区域合并为一个单元格，文字居中对齐；计算“销售额”列的内容（销售额 = 单价 × 销售数量），选取“图书编号”和“销售额”列，建立“饼图”，图表标题为“销售额情况”，将其移动到工作表的 A7：F20 单元格区域内；将工作表 Sheet1 重命名为“图书销售情况表”，保存 excel. xlsx 工作簿。

2. 打开“\实验素材\Excel\综合练习\综合训练六”文件夹下的 exc. xlsx，对工作表“选修课程成绩单”内的数据清单的内容进行筛选，条件为“成绩大于或等于 60 且小于或等于 80”，对筛选后的工作表按关键字为“成绩”的降序进行排序，排序后还保存在 exc. xlsx 工作簿文件中，工作表名不变。

# 第4章 PowerPoint 2016 演示文稿制作

## 4.1 基本操作

### 实验目的

1. 熟悉 PowerPoint 2016 的操作环境。
2. 掌握利用主题制作演示文稿的方法。
3. 掌握幻灯片的基本编辑方法。
4. 掌握插入文本框、图片及其他对象的方法。

### 实验一 利用主题制作演示文稿

#### 实验内容

利用 PowerPoint 2016 新建一个主题为“主要事件”的演示文稿,要求标题幻灯片显示主标题“新生培训”,副标题为日期,效果如图 4-1 所示,并以“新生培训. pptx”为文件名保存在“\实验素材\PowerPoint\第一节”文件夹中。

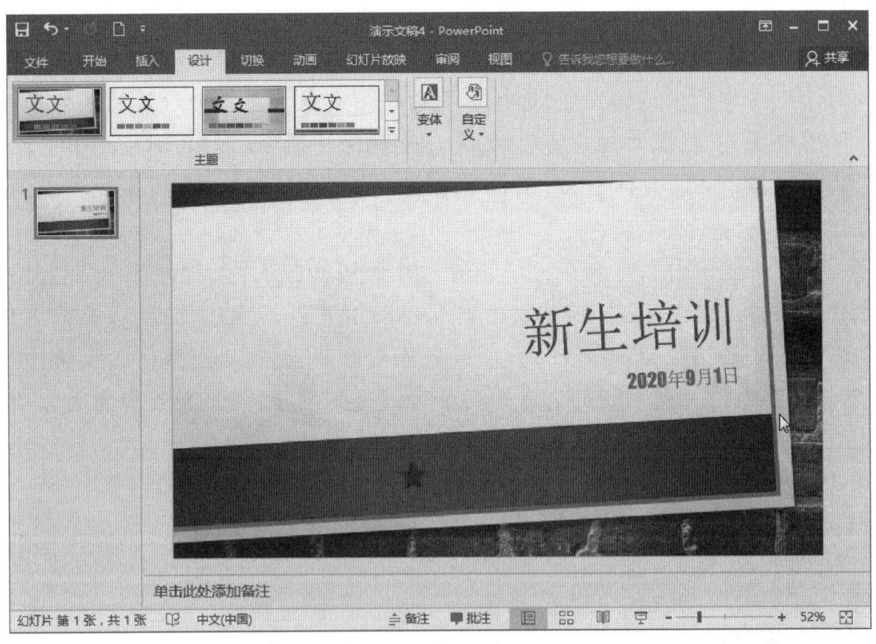


图 4-1　演示文稿首页

## 实验步骤

1. 点击【开始】→【所有程序】→【Microsoft Office】→【Microsoft PowerPoint 2016】，启动 PowerPoint 2016，如图 4-2 所示。

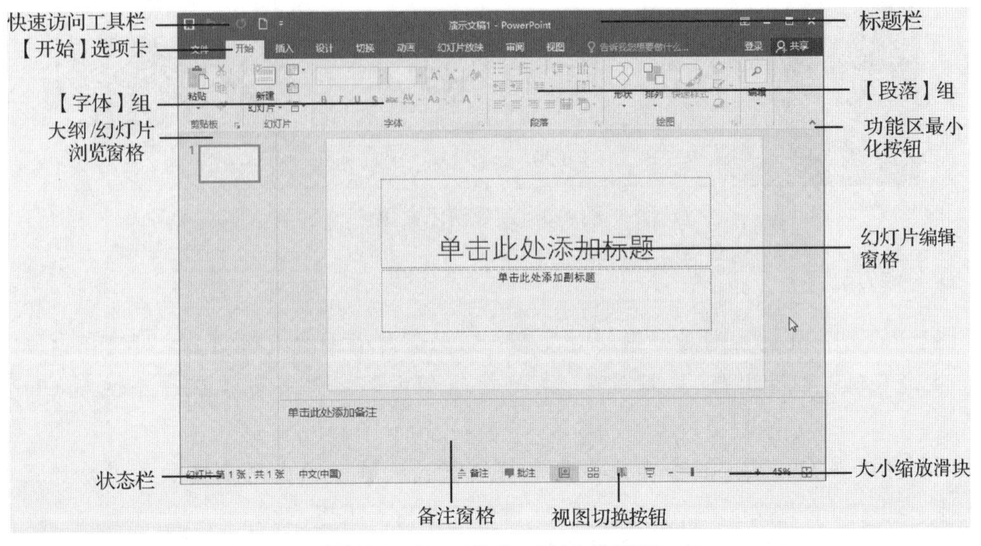


图 4-2　PowerPoint 2016 的界面

☞ **提示**

(1) 功能区通过点击不同的选项卡来切换不同的内容，可以通过“功能区最小化按钮”

将功能区隐藏。

(2) PowerPoint 2016 的视图方式可分为:普通视图、大纲视图、备注页视图和幻灯片浏览视图和阅读视图。根据具体操作,选择不同的视图方式。单张幻灯片的编辑和格式化一般在普通视图中操作,整张幻灯片的移动、复制和删除一般在幻灯片浏览视图中操作。

(3) 编辑窗格下方为备注窗格,在备注窗格中给当前幻灯片添加备注和说明,备注和说明在幻灯片放映时不显示。

(4) 左侧窗格显示内容可以在大纲和幻灯片之间切换。“幻灯片浏览”视图模式下以单张幻灯片的缩略图为基本单元排列,当前编辑幻灯片以着重色标出,在此栏中可以轻松实现幻灯片的复制与粘贴、插入新的幻灯片、删除幻灯片、更改幻灯片样式等操作;“大纲视图”模式下以每张幻灯片所包含的内容为列表方式进行展示,点击列表中的内容项,可以对幻灯片内容进行快速编辑。

2. 点击【文件】→【新建】命令,选择“主要事件”主题,如图 4-3 所示。

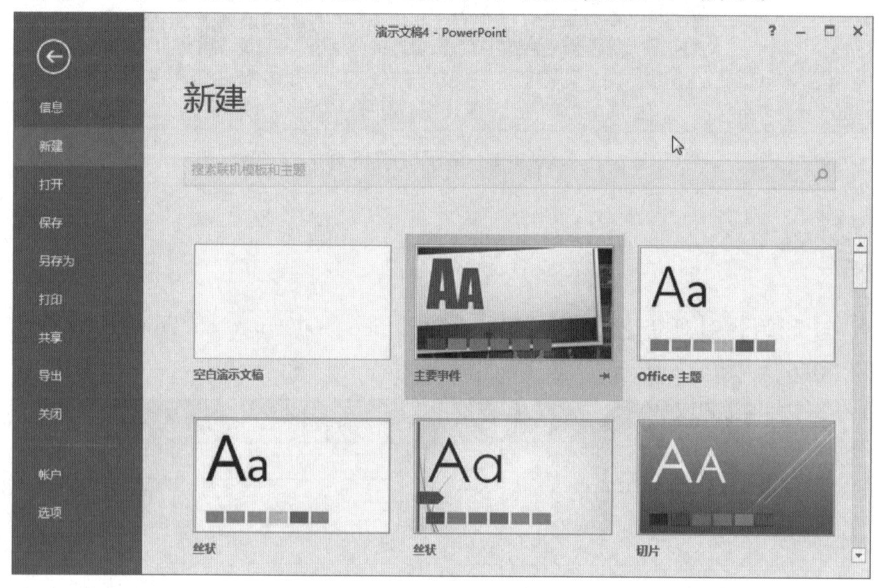


图 4-3　新建演示文稿

☞ **提示**

(1) PowerPoint 的主题是一张幻灯片或一组幻灯片的图案或蓝图。主题可以包括主题颜色、主题字体、主题效果(主题效果、主题颜色和主题字体三者构成一个主题)和背景样式。

(2) 可以在 Office. com 和其他第三方网站下载获取可以应用于演示文稿的数百种免费主题。也可以自定义主题,然后存储、重用以及与他人共享它们。

3. 在弹出的对话框中选择一种配色方案,点击“创建”按钮,新建一个演示文稿,如图 4-4所示。

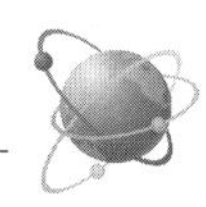

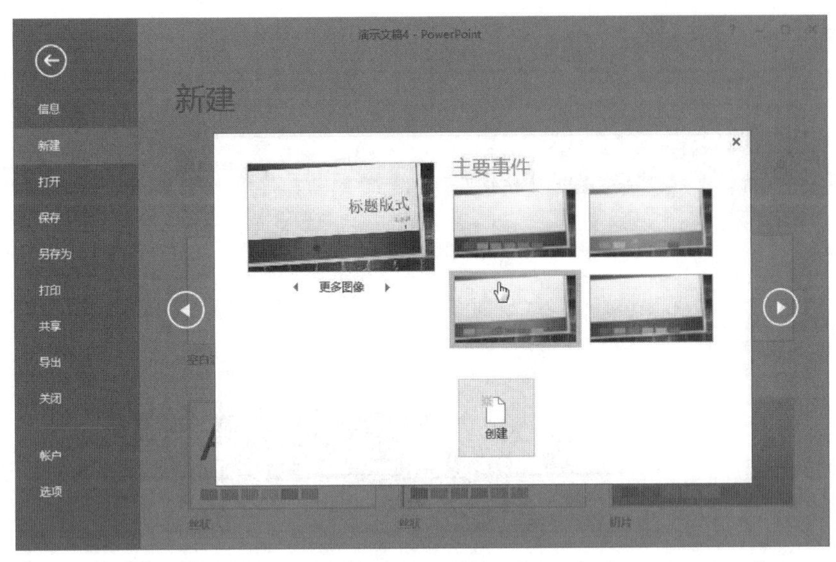


图 4-4　选择主题配色

4. 再插入一张新幻灯片，在标题处输入“新生定位”，打开“\实验素材\PowerPoint\第一节”中名为“新生定位”的文本文件，复制其内容，在文本处粘贴该文字内容，效果如图 4-5所示。

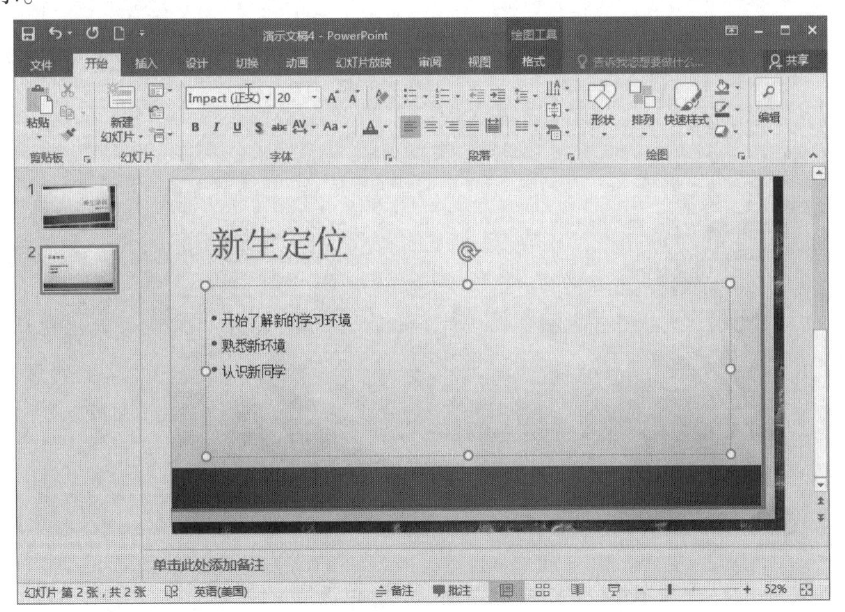


图 4-5　第二张幻灯片内容

5. 在左侧幻灯片浏览窗格中选中其中一张幻灯片，点击鼠标右键，在弹出的快捷菜单中选择【删除幻灯片】命令，如图 4-6 所示。

6. 点击【文件】→【保存】→【浏览】命令，选择保存位置“\实验素材\PowerPoint\第一节”，选择保存类型“PowerPoint 演示文稿( *. pptx)”，输入文件名“新生培训”，点击“保存”按钮，如图 4-7 所示。

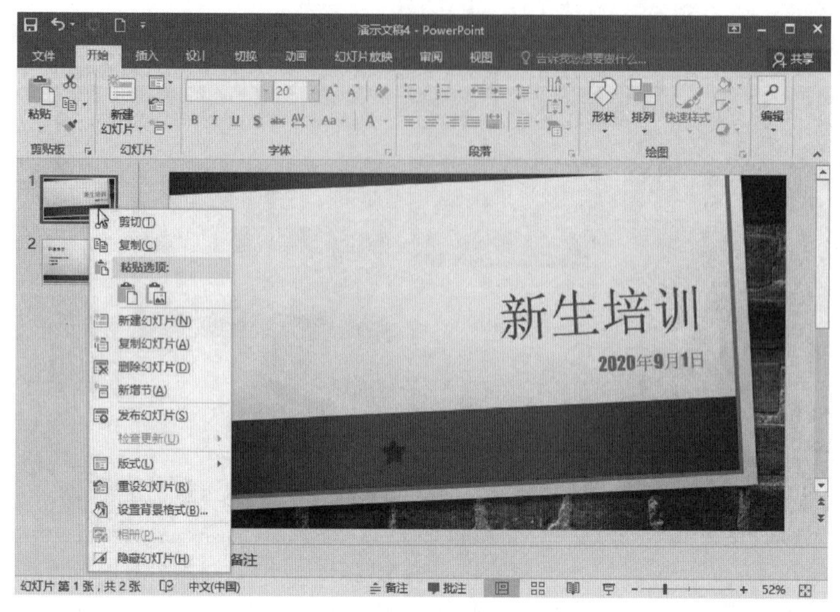


图 4-6　删除幻灯片

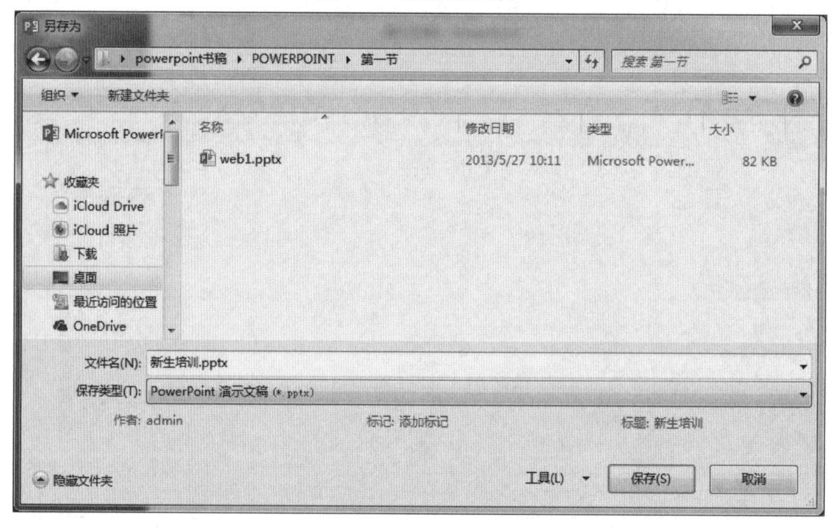


图 4-7　“另存为”对话框

☞ **提示**

(1) 新文件保存或修改原有文档后另存，要按以上步骤进行。

(2) 如果修改了原有文档，但仍用原位置、原文件名、原保存类型来保存文件，则只需点击【文件】→【保存】命令或者点击快速访问工具栏上的“保存”按钮即可。

# 实验二　幻灯片的基本编辑

## 实验内容

打开“\实验素材\PowerPoint\第一节”文件夹中的 web1. pptx 文件，在第二张幻灯片后插入一张新幻灯片，设置内容版式为“空白”；复制第四张幻灯片，作为第一张幻灯片；移动最后一张幻灯片使之成为第一张幻灯片；删除刚才复制的幻灯片。

## 实验步骤

1. 在左侧的幻灯片浏览窗格中选择第二张幻灯片，右击，选择【新建幻灯片】命令，添加一张新幻灯片，如图 4-8 所示。

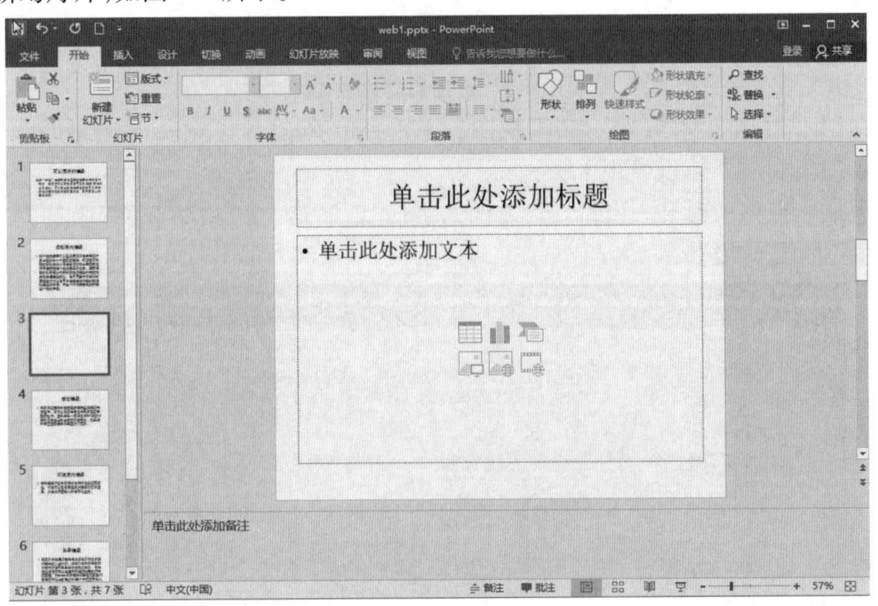


图 4-8　插入新幻灯片

2. 在【开始】选项卡下点击【幻灯片】组中的“版式”，从中选择“空白”版式，如图 4-9 所示。

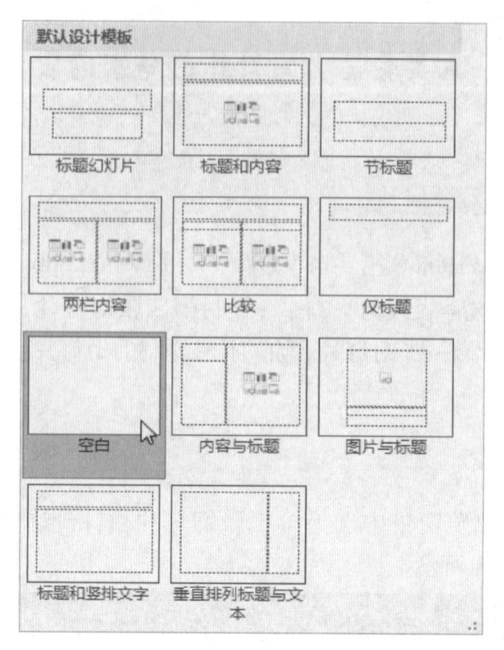


图 4-9　选择幻灯片版式

3. 在【视图】选项卡的【演示文稿视图】组中点击“幻灯片浏览”,右击第四张幻灯片,在弹出的快捷菜单中选择【复制】命令。

4. 把插入点移动到第一张幻灯片之前的空白处,右击,在“粘贴选项”中选择“保留源格式”粘贴,如图 4-10 所示。

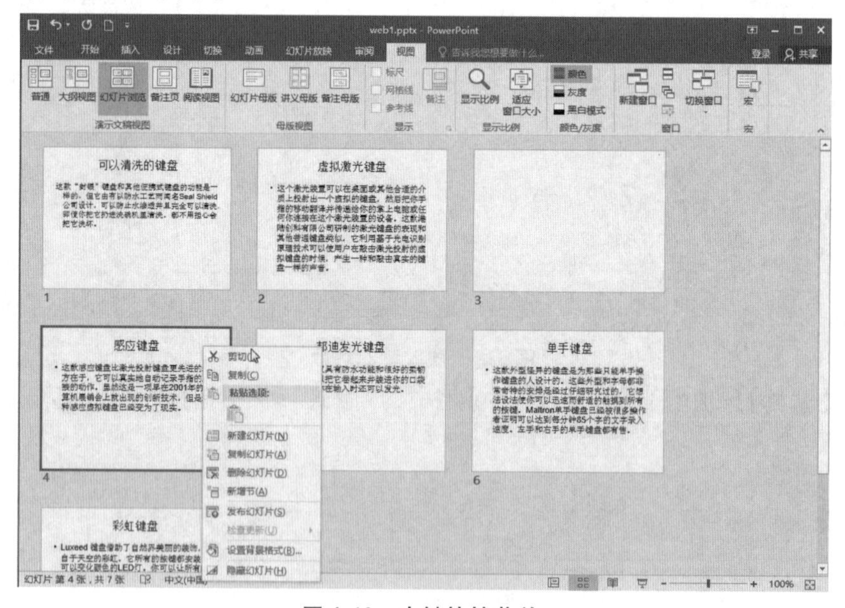


图 4-10　右键快捷菜单

5. 在最后一张幻灯片上点击右键,在弹出的快捷菜单中选择【剪切】命令。

6. 再把插入点移动到第一张幻灯片之前的空白处,右击,在“粘贴选项”中选择“保留源格式”粘贴。

7. 点击选中刚才复制的幻灯片,直接按键盘上的 < Delete > 键,删除该幻灯片。

☞ **提示**

（1）对整张幻灯片的复制、移动和删除，使用幻灯片浏览视图更方便、快捷。

（2）选择多张幻灯片的方法如下：先点击第一张幻灯片，按住<Shift>键，再点击最后一张幻灯片，可选择连续区域内的所有幻灯片；按住<Ctrl>键，再逐个点击要选择的幻灯片（或按住鼠标左键拖动），则可选择不连续区域内的所有幻灯片。

## 实验三　插入文本框、图片及其他对象

### 实验内容

打开"\实验素材\PowerPoint\第一节"文件夹中的 web1. pptx 文件，在第一张幻灯片下方空白处插入一个文本框，输入"键盘汇总"；在第四张幻灯片下方空白处插入一幅图片 fg. jpg；在第六张幻灯片中插入一个音乐文件 music. mid，单击时播放，并"循环播放，直到停止"；除了第一张幻灯片外，给所有幻灯片加编号及自动更新的日期。

### 实验步骤

1. 选择第一张幻灯片，点击【插入】→【文本框】→【横排文本框】命令。

2. 将鼠标指针移动到幻灯片上，此时鼠标的指针变成相应的绘制形状，在幻灯片下方空白处，按住鼠标左键，拖出一个长方形区域，松开鼠标，则相应的文本框出现在所选的位置上，输入文字"键盘汇总"。

3. 选择第四张幻灯片，点击【插入】→【图像】→【图片】命令。

4. 选择查找范围"\实验素材\PowerPoint\第一节"，确定图片位置，选择图片"fg. jpg"，点击"插入"按钮，如图 4-11 所示。

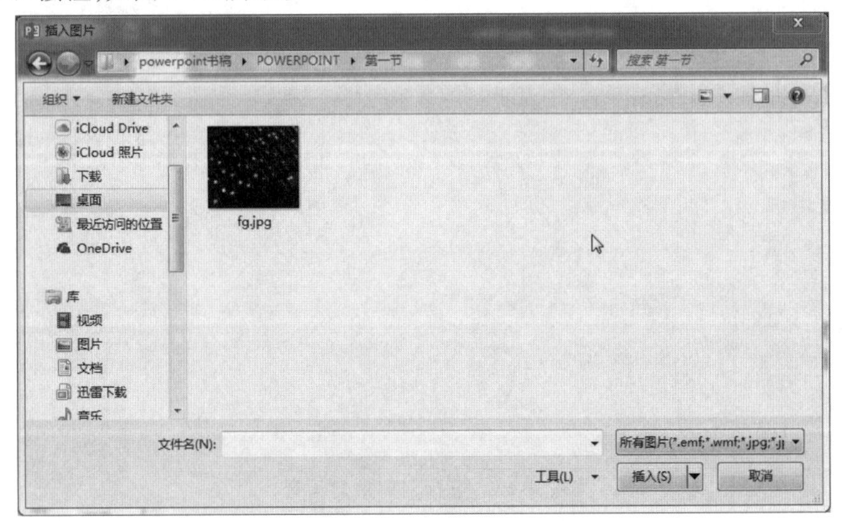


图 4-11　"插入图片"对话框

5. 在图片上点击鼠标右键,选择【设置图片格式】命令,在工作区右侧弹出的任务窗格中可以进行图片格式的设置,包括填充与线条、效果、大小与属性等内容,如图 4-12 所示。

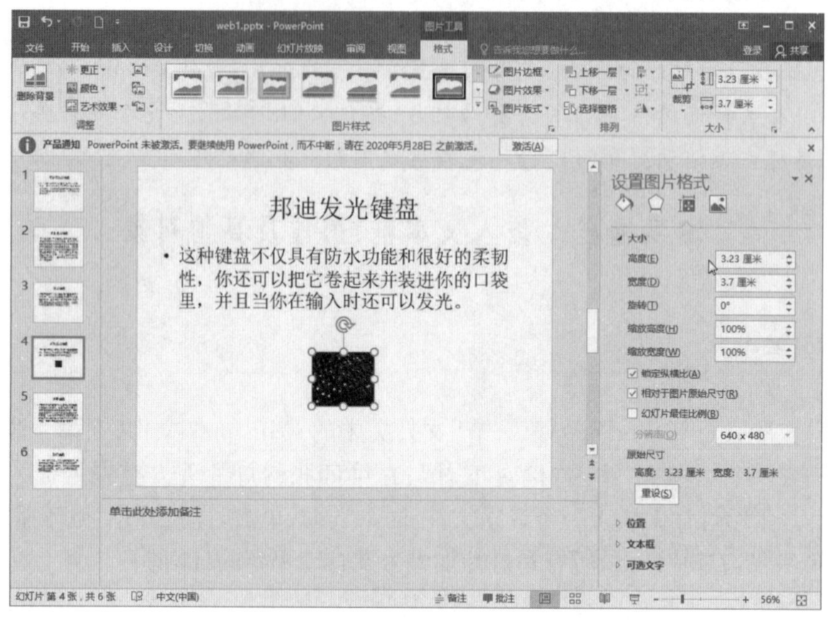


图 4-12 “设置图片格式”任务窗格

6. 选择第六张幻灯片,点击【插入】→【音频】→【PC 上的音频】命令。

7. 选择查找范围“\实验素材\PowerPoint\第一节”,确定声音文件的位置,选择文件“music. mid”,点击“插入”按钮。

8. 出现【音频工具-播放】选项卡,在【音频选项】组中选择“开始”为“单击时”,并选中“循环播放,直到停止”复选框,如图 4-13 所示。

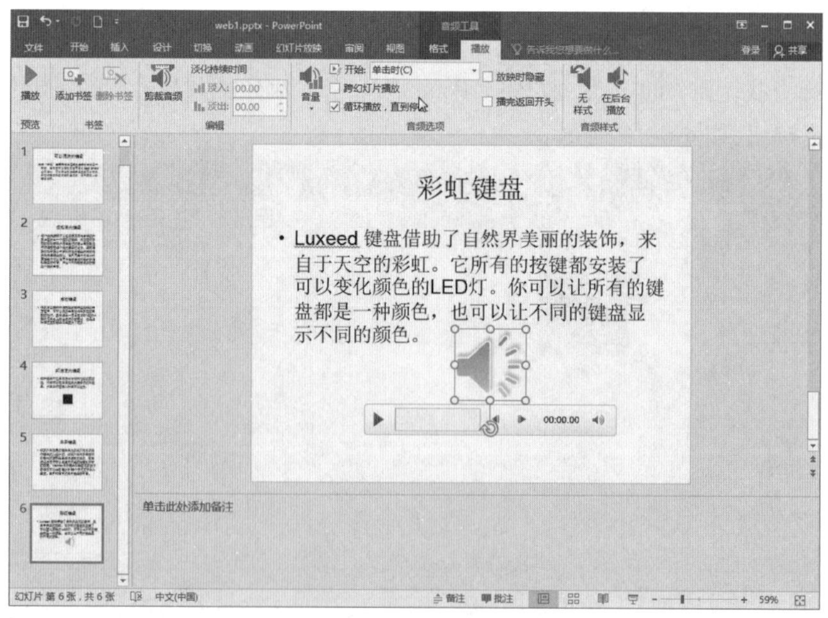


图 4-13 选择何时播放声音

9. 选择【插入】选项卡，在【文本】组中点击“幻灯片编号”，如图 4-14 所示。

图 4-14　插入幻灯片编号

10. 在弹出的“页眉和页脚”对话框中选中“日期和时间”复选框，设定日期自动更新并选好格式；选中“幻灯片编号”和“标题幻灯片中不显示”复选框，如图 4-15 所示。

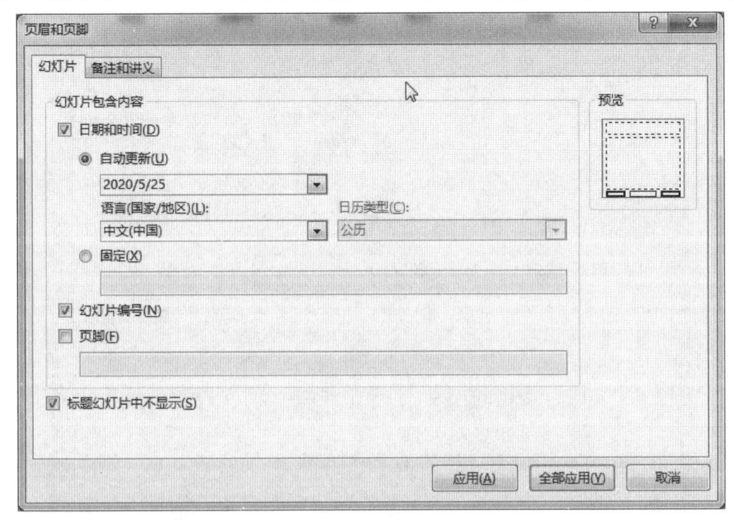


图 4-15　“页眉和页脚”对话框

11. 点击“全部应用”按钮。

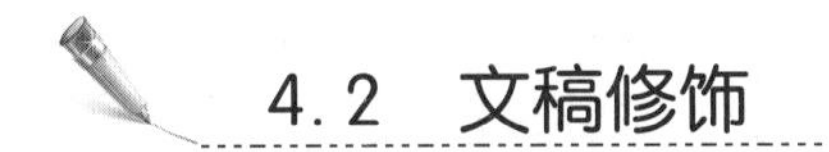

## 4.2　文稿修饰

### 实验目的

1. 掌握文字、段落和对象格式的设置方法。
2. 了解母版的概念，掌握幻灯片母版、标题母版、讲义母版和备注母版的使用方法。
3. 掌握主题字体、主题颜色和主题效果及背景的设置方法。

### 实验一　文字、段落和对象格式的设置

#### 实验内容

打开“\实验素材\PowerPoint\第二节”文件夹中的 web2. pptx 文件，设置第一张幻灯片的标题格式为黑体、加粗、60；设置第二张幻灯片文字的段落格式为居中对齐，并以绿色字

母“V”为其项目符号;给第五张幻灯片中的图片加 3 磅、绿色、实线边框。

## 实验步骤

1. 选中第一张幻灯片的标题,点击【开始】选项卡,在【字体】组中进行设置,或者点击【字体】组右下角的箭头图标,展开“字体”对话框。

2. 设置标题格式为黑体、加粗、60,点击“确定”按钮,如图 4-16 所示。

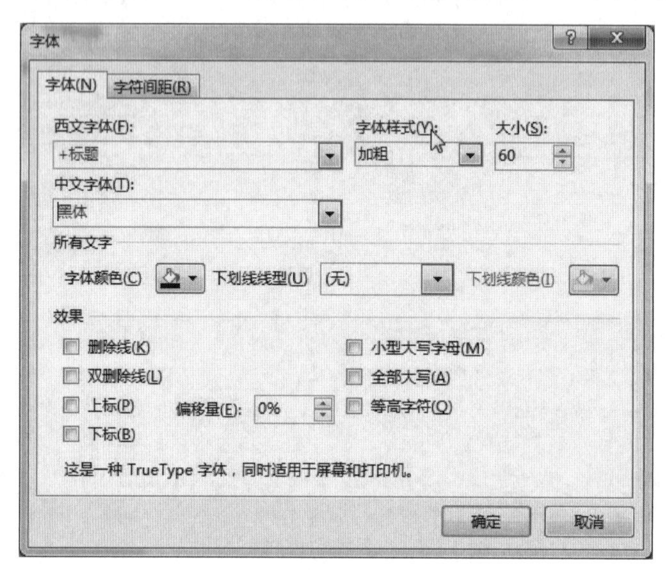


图 4-16 “字体”对话框

3. 选中第二张幻灯片中的文字,在【开始】选项卡的【段落】组中进行设置,或者点击【段落】组右下角的箭头图标,展开“段落”对话框,按如图 4-17 所示进行设置。

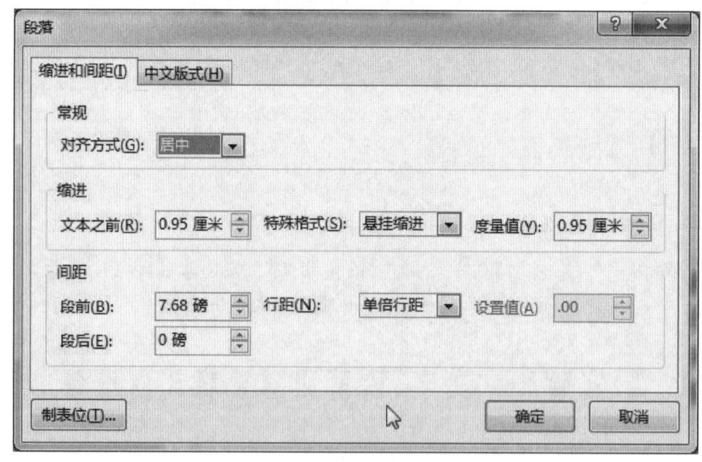


图 4-17 “段落”对话框

4. 点击【开始】→【段落】→【项目符号】命令,在下拉列表中选择“项目符号和编号”,如图 4-18 所示。

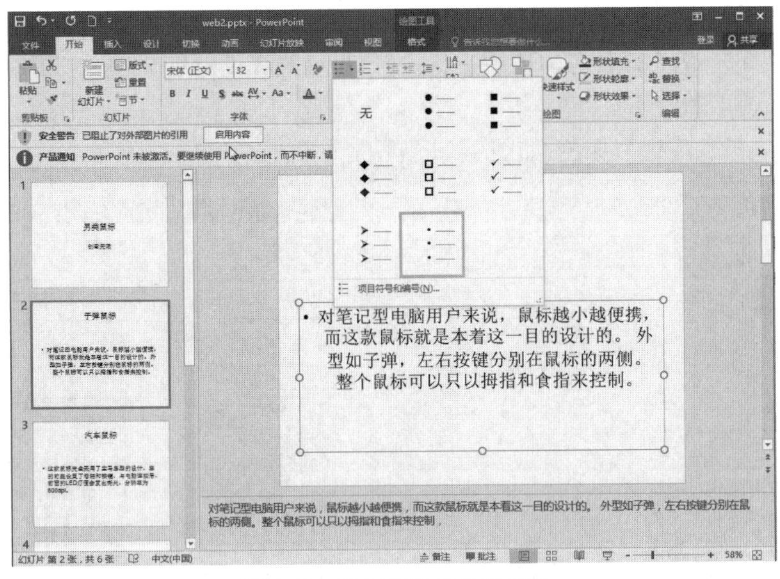


图 4-18　选择项目符号和编号

5. 在打开的对话框中选择“项目符号”选项卡，并选用一种项目符号，设置颜色为绿色，如图 4-19 所示。

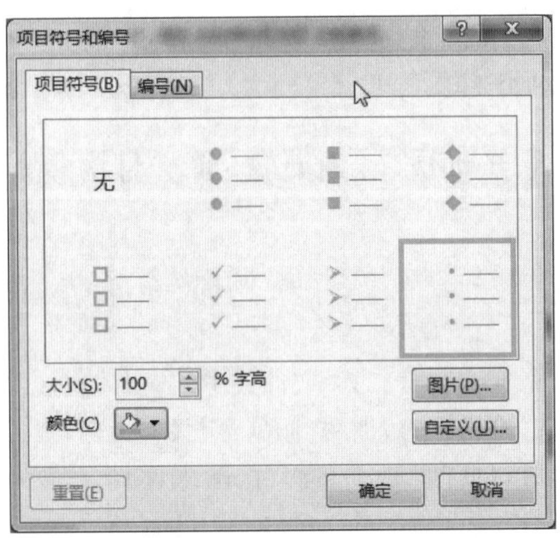


图 4-19　选择项目符号

6. 点击“自定义”按钮，选择题目要求的符号“V”，点击“确定”按钮，如图 4-20 所示。

图 4-20　“符号”对话框

7. 选中第五张幻灯片中的图片,点击鼠标右键,在弹出的快捷菜单中选择【设置图片格式】命令,在打开的右侧任务窗格中进行设置,设置线条的宽度为“3 磅”,“短划线类型”为“实线”,如图 4-21 所示。

8. 选择线条的颜色为绿色,如图 4-22 所示。

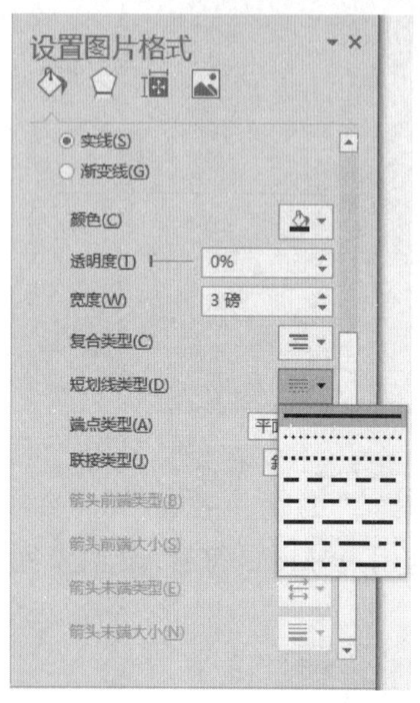


图 4-21　设置图片边框的线型

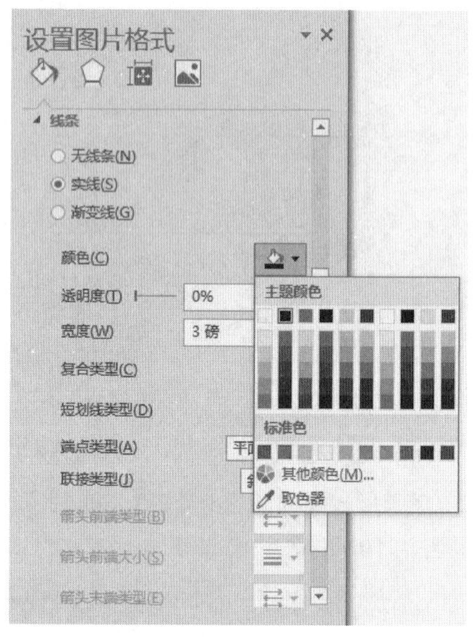


图 4-22　设置图片边框的线条颜色

## 实验二　幻灯片母版、标题母版、讲义母版和备注母版的设置

### 实验内容

打开“\实验素材\PowerPoint\第二节”文件夹中的 web2. pptx 文件,利用幻灯片母版修改所有幻灯片的标题格式为楷体、44、加粗、倾斜;定义一个标题母版,设置标题为红色,副标题为绿色;设置讲义母版每页打印 6 页幻灯片,输入日期,页眉为“另类鼠标”;设置备注母版的一级文字格式为黑体、24。

### 实验步骤

1. 点击【视图】选项卡的【母版视图】组中的“幻灯片母版”,在左侧窗格选择第一个“幻灯片母版”。

2. 点击“单击此处编辑母版标题样式”,在【开始】选项卡的【字体】组中设置标题格式为楷体、44、加粗、倾斜,如图 4-23 所示。

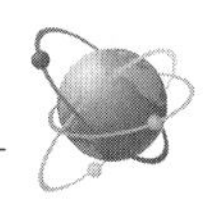

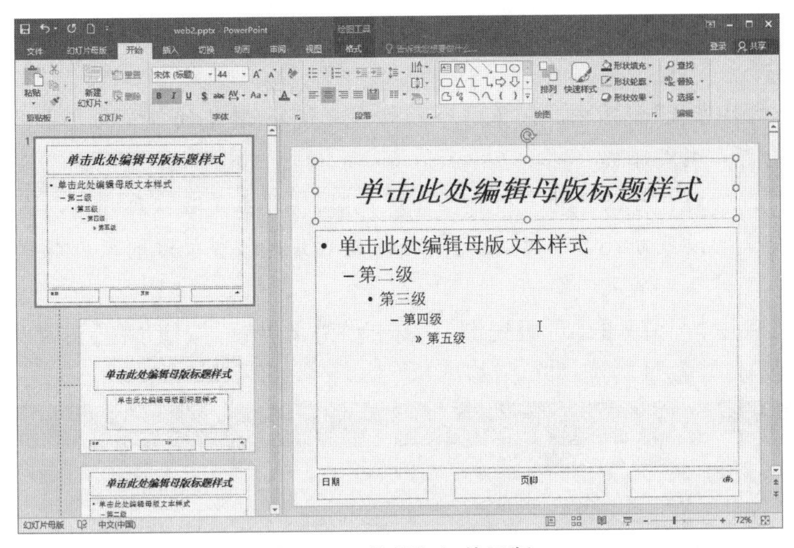


图 4-23　编辑幻灯片母版

☞ **提示**

(1) 幻灯片母版用于存储有关演示文稿的主题和幻灯片版式(版式:幻灯片上标题和副标题文本、列表、图片、表格、图表、自选图形和视频等元素的排列方式)的信息,包括背景、颜色、字体、效果、占位符大小和位置等。

(2) 使用幻灯片母版的主要优点是:可以对演示文稿中的每张幻灯片(包括以后添加到演示文稿中的幻灯片)进行统一的样式更改。只需编辑母版,该文件中的所有幻灯片都会统一应用其格式。

(3) 若要退出"幻灯片母版"视图状态,可点击【视图】选项卡的【演示文稿视图】组中的"普通"按钮,回到幻灯片编辑状态。

3. 点击左侧窗格中的"标题幻灯片"版式。

4. 设置标题为红色,副标题为绿色,如图 4-24 所示。

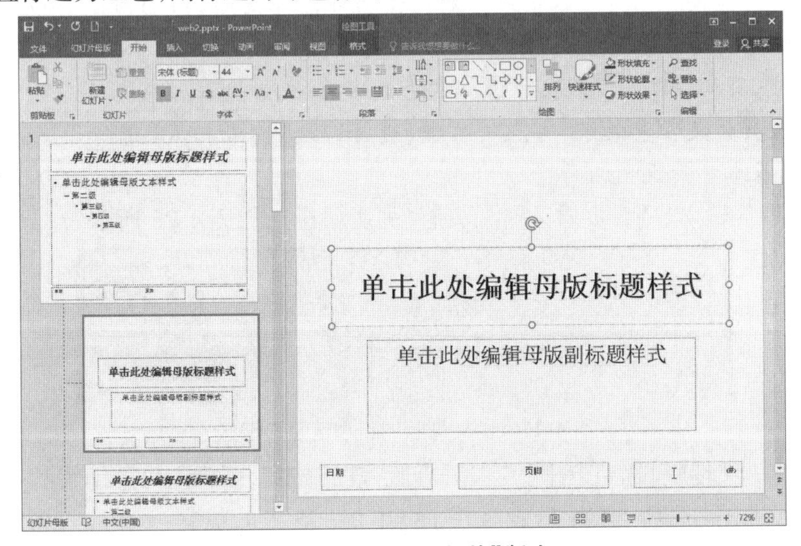


图 4-24　"标题幻灯片"版式

☞ **提示**

(1)“幻灯片母版”视图中除了第一个幻灯片母版外,其他的都是与它上面的幻灯片母版相关联的幻灯片版式母版。

(2)在修改幻灯片母版下的一个或多个版式时,实质上是在修改该幻灯片母版。虽然每个幻灯片版式的设置方式都不同,但是与给定幻灯片母版相关联的所有版式均包含相同主题(配色方案、字体和效果)。

5. 点击【视图】选项卡的【母版视图】组中的“讲义母版”按钮,在【讲义母版】选项卡中点击“每页幻灯片数量”,选择“6 张幻灯片”,如图 4-25 所示。

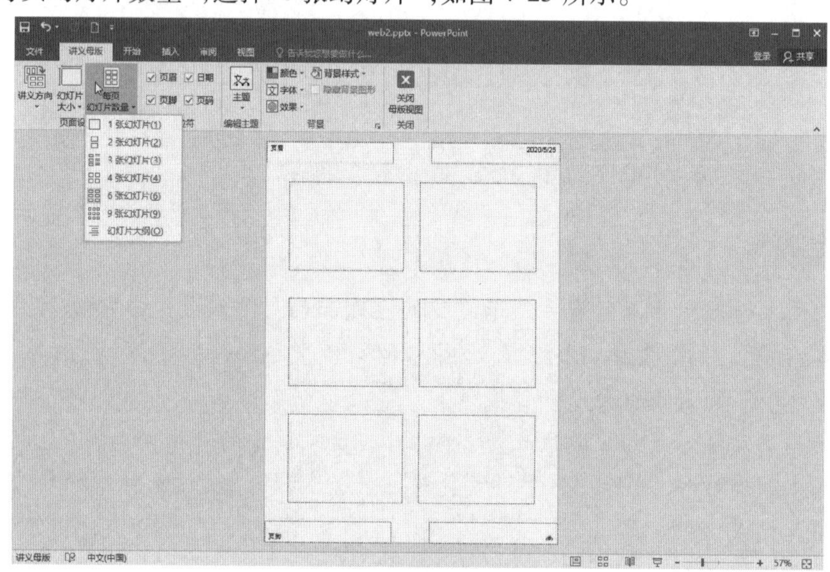


图 4-25 编辑讲义母版

☞ **提示**

(1)讲义母版的作用是可以按讲义的格式打印演示文稿(每个页面可以包含 1、2、3、4、6 或 9 张幻灯片),该讲义可供听众在会议中使用。

(2)页眉、页脚、日期、页码可以设置成有或者无,或者输入相应内容。

(3)要设置讲义背景效果,可点击右键,选择“设置背景格式”进行设置,设置方法与 PowerPoint 的基本背景设置相同。

6. 在日期区输入日期,页眉区输入页眉“另类鼠标”,如图 4-26 所示。

图 4-26 讲义母版的页眉区及日期区

7. 点击【讲义母版】选项卡中的“关闭母版视图”按钮,回到幻灯片编辑状态。

8. 点击【视图】选项卡的【母版视图】组中的“备注母版”按钮,进入备注母版设置

窗口。

9. 点击“备注文本框”，此时“备注文本框”的外框显示为文本框选中状态，这表明该框处于编辑状态，如图 4-27 所示。

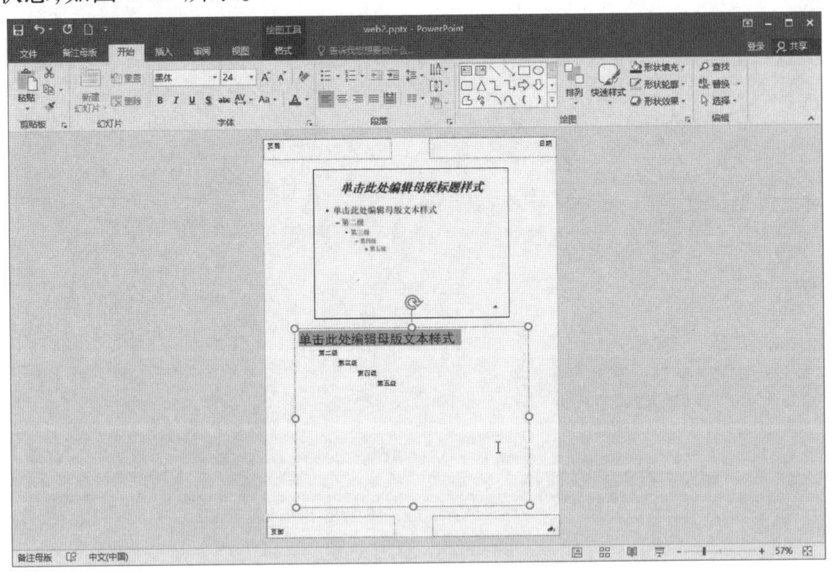


图 4-27　编辑备注母版

10. 选中“备注文本框”中的一级文本，在【字体】组中设置文字格式为黑体、24。

11. 点击【视图】选项卡的【演示文稿视图】组中的“普通”按钮，回到幻灯片编辑状态。

☞ **提示**

(1) 备注母版的作用是向各幻灯片添加“备注”文本的默认样式。

(2) 还可以对“备注文本框”的位置和大小进行设置。当将鼠标置于文本框，鼠标指针变成“十”字时，就可以拖动鼠标来改变备注框的位置；当将鼠标置于边框上的控制点，鼠标指针变为双向箭头时，可以拖动鼠标改变备注框的大小。

## 实验三　主题字体、主题颜色和主题效果及背景的设置

### 实验内容

打开“\实验素材\PowerPoint\第二节”文件夹中的 web2. pptx 文件，给所有幻灯片应用内置的“环保”主题，单独设置第一张幻灯片主题的颜色为“紫罗兰色”，设置幻灯片的字体为“Arial，黑体，黑体”，应用一种名为“反射”的主题效果；对第二张幻灯片，应用渐变填充，使用预设渐变“浅色渐变-个性 1”，设置标题幻灯片的背景为 bj. jpg 图片。

### 实验步骤

1. 点击【设计】选项卡，当鼠标在不同的主题缩略图上停留时系统会提示该主题的

名字。

2. 在内置“环保”主题上点击鼠标右键,选择“应用于所有幻灯片”,如图 4-28 所示。

图 4-28　应用主题

☞ **提示**

要应用其他文件夹下的自选主题,点击如图 4-28 所示界面上的【浏览主题】命令,也可以选择扩展名为“pot”的模板文件。

3. 点击【设计】选项卡,在【变体】组中点击“颜色”,在颜色列表中的“紫罗兰色”上点击右键,选择“应用于所选幻灯片”,如图 4-29 所示。

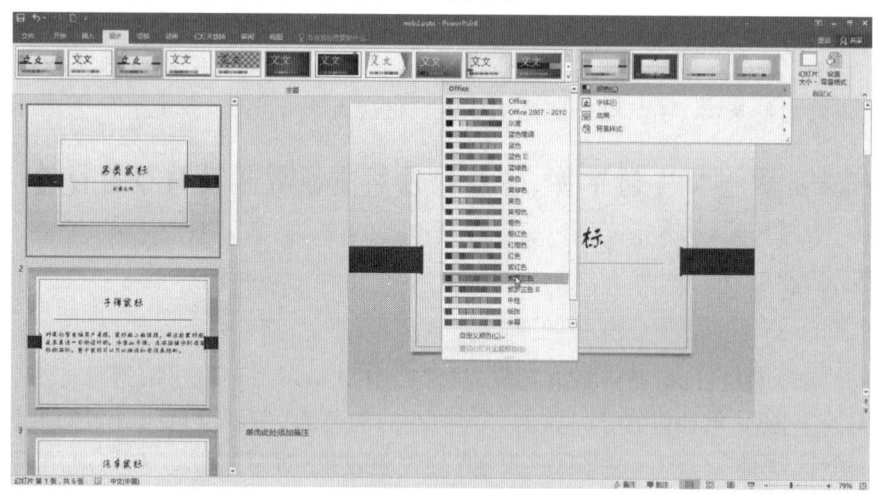

图 4-29　应用主题颜色

☞ **提示**

自定义主题颜色的步骤如下:

(1) 在【设计】选项卡的【变体】组中点击右侧的向下箭头，选择“颜色”。

(2) 在颜色列表中点击“自定义颜色”，打开“新建主题颜色”对话框。

(3) 在“主题颜色”下选择要使用的颜色，每当选择一种颜色时，示例会自动更新。

(4) 在“名称”框中键入新主题颜色的名称，然后点击“保存”按钮。

4. 在【设计】选项卡的【变体】组中点击右侧的向下箭头，选择“字体”，在字体列表中选择“Arial，黑体，黑体”，如图 4-30 所示。

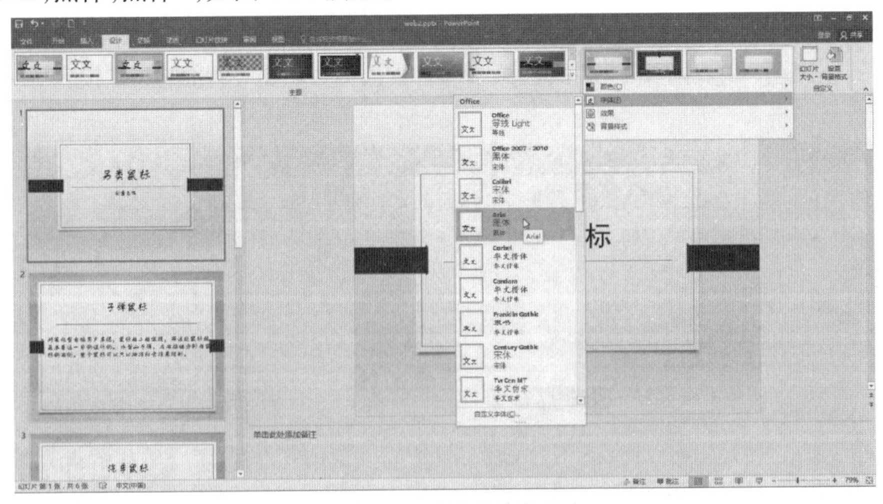

图 4-30　应用主题字体

☞ **提示**

(1) 每个 Office 主题均定义了两种字体：一种用于标题，另一种用于正文文本。它们可以是相同的字体（在所有位置使用），也可以是不同的字体。

(2) 更改主题字体，将对演示文稿中的所有标题和文本进行更新。

5. 在【设计】选项卡的【变体】组中点击右侧的向下箭头，选择“效果”，在效果列表中选择“反射”主题效果，如图 4-31 所示。

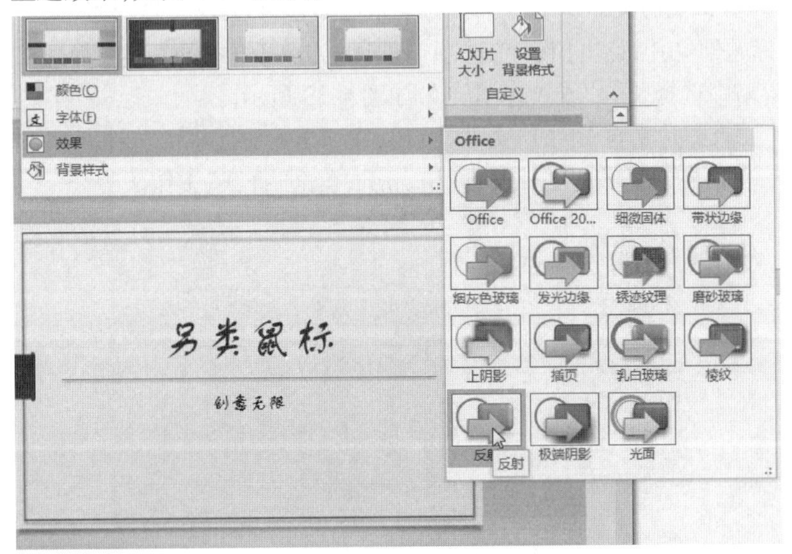


图 4-31　应用主题效果

☞ **提示**

(1) 主题效果是指应用于文件中元素的视觉属性的集合。它指定如何将效果应用于图表、图形、形状、图片、表格、艺术字和文本。通过使用主题效果库,可以替换不同的效果集以快速更改外观。

(2) 不能创建自己的主题效果集,但是可以选择要在自己的主题中使用的效果。

6. 在【设计】选项卡的【自定义】组中点击“设置背景格式”按钮,在右侧的任务窗格中选择“渐变填充”,“预设渐变”为“浅色渐变-个性色 1”,点击“全部应用”按钮,如图 4-32 所示。

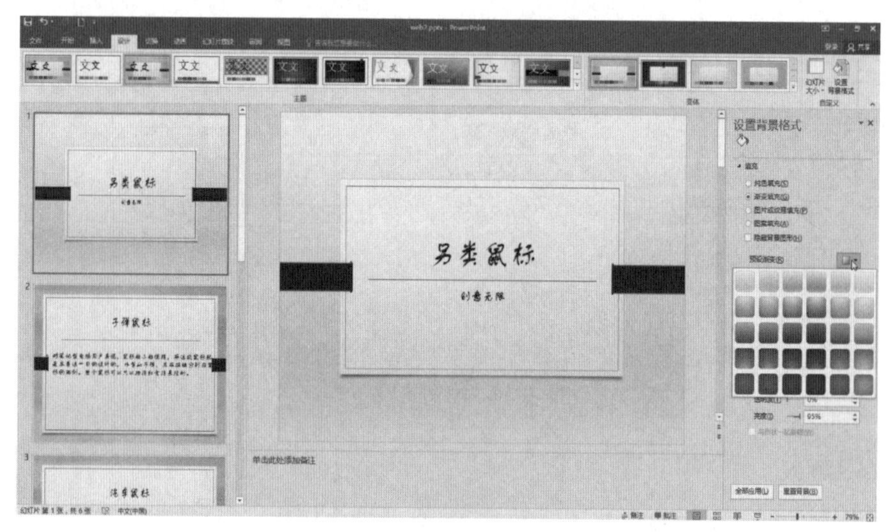


图 4-32　背景填充渐变色

☞ **提示**

在“预设渐变”中选择一种要使用的预设颜色,可将鼠标指针停留在任意一个预设颜色按钮上面,通过出现的提示了解各个按钮表示的颜色,然后按要求选择。

7. 选择标题幻灯片,点击【设计】选项卡的【自定义】组中的“设置背景格式”按钮,在右侧的任务窗格中选择“图片或纹理填充”,如图 4-33 所示。

8. 点击“插入图片来自”下的“文件”按钮,在弹出的对话框中选择“\实验素材\PowerPoint\第二节”文件夹中提供的图片文件“bj.jpg”,点击“打开”按钮。

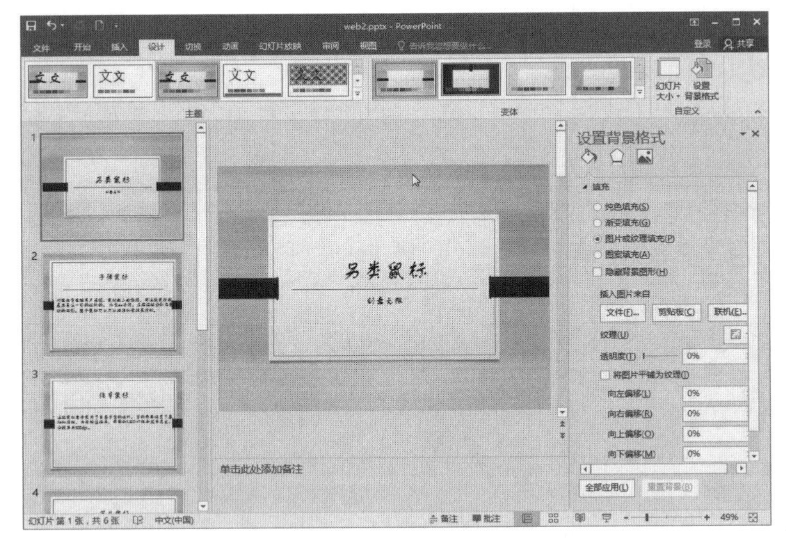


图 4-33　背景填充图片

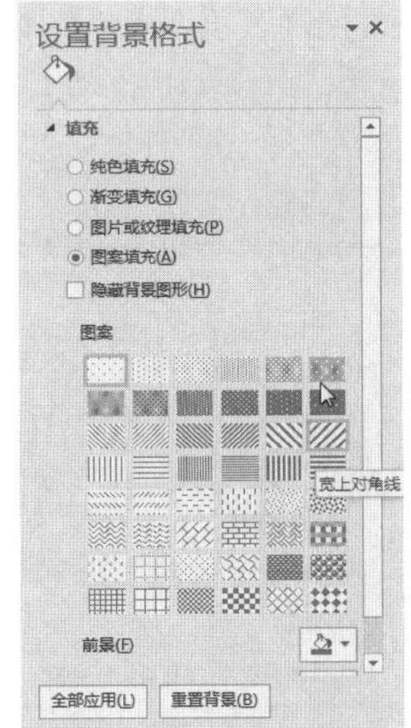


图 4-34　背景填充图案

☞ **提示**

幻灯片的背景还可以使用纯色、图案填充等，可按要求依次进行颜色、底纹样式等的设置。如图 4-34 所示为图案填充，可按要求依次进行图案、前景色和背景色的设置。

## 4.3　动画设置

### 实验目的

1. 掌握幻灯片内动画的设置方法。
2. 掌握幻灯片间切换效果的设置方法。

### 实验一　幻灯片内动画的设置

#### 实验内容

打开“\实验素材\PowerPoint\第三节”文件夹中的 web3. pptx 文件，设置第三张幻灯片中图片的动画效果为“自左下部飞入”，“声音”为“推动”，“开始”为“单击时”，“期间”为“非常快(0.5 秒)”；给标题加“缩放”的动画效果；将动画的播放顺序改为先文本后图片。

#### 实验步骤

1. 选中第三张幻灯片中的图片，先点击【动画】选项卡中的“飞入”按钮，再点击【动

画】组右下角的箭头图标,展开“飞入”对话框,点击“效果”选项卡,设置“方向”为“自左下部”,“声音”为“推动”,如图4-35所示。

2. 点击“计时”选项卡,设置“开始”为“点击时”,“期间”为“非常快(0.5秒)”,如图4-36所示。

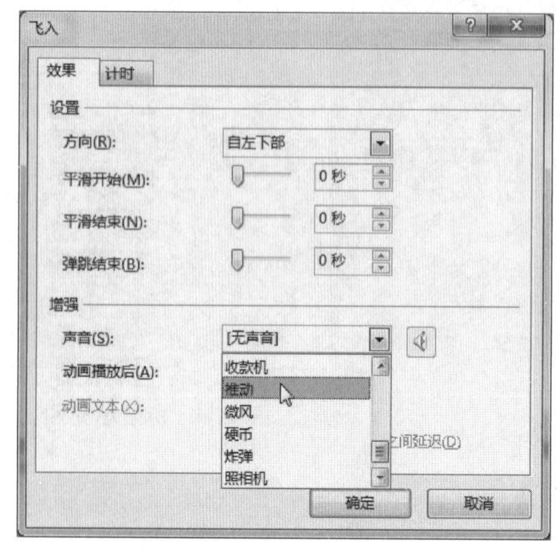


图4-35 设置动画效果

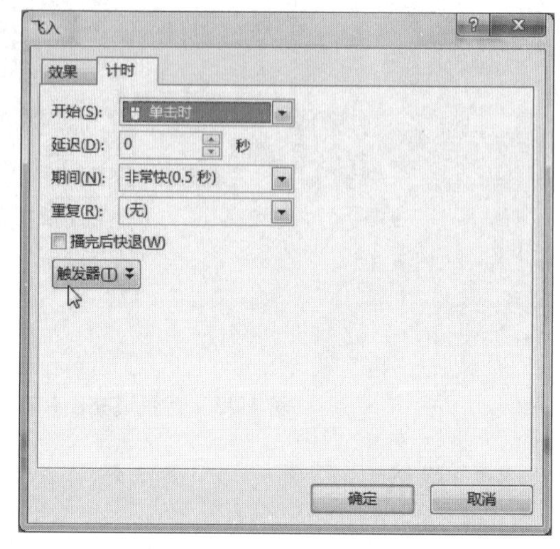


图4-36 设置动画计时

3. 按照上述操作方式给标题添加“缩放”的动画效果。

4. 在【动画】选项卡的【高级动画】组中点击“动画窗格”,选中第一个动画后,点击【计时】组中“对动画重新排序”下的“向后移动”按钮,如图4-37所示。

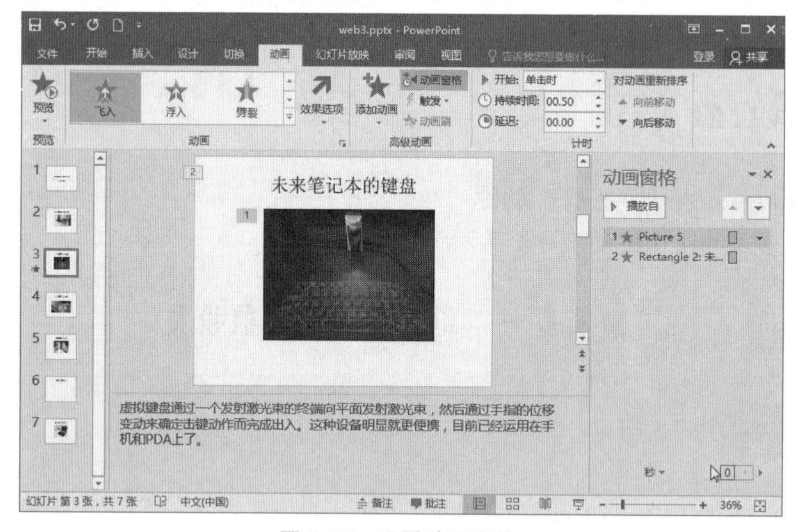


图4-37 设置动画窗格

☞ **提示**

(1) 在幻灯片工作区中,可以通过“动画窗格”中的“播放自”按钮预览动画的效果,如图4-37所示。

(2) PowerPoint 2016 中有以下四种不同类型的动画效果。

- “进入”效果。可以使对象逐渐淡入焦点、从边缘飞入幻灯片或者跳入视图中。
- “强调”效果。包括使对象缩小或放大、更改颜色或沿着其中心旋转。
- “退出”效果。包括使对象飞出幻灯片、从视图中消失或者从幻灯片旋出。
- “动作路径”效果。指定对象或文本的动作路径，使用这些效果可以使对象或文本沿着弧形或圆形等图案移动。

(3) 可以单独使用任何一种动画，也可以通过【高级动画】组的“添加动画”将多种效果组合在一起。

(4) 如果对设置的动画方案不满意，可以在“动画窗格”中选中不满意的动画，点击鼠标右键，在弹出的快捷菜单中选择【删除】命令。

## 实验二　幻灯片间切换效果的设置

### 实验内容

打开“\实验素材\PowerPoint\第三节”文件夹中的 web3. pptx 文件，设置所有幻灯片的切换方式为水平百叶窗、中速，单击鼠标时换片，并伴有风铃声音。

### 实验步骤

1. 在【切换】选项卡的【切换到此幻灯片】组中选择“百叶窗”，点击“效果选项”，选择“水平”。
2. 在【切换】选项卡的【计时】组中设置“持续时间”为“1.60”、“换片方式”为“单击鼠标时”。
3. 点击“全部应用”按钮，将该效果应用于所有幻灯片，如图 4-38 所示。

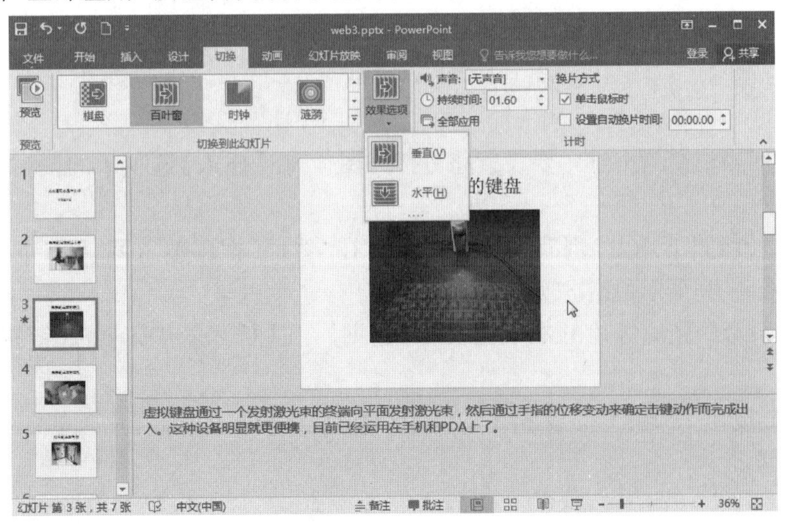


图 4-38　【切换】选项卡

若要指定当前幻灯片在多长时间后切换到下一张幻灯片,可以采用下列步骤之一:

(1) 若要在点击鼠标时切换幻灯片,在【切换】选项卡的【计时】组中选中“单击鼠标时”复选框。

(2) 若要在经过指定时间后切换幻灯片,请在【切换】选项卡的【计时】组中的“设置自动换片时间”后的框中键入所需的秒数。

## 4.4 超链接和动作按钮的设置

1. 掌握超链接的插入、删除、编辑方法。
2. 掌握动作按钮的设置方法。

### 实验一 超链接的插入、删除和编辑

**实验内容**

打开“\实验素材\PowerPoint\第四节”文件夹中的 web4. pptx 文件,为第四张幻灯片中的图片创建超链接,指向网址“http://bbs. whu. edu. cn”;为最后一张幻灯片的右下角文字“返回”设置超链接,超链接指向第一张幻灯片;修改第三张幻灯片标题的超链接为“http://bbs. nankai. edu. cn/”;删除第一张幻灯片的超链接。

**实验步骤**

1. 在第四张幻灯片中选中要设置超链接的图片,在【插入】选项卡的【链接】组中点击“超链接”。

2. 在“链接到”下点击“现有文件或网页”,在“地址”框内输入网址“http://bbs. whu. edu. cn”,如图 4-39 所示,点击“确定”按钮。

3. 选择最后一张幻灯片的右下角文字“返回”,在【插入】选项卡的【链接】组中点击“超链接”。

4. 在“链接到”下选择“本文档中的位置”,位置为“第一张幻灯片”,如图4-40所示,点击“确定”按钮。

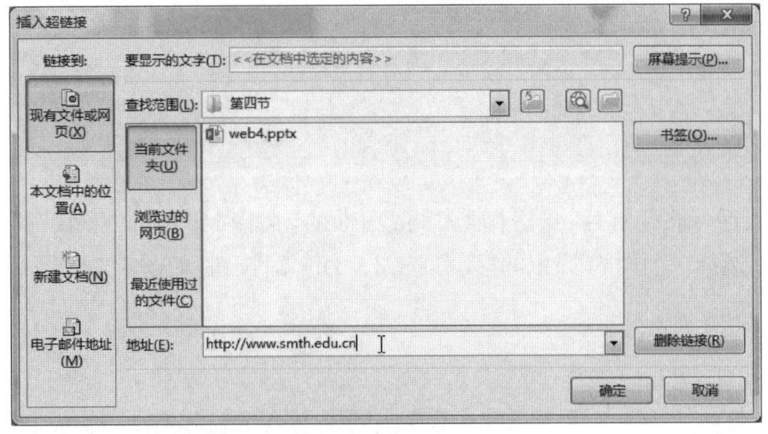


图 4-39　“插入超链接”对话框

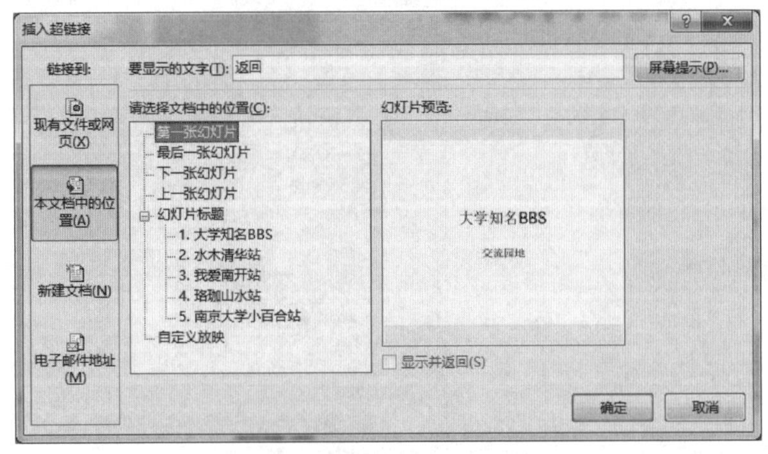


图 4-40　超链接到本文档中的位置

5. 选择第三张幻灯片，选中标题，点击鼠标右键，弹出如图 4-41 所示的快捷菜单。

6. 在快捷菜单中选择【编辑超链接】命令，在“编辑超链接”对话框中将地址改为“http://bbs. nankai. edu. cn”。

7. 选中第一张幻灯片的超链接，点击鼠标右键，在如图 4-41 所示的快捷菜单中选择【取消超链接】命令即可。

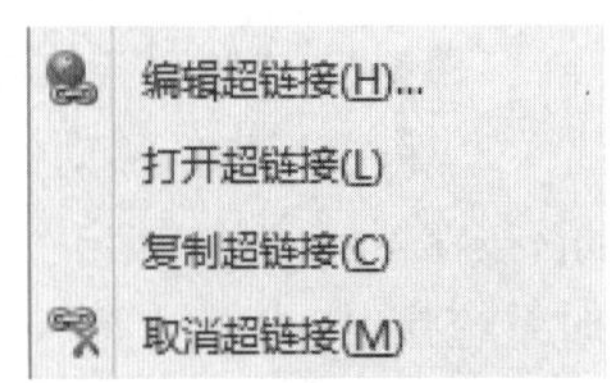


图 4-41　超链接快捷菜单

☞ **提示**

链接的目的文件还可以是计算机上的其他文件，或是 Internet 上的某个网页，或是一个电子邮件的地址，点击相应的图标进行相关的设置即可。

## 实验二　动作按钮的设置

### 实验内容

打开“\实验素材\PowerPoint\第四节”文件夹中的 web4. pptx 文件，在最后一张幻灯片的左下角插入自定义动作按钮，超链接到第一张幻灯片，并设置其播放声音为“打字机”，单击鼠标时开始。

## 实验步骤

1. 选择最后一张幻灯片，点击【插入】选项卡的【插图】组中的“形状”按钮，打开“形状”下拉菜单，选择“动作按钮”中的“动作按钮：自定义”按钮，如图4-42所示。

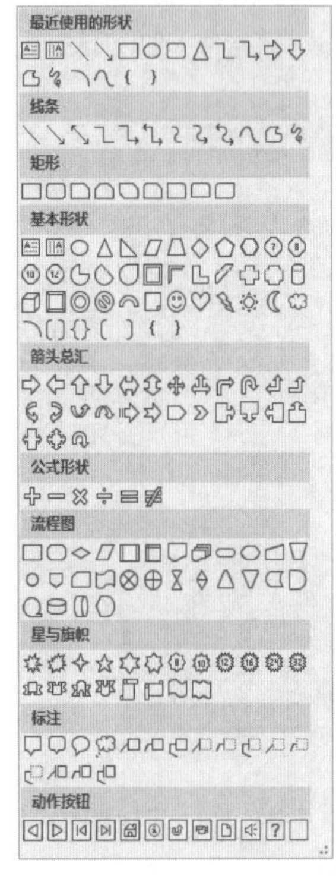


图4-42 “形状”下拉菜单

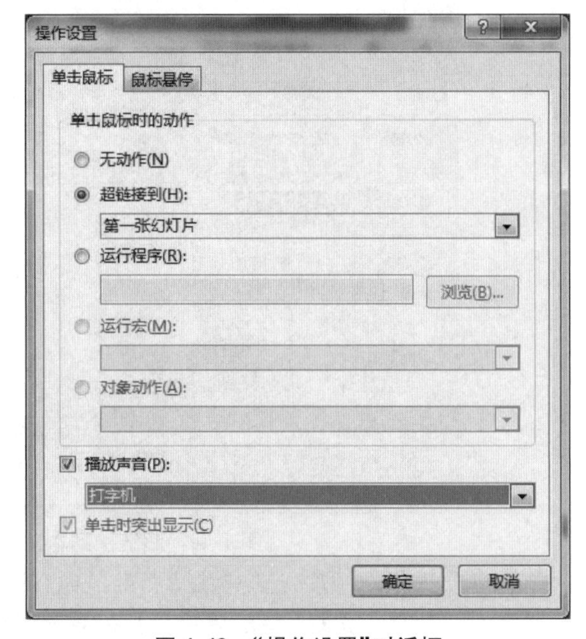


图4-43 “操作设置”对话框

2. 将鼠标指针移动到幻灯片上，此时鼠标指针变成“十”字形符号，在幻灯片的左下角，按住鼠标左键，拖出一方形区域，松开鼠标，则相应的动作按钮出现在所选的位置上，同时系统弹出“操作设置”对话框。

3. 在该对话框的“单击鼠标”选项卡中，设置其“超链接到”第一张幻灯片，并设置其播放声音为“打字机”，如图4-43所示。

4. 点击“确定”按钮。

### ☞ 提示

在“动作按钮”中选择按钮时，可将鼠标指针停留在任意一个动作按钮上面，通过出现的提示了解各个按钮的功能，然后按要求选择。

# 4.5　演示文稿的放映和打印

## 实验目的

1. 掌握演示文稿放映方式的设置方法。
2. 掌握打印页面、打印选项的设置方法。

## 实验一　放映方式的设置

### 实验内容

打开"\实验素材\PowerPoint\第五节"文件夹中的 web5. pptx 文件,设置幻灯片的放映方式为"观众自行浏览","放映幻灯片"的范围为第三张至第八张,循环放映,按 <ESC> 键终止。

### 实验步骤

1. 点击【幻灯片放映】选项卡的【设置】组中的"设置幻灯片放映"按钮。
2. 在打开的"设置放映方式"对话框中,按图 4-44 所示进行设置。

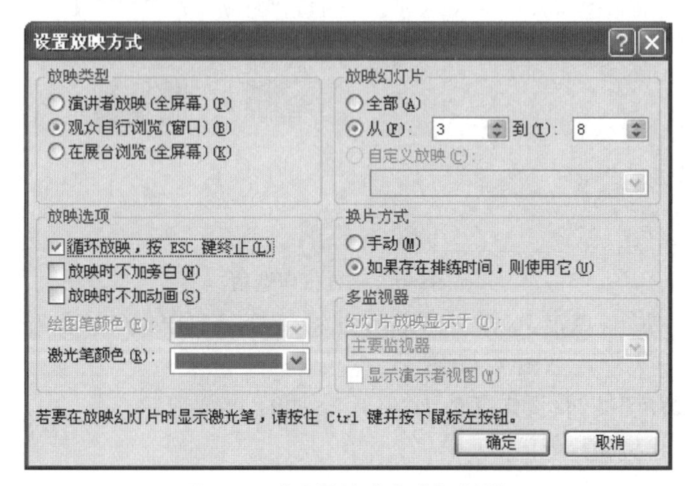


图 4-44　"设置放映方式"对话框

3. 点击"确定"按钮。

☞ **提示**

幻灯片制作完成后,如果由演讲者播放,可以点击【幻灯片放映】选项卡,选择"从头开始"放映或者从"当前幻灯片开

图 4-45　"幻灯片放映"按钮

始"放映。也可以直接点击窗口右下角的"幻灯片放映"按钮,如图 4-45 所示。

## 实验二　打印页面和打印选项的设置

### 实验内容

打开"\实验素材\PowerPoint\第五节"文件夹中的 web5. pptx 文件,进行打印页面设置,方向为纵向。以每页 6 张垂直放置幻灯片的方式,打印全部讲义,幻灯片加框,并根据纸张调整大小,颜色为灰度,份数为一份。

### 实验步骤

1. 点击【文件】→【打印】命令,设置打印整个演示文稿、每页 6 张垂直放置的幻灯片、纵向打印,份数选择"1",如图 4-46 所示。

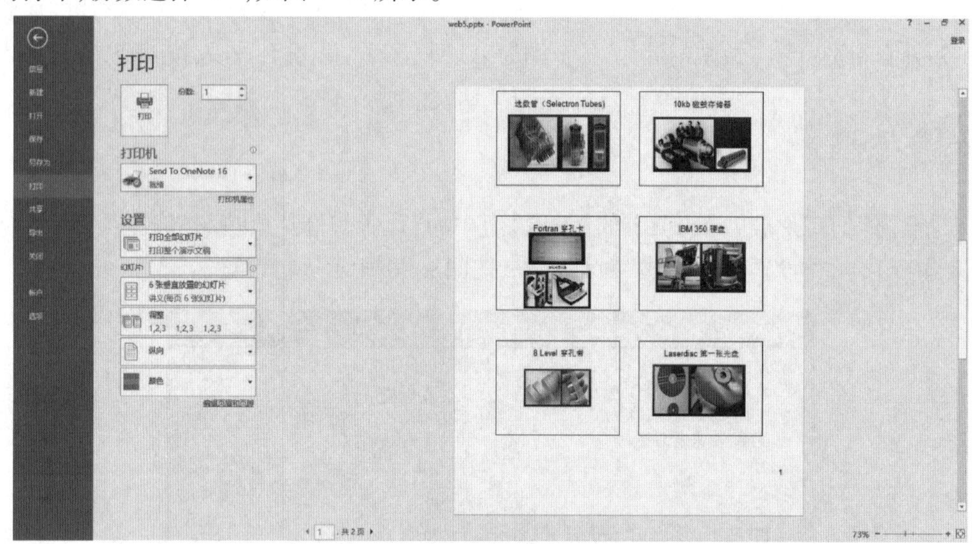


图 4-46　设置打印选项

2. 如图 4-46 所示,点击"6 张垂直放置的幻灯片"右侧的向下箭头,选中"幻灯片加框""根据纸张调整大小",如图 4-47 所示。

3. 再点击"颜色"按钮,设定颜色为"灰度",如图 4-48 所示。

4. 点击"打印"按钮。

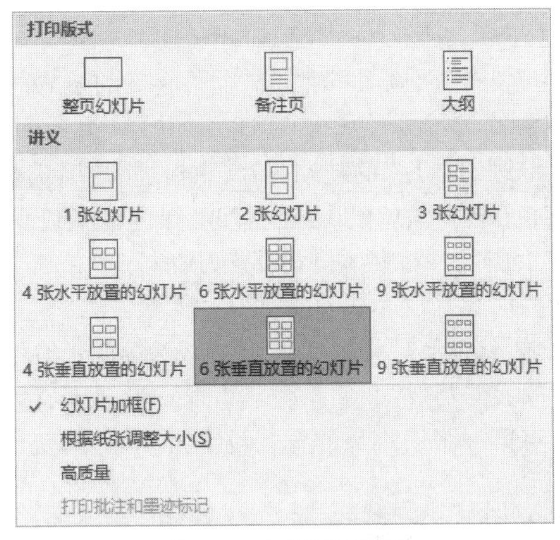


图 4-47　打印页面设置

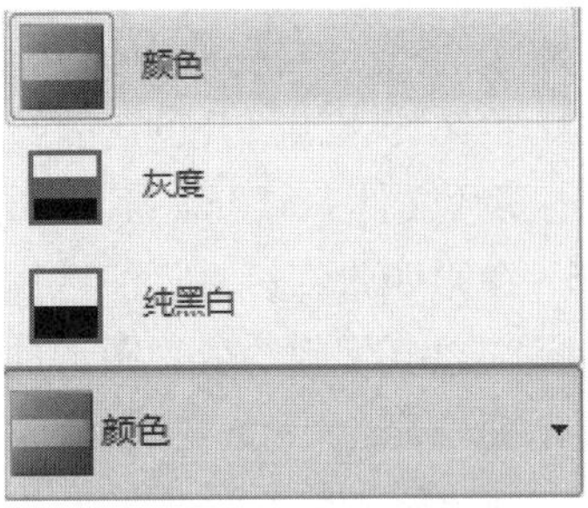

图 4-48　颜色设置

☞ **提示**

(1) 若要打印备注内容、大纲或整页幻灯片,可以在打印版式中选择,如图 4-49 所示。

图 4-49　设置打印内容

(2) 设置打印选项窗口的右侧即显示打印效果。

**综合练习一**

打开"\实验素材\PowerPoint\综合练习"文件夹,调入"第一套"文件夹下的 yswg. pptx,按照下列要求完成对此文稿的修饰并保存。

1. 设置放映方式为"观众自行浏览"。

2. 将第一张幻灯片的版式改为"两栏内容",将"第一套"文件夹下的图片文件 ppt1. jpeg 插入第一张幻灯片右侧的内容区,将该图片的动画效果设置为"旋转",左侧文本的动画效果设置为"弧形",动画的播放顺序为先文本后图片。

3. 设置第二张幻灯片的主标题为"财务通计费系统",字体格式为黑体、55,副标题为"成功推出一套专业计费解决方案",字体格式为黑体、30。

4. 给第二张幻灯片的背景设置渐变填充,"预设渐变"为"浅色渐变-个性色 2","类型"为"标题的阴影",使第二张幻灯片成为第一张幻灯片。

**综合练习二**

打开“\实验素材\PowerPoint\综合练习”文件夹,调入“第二套”文件夹下的 yswg. pptx,按照下列要求完成对此文稿的修饰并保存。

1. 在第一张幻灯片前插入一版式为“标题幻灯片”的新幻灯片,主标题为“国庆 60 周年阅兵”,并将字体格式设置为黑体、65、红色(RGB 颜色模式:红色 230,绿色 0,蓝色 0),副标题为“代表委员揭秘新中国成立 60 周年大庆”,并将字体格式设置为仿宋、35。

2. 将第二张幻灯片的版式设置为“两栏内容”,文本设置为 27 磅字,将“第二套”文件夹下的图片文件 ppt1. jpg 插入右侧内容区域,移动第三张幻灯片,使之成为第四张幻灯片。

3. 在第四张幻灯片备注区插入文本“阅兵的功效”。

4. 在忽略母版的背景图形的情况下,将第一张幻灯片的背景设置为“中等渐变-个性色 2”渐变填充。

5. 将全部幻灯片的切换效果设置为“旋转”,效果选项设置为“自顶部”。

**综合练习三**

打开“\实验素材\PowerPoint\综合练习”文件夹,调入“第三套”文件夹下的 yswg. pptx,按照下列要求完成对此文稿的修饰并保存。

1. 在第一张幻灯片之后插入版式为“标题幻灯片”的新幻灯片,主标题为“故宫博物院”,字体格式设置为 53、红色(RGB 模式:红色 200,绿色 1,蓝色 2),副标题为“世界上现存规模最大、最完整的古代皇家建筑群”,背景设置为“胡桃”纹理,并隐藏背景图形。

2. 在第一张幻灯片之前插入版式为“两栏内容”的新幻灯片,将“第三套”文件夹下的图片文件 ppt1. png 插入第一张幻灯片的右侧内容区,图片的动画效果设置为“轮子”,效果选项设置为“4 轮辐图案”。

3. 将第二张幻灯片的首段文本移入第一张幻灯片左侧内容区,第二张幻灯片版式改为“两栏内容”,原文本全部移入左侧内容区,并设置为 19 磅字,将“第三套”文件夹下的图片文件 ppt2. png 插入到第二张幻灯片右侧内容区。

4. 使第三张幻灯片成为第一张幻灯片。

5. 为整个演示文稿应用“平面”主题,将全部幻灯片的切换方式设置成“轨道”,效果选项设置为“自底部”。

**综合练习四**

打开“\实验素材\PowerPoint\综合练习”文件夹,调入“第四套”文件夹下的 yswg. pptx,按照下列要求完成对此文稿的修饰并保存。

1. 使用“画廊”主题修饰此文稿,将全部幻灯片的切换效果设置为“涡流”,效果选项设置为“自顶部”。

2. 设置第二张幻灯片的版式为“两栏内容”,标题为“‘鹅防’,安防工作新亮点”,左侧内容区的文本为“黑体”,在右侧内容区插入“第四套”文件夹中的图片 ppt1. png。

3. 移动第一张幻灯片,使之成为第三张幻灯片,将幻灯片的版式改为“标题和竖排文字”,标题为“不耗能源的雷达 · 大鹅的故事”。

4. 在第一张幻灯片前插入版式为“空白”的新幻灯片,并在位置(水平位置:0.9 厘米,

从:左上角,垂直位置:6.2 厘米,从:左上角)插入样式为“填充-白色,轮廓-着色 1,阴影”的艺术字“鹅防,安全工作新亮点”,艺术字高度为 7 厘米。将艺术字的文本效果设置为“转换”→“弯曲”→“正 V 形”。

5. 将第一张幻灯片的背景设置为“花束”纹理,且隐藏背景图形。

6. 将第三张幻灯片的版式改为“比较”,标题为“大鹅,安防的新帮手”,在右侧内容区域插入“第四套”文件夹中的图片 ppt2. png。

**综合练习五**

打开“\实验素材\PowerPoint\综合练习”文件夹,调入“第五套”文件夹下的 Web1. pptx,按照下列要求完成对此文稿的修饰并保存。

1. 将医疗垃圾. pptx 中的幻灯片添加至 Web1. pptx 的末尾,所有幻灯片应用“第五套”文件夹中的设计模板 Moban01. pot。

2. 修改幻灯片母版,将文本字体格式设置为不加粗、不倾斜,并在母版页脚区添加文字“保护环境,人人有责”。

3. 在第四张幻灯片右下角插入“第五套”文件夹中的图片 yhlj. jpg,并设置所有幻灯片的切换效果为水平百叶窗,持续时间为 1. 50 秒,单击鼠标时换片。

4. 为第一张幻灯片中的文字建立超链接,分别指向具有相应标题的幻灯片。

5. 在最后一张幻灯片中插入“第五套”文件夹中的图片 pic. jpg, 设置动画效果为单击鼠标时图片自右侧飞入。

6. 除标题幻灯片外,在其他幻灯片中添加幻灯片编号。

7. 在最后一张幻灯片的右下角添加“动作按钮:第一张”,并设置超链接指向第一张幻灯片。

8. 在第一张幻灯片右上角插入“第五套”文件夹中的图片 xj. jpg,设置图片高度为 5 厘米、宽度为 7 厘米。

9. 将 memo. txt 中的内容添加到第二张幻灯片的备注中。

第5章

# Access 2016 数据库操作

## 5.1 数据库的基本操作

### 实验目的

1. 熟悉 Access 2016 的操作环境。
2. 掌握建立数据库的方法。
3. 掌握表结构的建立和修改方法。
4. 掌握记录的录入和修改方法。

### 实验一 数据库的创建

#### 实验内容

建立一个空数据库,并以“Database1”为文件名保存在“\实验素材\Access\第一节”文件夹中。

#### 实验步骤

1. 点击【开始】→【所有程序】→【Microsoft Office】→【Microsoft Access 2016】,启动 Access 2016,如图 5-1 所示。

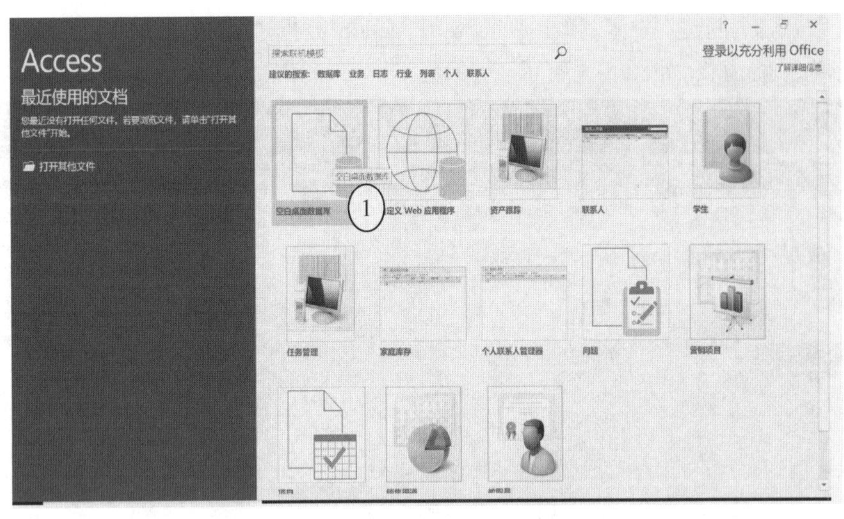


图 5-1　Access 2016 的界面

2. 选择“空白桌面数据库”，在“文件名”文本框中输入文件名“Database1”，然后点击右边的 ，设置文件保存的位置为“\实验素材\Access\第一节”，如图 5-2 所示。

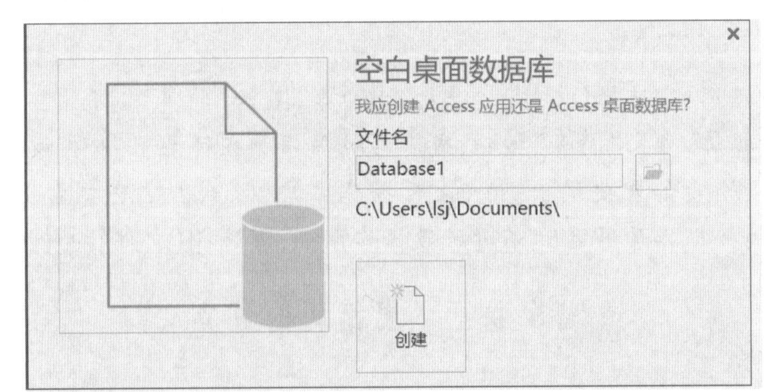


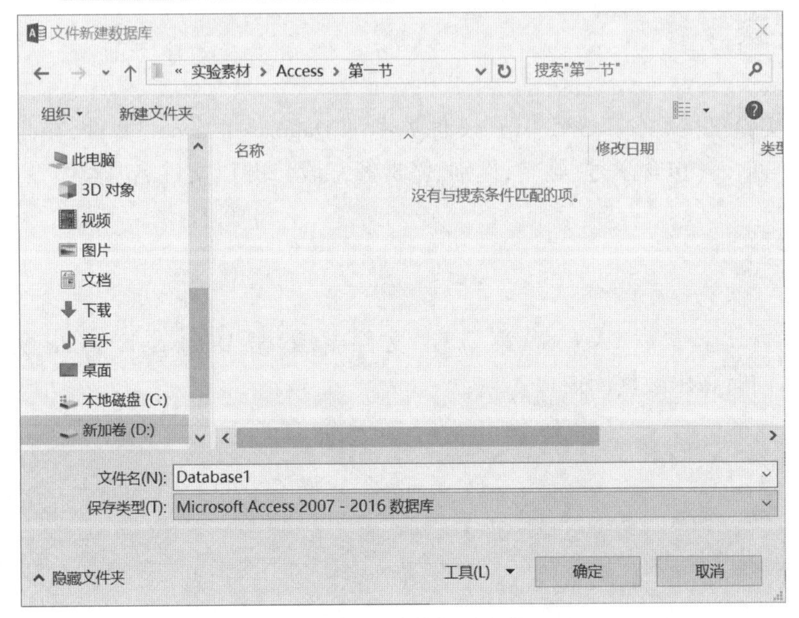


图 5-2　新建数据库文件

3. 最后点击“创建”按钮，弹出 Database1. accdb 数据库窗口，工作区分为左右两个窗格，左窗格为导航窗格，如图 5-3 所示。

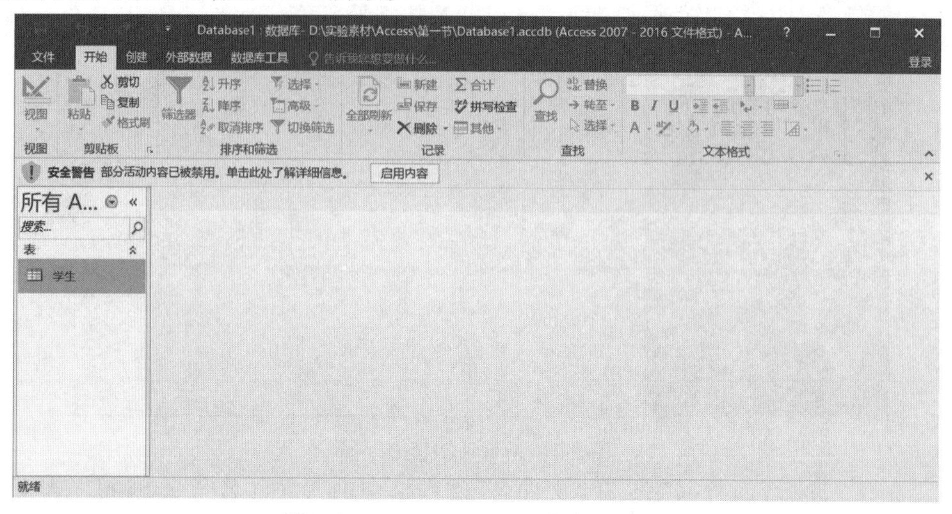


图 5-3 Database1. accdb 数据库窗口

☞ **提示**

(1) 打开数据库：可选择【文件】→【打开】命令，激活“打开”对话框，然后在对话框中选择要打开的数据库，点击“打开”按钮；或者在数据库所在目录下，双击该数据库图标。

(2) 关闭数据库：如果要退出 Access 数据库系统，可点击主窗口右上角的“关闭”按钮；如果只想关闭数据库而不退出 Access 数据库系统，可选择【文件】→【关闭】命令。

## 实验二 表结构的建立

### 实验内容

打开“\实验素材\Access\第一节”文件夹中的 Database1. accdb 文件，在此数据库中建立学生基本信息表(包含学号、姓名、性别、籍贯等字段)，并以文件名“学生”保存。

### 实验步骤

1. 打开“\实验素材\Access\第一节”文件夹，双击 Database1. accdb 文件，可启动 Access 2016，同时弹出数据库窗口。

2. 点击【创建】选项卡，在【表格】组中点击“表”，如图 5-4 所示。

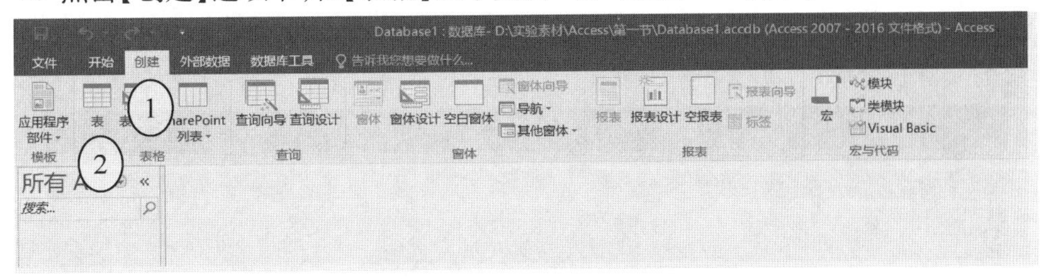

图 5-4　【创建】选项卡

3. 窗口发生改变，弹出【表格工具】选项卡，增加了【字段】和【表】两项，如图 5-5 所示。

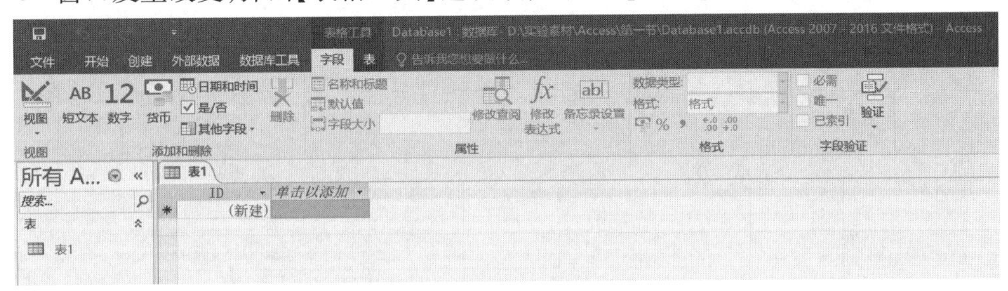

图 5-5　【表格工具-字段】选项卡

4. 点击左上角的“保存”按钮，弹出“另存为”对话框，将表命名为“学生”，点击“确定”按钮，如图 5-6 所示。

图 5-6　“另存为”对话框

5. 在导航窗格中出现“学生”表，选定后点击“视图”按钮，进入表结构设计视图界面，此时窗口发生改变，出现【表格工具-设计】选项卡，如图 5-7 所示。

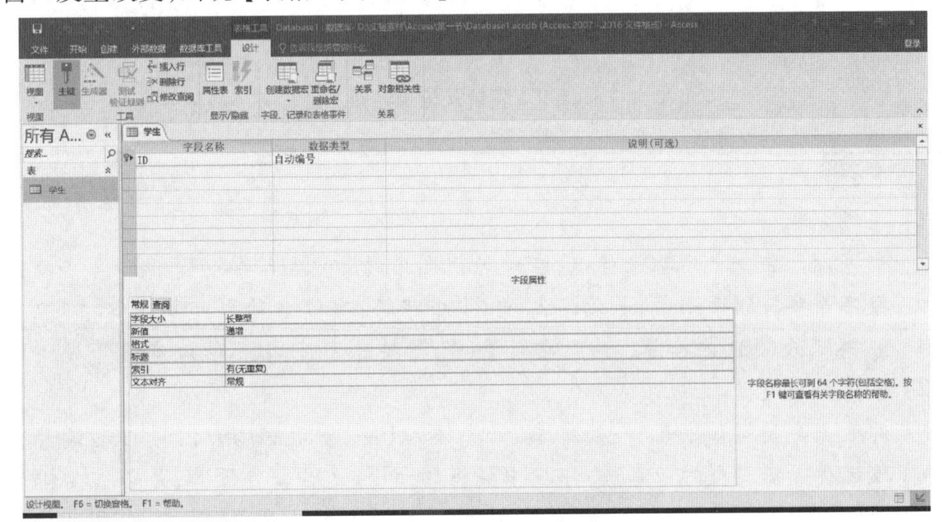

图 5-7　表结构设计视图界面

6. 首先设置主键。此“学生”表中,主键是学号,在“字段名称”列输入字段名“学号”,在“数据类型”列的下拉列表中选择数据类型为“短文本”。在下窗格中设置字段大小,根据学号的实际长度而定,如图5-8所示。

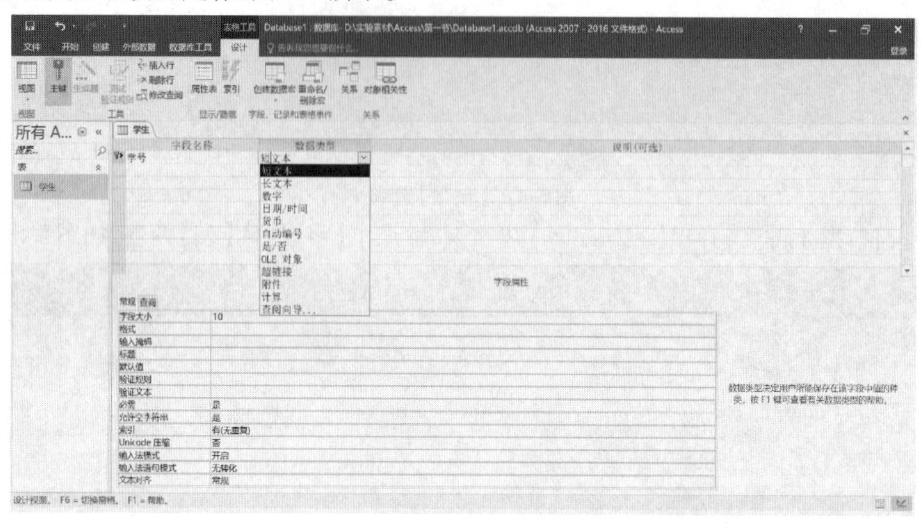

图 5-8　主键的设置

7. 依次设置其他字段,定义完成后,点击“保存”按钮,如果没有定义主键,系统会提示是否需要系统帮助建立主键,选择“否”即可。

8. 数据表的结构建立完成,点击“视图”按钮,退出表结构设计视图界面,进入表录入记录界面,窗口发生改变,出现【表格工具】选项卡,此时可以逐条录入记录,如图5-9所示。

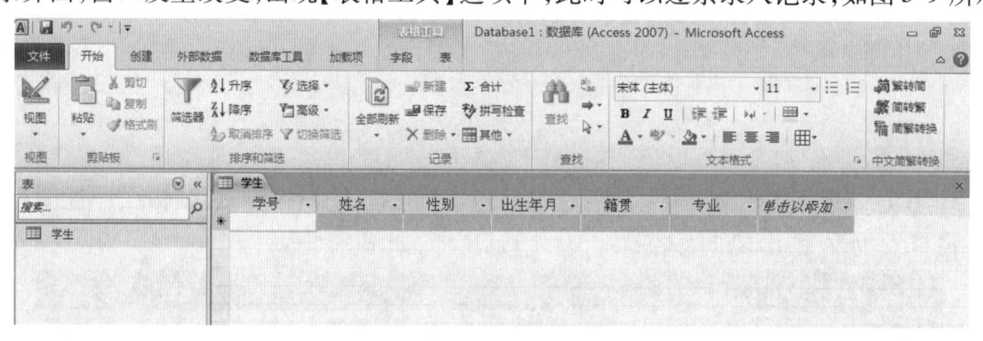

图 5-9　表录入记录界面

☞ **提示**

(1) 字段名称。

每一个字段需要一个名称来标识,在设计视图中的“字段名称”列中输入,字段名由英文、中文、数字等字符组合而成,长度不超过64个字符;字段名称中可包含空格,但不能包含点号(.)、感叹号(!)、方括号([])、左引号(‘)等特殊字符,且不能以空格开头。

(2) 字段数据类型。

常见的数据类型有如下几种:短文本、长文本、数字、货币、日期时间、自动编号、是/否等。给字段选择数据类型时应考虑:字段中数据的大小、是否需要计算、是否需要排序或分组等。如“学号”字段的类型,可以是数字,也可以是短文本。考虑到它不需要进行算术运

算，一般把它定义为短文本。

(3) 定义字段属性。

为保证数据在数据表中按照一定的结构保存，便于处理和显示，应给字段定义大小、格式、默认值等属性。字段的属性取决于字段的数据类型，有些字段属性必须明确定义，如字段大小，而有些属性可以根据实际需要选择定义。

(4) 修改表结构是在表的“设计视图”中进行的，不论是修改字段、添加字段、复制字段还是删除字段、移动字段，都首先要在“设计视图”中打开该表。

## 实验三　表结构的修改

### 实验内容

打开“\实验素材\Access\第一节”文件夹中的 Database1. accdb 文件，为“学生”表添加一个名为“学院”的字段，数据类型为“短文本”，将此字段添加在“籍贯”和“专业”之间，并将“学号”字段的数据类型更改为“数字”。

### 实验步骤

1. 打开数据库文件 Database1. accdb，在导航窗格中，右击“学生”表，在弹出的快捷菜单中选择【设计视图】命令(或者选择要修改的“学生”表，点击“视图”按钮)，进入表结构设计视图界面，如图 5-10 所示。

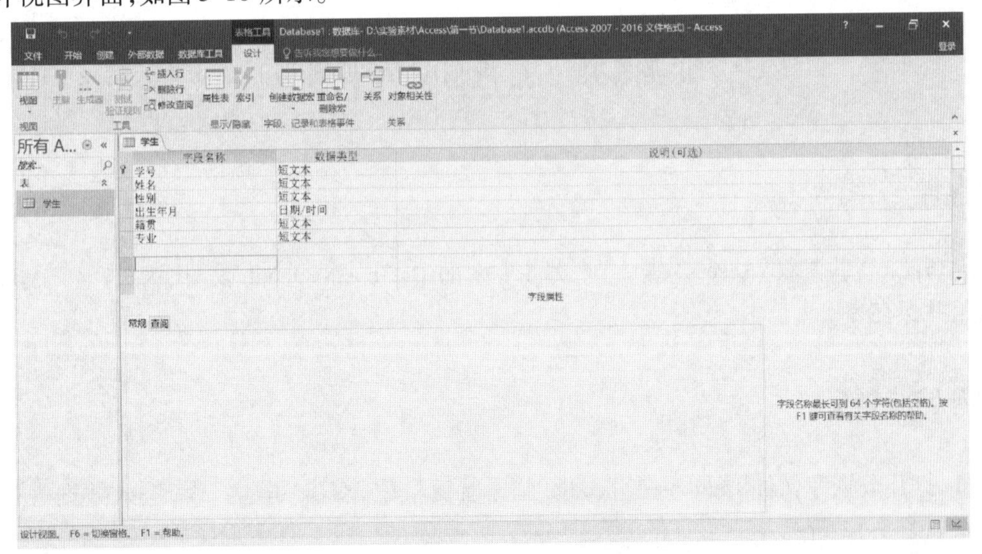


**图 5-10　表结构设计视图界面**

2. 在表结构设计视图界面中，选择“专业”字段，点击【表格工具-设计】选项卡中的“插入行”命令，在“专业”行上方就会插入一个空行，如图 5-11 所示。

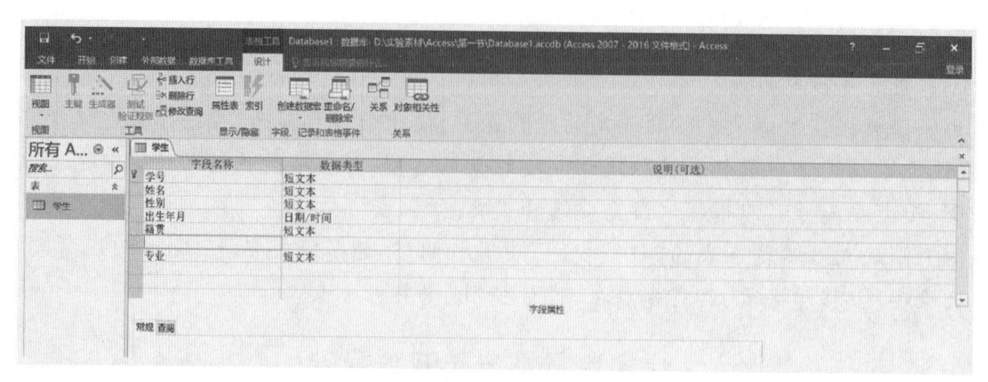


图 5-11　插入行

3. 在空行中输入“学院”字段名称,选择数据类型“短文本”,设置字段大小。

4. 选择“学号”字段,在“数据类型”列的下拉列表中选择“数字”。

5. 定义完成后,点击“保存”按钮,保存表结构。

☞ **提示**

(1) 添加字段:若是在数据表结构的末尾增加新字段,其过程与定义字段相同。

(2) 复制字段:字段的复制过程与 Word 中文本复制的过程类似,先选择要复制的字段,在其左侧的行选择器(左侧的小方框)上右击,在弹出的快捷菜单中选择【复制】命令,选择要添加字段的位置,右击,在弹出的快捷菜单中选择【粘贴】命令,最后修改字段定义。

(3) 删除字段:选择要删除的字段,右击,在弹出的快捷菜单中选择【删除行】命令即可。

(4) 移动字段:选择要移动的字段行(用 <Ctrl> 或 <Shift> 键可选择多个字段),按住鼠标左键拖动到新的位置即可。

## 实验四　记录的录入和修改

### 实验内容

打开“\实验素材\Access\第一节”文件夹中的 Database1. accdb 文件,为“学生”表录入记录,并保存表。

### 实验步骤

1. 打开数据库文件 Database1. accdb,在导航窗格中,双击“学生”表,进入数据表视图界面,如图 5-12 所示。

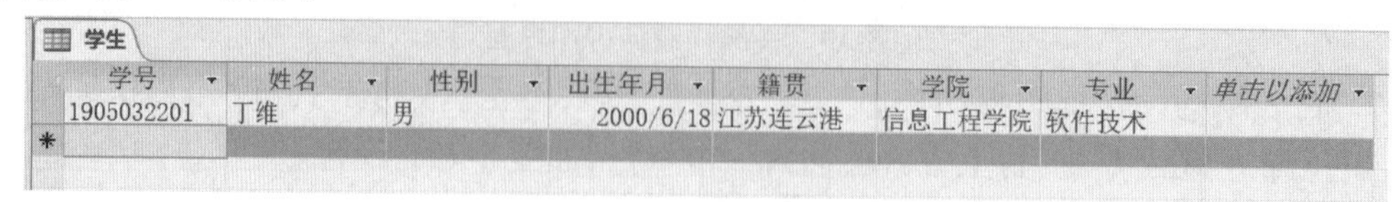

| 学号 | 姓名 | 性别 | 出生年月 | 籍贯 | 学院 | 专业 | 单击以添加 |
|---|---|---|---|---|---|---|---|
| 1905032201 | 丁维 | 男 | 2000/6/18 | 江苏连云港 | 信息工程学院 | 软件技术 | |
| * | | | | | | | |

图 5-12　“学生”表视图

2. 在数据表视图界面中,表的末尾有一个空白行,其行选择器上有一个“*”号,可以在此行中向各个字段输入数据,注意输入的数据要符合字段属性定义的要求。一条记录输入后,系统会自动在末尾添加一行。

3. 记录录入结束后,点击右上角的“关闭”按钮,关闭表即可。

☞ **提示**

(1) 修改数据:在数据表中修改数据的过程与输入数据的过程基本相同。当修改某一行记录时,修改的只是屏幕上的显示内容,只有当光标移动到下一条记录时,修改的结果才能保存下来。如果要撤消修改,按<Esc>键即可。

(2) 复制和移动数据:与 Word 中文本的复制和移动过程类似。

(3) 删除数据:右击要删除的一条或多条记录,选择【删除记录】命令,或直接按键盘上的<Delete>键删除数据记录。

(4) 插入数据:在数据表视图界面中打开表时,表的末尾有一个空白行,其行选择器上有一个“*”号。可以在此行中向各字段添加数据。记录在不同状态下,行选择器上的符号不同。

- 星号:表示该行为新记录。
- 三角形:表示该行为当前操作行。
- 铅笔形:表示该行正在输入或修改数据。
- 锁形:表示该行已被锁定,只能查看,不可编辑。

## 5.2　查询设计器

### 实验目的

1. 掌握简单查询的方法。
2. 掌握汇总查询的方法。
3. 掌握表达式生成器的使用方法。

### 实验一　简单查询

#### 实验内容

打开“\实验素材\Access\第二节”文件夹中的 test. mdb 文件,基于“院系”“学生”表,查询“00201”专业的学生名单,要求输出学号、姓名、院系名称,将查询保存为“CX1”。

#### 实验步骤

1. 打开“\实验素材\Access\第二节”文件夹,双击 test. mdb 文件,进入数据库窗口界

面。点击【创建】选项卡中的“查询设计”按钮,如图 5-13 所示。

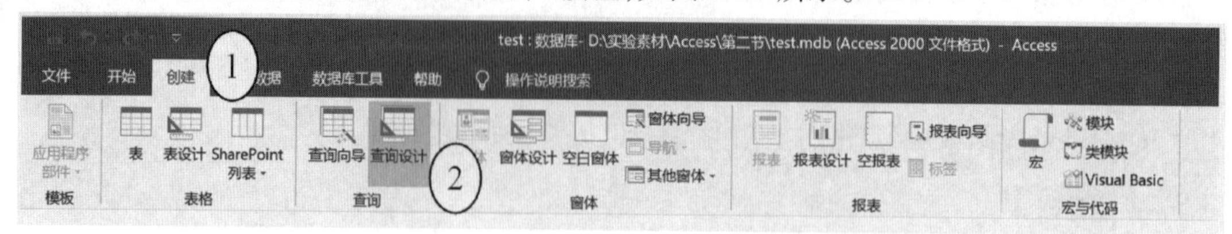


图 5-13 【创建】选项卡

2. 窗口发生改变,出现【查询工具-设计】选项卡,弹出查询设计器窗口,同时弹出数据表选择框,如图 5-14 所示。

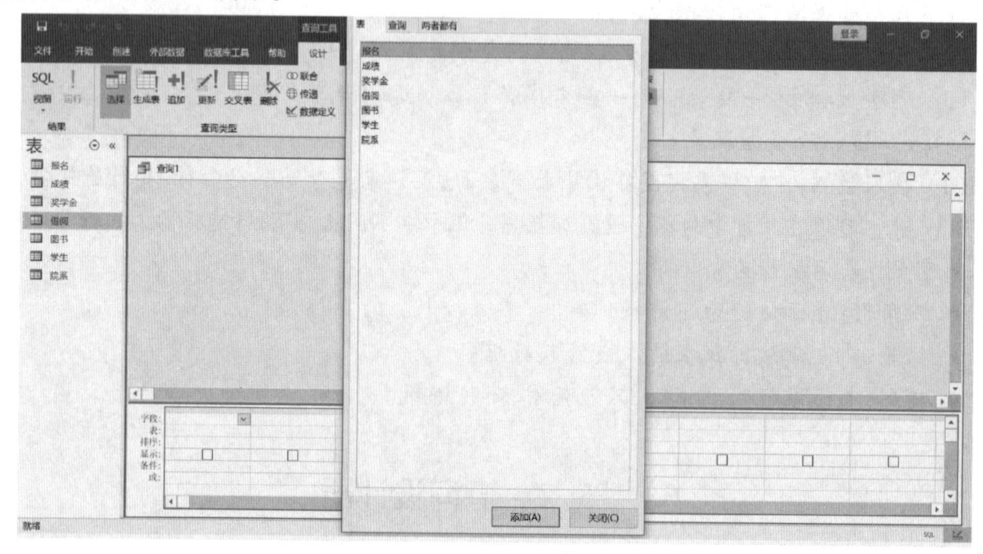

图 5-14 查询设计器窗口

3. 选定查询数据源。在“显示表”对话框中,选择“学生”表,点击“添加”按钮,再按同样的步骤添加“院系”表。选择完成后,点击“关闭”按钮,激活查询设计器视图,如图 5-15 所示。

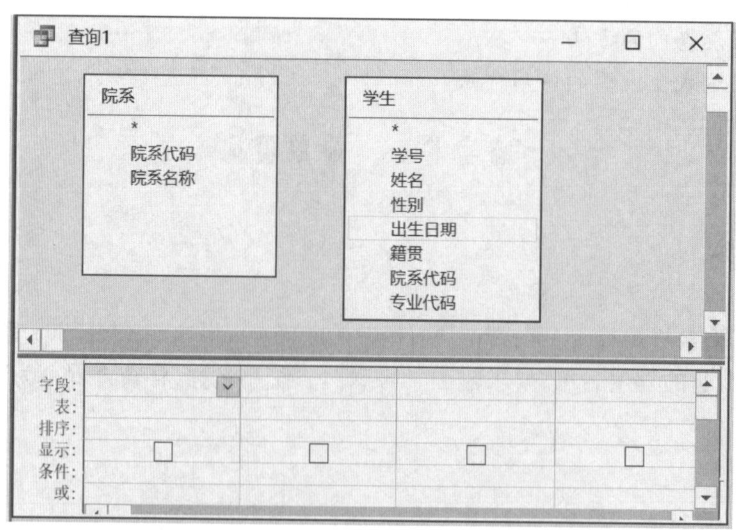


图 5-15 查询设计器视图

☞ **提示**

（1）查询设计器分为两部分：上半部分显示选定的数据源，可根据需要从数据源中选择字段；下半部分为设计网格。

（2）在设计网格中每一列都对应着查询结果集中的一个字段，网格各行标题的含义为：

- 字段：查询设置所需的数据源中的字段。
- 表：对应字段的来源。
- 排序：确定查询结果的排序依据和方式。
- 显示：确定该字段是否在查询结果中显示出来。
- 条件：用来指定字段的查询条件。
- 或：用来提供或（OR）关系的多个条件。

4. 建立两张表之间的关系。左击拖动“院系”表中的字段“院系代码”到“学生”表中的字段“院系代码”上，松开鼠标，就可以建立两张表之间的关系。

☞ **提示**

通常情况下，两张表之间的关系是通过公共字段建立的。

5. 选定字段。点击“字段”行单元格，通过右侧下拉按钮选择所需字段（或者双击上窗格表中所需字段），这里选择“学号”“姓名”“院系代码”“专业代码”（其中专业代码是条件中涉及的字段，查询结果不要求显示该字段），点击“专业代码”列上的“显示”行里的复选框 ，框中绿色“✓”消失，如图 5-16 所示。

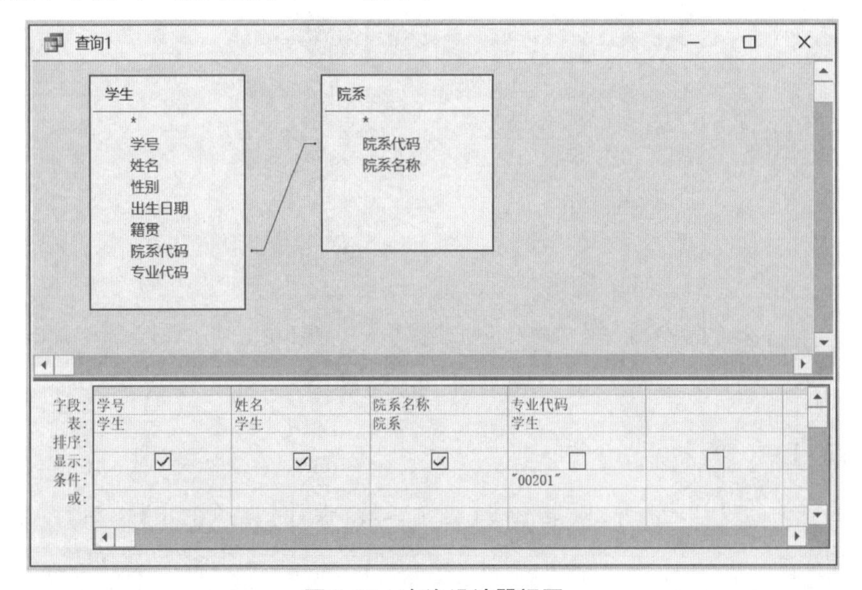


**图 5-16　查询设计器视图**

☞ **提示**

（1）选择字段时，有两个依据：一是根据题目中的要求，即查询结果要求输出的字段；

二是根据题目中的条件,即条件中涉及的字段。前者要求显示,后者有时要求显示,有时不要求显示。

(2) 字段选择后,在“表”行中会自动显示字段的来源。单独将“表名. *”选入网格,将显示出全部字段。

6. 设置条件。点击“专业代码”列上的“条件”行,输入“00201”。

7. 保存查询。设计完成后,点击快速访问工具栏上的“保存”按钮,弹出“另存为”对话框,在“查询名称”框中输入“CX1”,点击“确定”按钮,保存查询,回到数据库窗口,如图 5-17 所示。

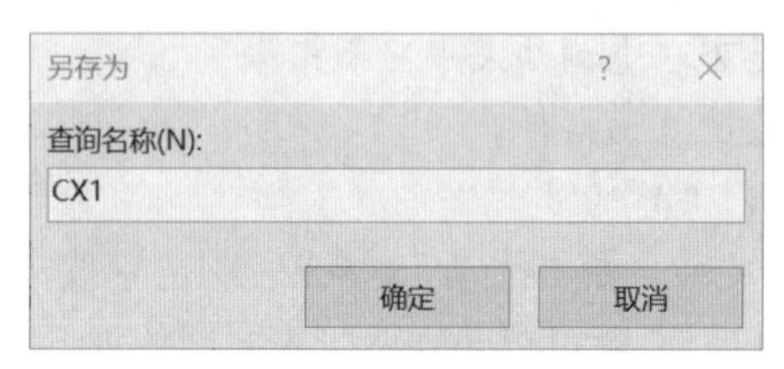


图 5-17 “另存为”对话框

8. 查看查询。在导航窗格中双击新建的查询 CX1(或右击查询名,在弹出的快捷菜单中选择【打开】命令),在右窗格中显示查询结果,如图 5-18 所示。

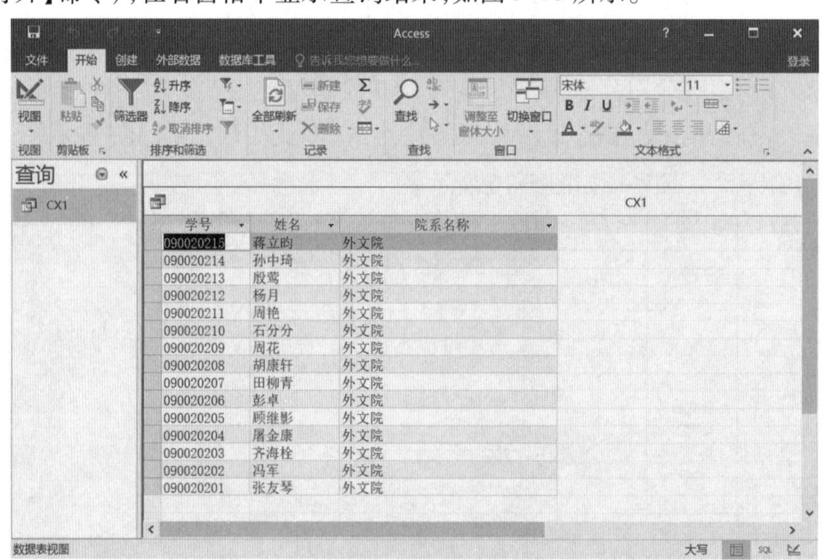


图 5-18 查询结果

☞ **提示**

(1) 在查询的设计过程中,通过点击【查询工具-设计】选项卡中的“运行”按钮,可随时查看查询结果。

(2) 若查询无法运行,说明设计过程有误,可以打开查询设计器进行修改。打开查询设计器的方法为:右击查询名,点击【设计视图】命令,或者在【查询工具-设计】选项卡中点击“视图”按钮,即可进入设计器视图。

# 实验二 汇总查询

## 实验内容

打开“\实验素材\Access\第二节”文件夹中的 test. mdb 文件,基于“院系”“学生”“成绩”表,查询各院系男女生成绩合格(“成绩”大于等于 60 分且“选择”得分大于等于 24 分)的人数,要求输出院系名称、性别、人数,将查询保存为“CX2”。

## 实验步骤

1. 打开“\实验素材\Access\第二节”文件夹,双击 test. mdb 文件,进入数据库窗口界面。点击【创建】选项卡中的“查询设计”按钮。

2. 在如图 5-14 所示的框中依次添加“院系”“学生”“成绩”表,添加完毕后点击“关闭”按钮。

3. 在查询设计器中建立三张表之间的关系:将“院系”表中的字段“院系代码”拖动到“学生”表的相应字段上,然后将“学生”表的“学号”字段拖动到“成绩”表的相应字段上,如图 5-19 所示。

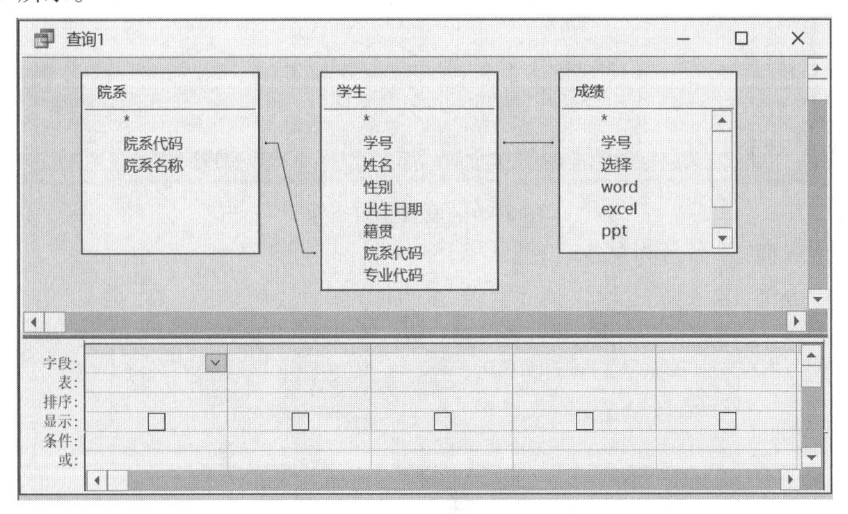


图 5-19 设置表之间的关系

4. 选择字段。题目中要求输出的字段有“院系名称”“性别”“人数”(新字段,对学号进行计数后得到);条件中涉及的字段有“选择”“成绩”,且不需要显示。

### 提示

(1) 新字段“人数”的生成步骤如下:

先选择“学号”字段(一个学号对应一个学生,对学号进行计数运算就可以得到人数),在查询设计器的下半部分空白处右击,在弹出的快捷菜单中选择【汇总】命令,在“表”行的下方出现“总计”行。

然后将光标置于“学号”列和“总计”行交叉的单元格中,点击右侧的下拉按钮,在弹出的列表中选择“计数”函数。

最后将光标插入“字段”行的“学号”列中,在“学号”之前输入“人数:”即可。注意这里的“:”是英文标点符号。这步操作是为了给学号计数后产生的新字段命名。

“总计”下拉列表中的函数有:Group By、合计、平均值、最小值、最大值、计数、StDev、变量、First、Last、Expression、Where。

(2) 分组:题目要求按院系和性别分别统计成绩合格人数,因此需要按“院系名称”和“性别”分组,“总计”行中的默认值即是“Group By”。

5. 设置条件。点击“选择”列上的“条件”行,输入“ >=24”, 点击“成绩”列上的“条件”行,输入“ >=60”,然后将这两列“总计”行中的“Group By”改为“Where”,如图 5-20 所示。

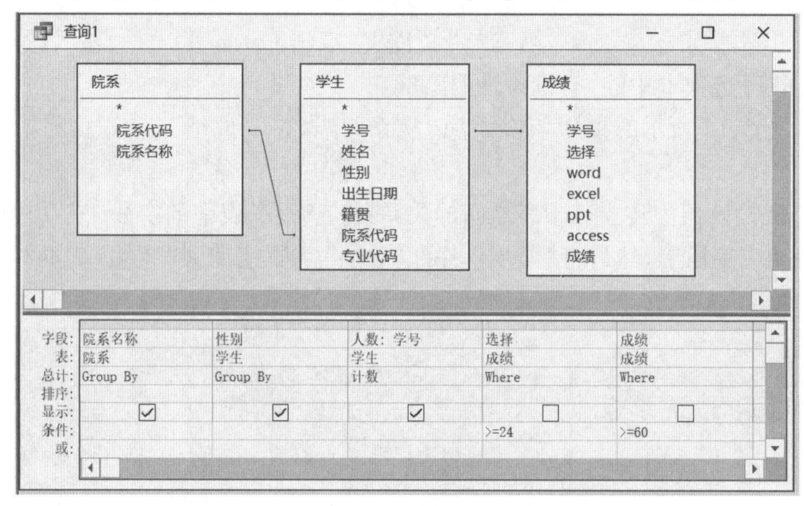


图 5-20 设置查询条件

6. 保存查询,并命名为“CX2”。

7. 运行查询,结果如图 5-21 所示。

CX2

| 院系名称 | 性别 | 人数 |
|---|---|---|
| 地科院 | 男 | 15 |
| 地科院 | 女 | 6 |
| 法学院 | 男 | 11 |
| 法学院 | 女 | 25 |
| 公管院 | 男 | 5 |
| 公管院 | 女 | 18 |
| 化科院 | 男 | 5 |
| 化科院 | 女 | 10 |
| 生科院 | 男 | 22 |
| 生科院 | 女 | 27 |
| 数科院 | 男 | 1 |
| 数科院 | 女 | 1 |
| 体科院 | 男 | 1 |
| 体科院 | 女 | 24 |
| 外文院 | 男 | 6 |
| 外文院 | 女 | 6 |
| 文学院 | 男 | 10 |
| 文学院 | 女 | 32 |
| 物科院 | 男 | 12 |
| 物科院 | 女 | 7 |

记录: 第 1 项(共 20 项 无筛选器 搜索

图 5-21 查询结果

## 实验三　在查询中运用表达式生成器

### 实验内容

打开“\实验素材\Access\第二节”文件夹中的 test. mdb 文件，基于“院系”“学生”“借阅”表，查询各院系学生借阅图书总天数(借阅天数 = 归还日期 - 借阅日期)，要求输出院系代码、院系名称和天数，将查询保存为“CX3”。

### 实验步骤

1. 打开“\实验素材\Access\第二节”文件夹，双击 test. mdb 文件，进入数据库窗口界面，点击【创建】选项卡中的“查询设计”按钮。

2. 在如图 5-14 所示的框中依次添加“院系”“学生”“借阅”表，添加完毕后点击“关闭”按钮。

3. 在查询设计器中建立三张表之间的关系：将“院系”表中的字段“院系代码”拖动到“学生”表的相应字段上，然后将“学生”表的“学号”字段拖动到“借阅”表的相应字段上，如图 5-22 所示。

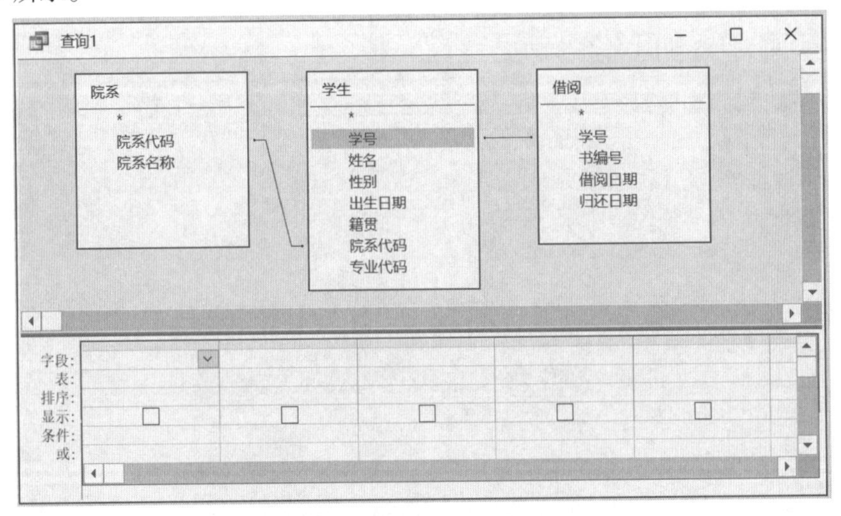


图 5-22　设置表之间的关系

4. 显示“总计”行。在【查询工具-设计】选项卡中选择“汇总”命令，出现“总计”行。或者在下窗格空白处右击，在弹出的快捷菜单中选择【汇总】命令。

5. 选择字段。按题目要求选择“院系代码”“院系名称”。字段“天数”是一个新字段，通过计算可得到。在下一个字段列上右击，在弹出的快捷菜单中选择【生成器】命令，或点击【查询工具-设计】选项卡中的“生成器”按钮 生成器 ，弹出“表达式生成器”对话框。

6. “表达式生成器”对话框的下半部分有三个列表框，在左侧列表框中，点击“test. mdb”左侧的加号，将数据库展开，显示此数据库文件中的所有对象，点击表左侧的加号，显示所有表,选择“借阅”表,在中间的列表框中显示出该表的所有字段,如图 5-23 所示。

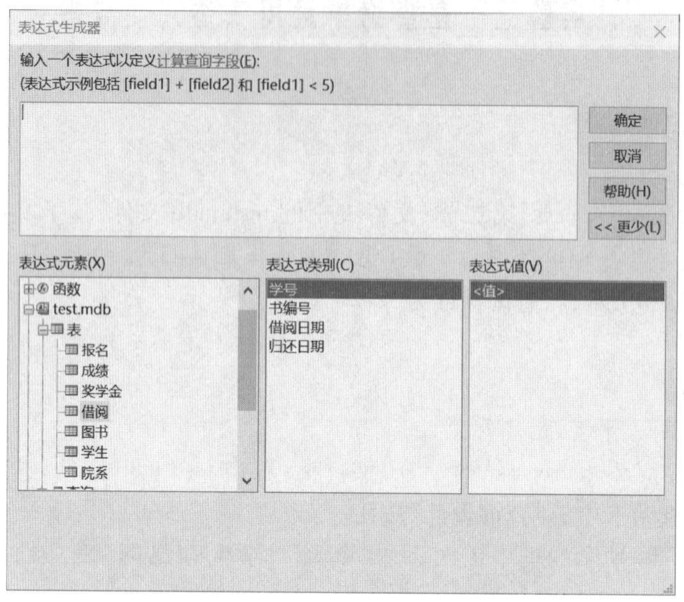


图 5-23 “表达式生成器”对话框

7. 在“表达式类别”框中,双击“归还日期”,“[借阅]![归还日期]”将显示在生成器上半部分的文本框中,在其后输入减号“-”,再双击“借阅日期”,“[借阅]![借阅日期]”将显示在“-”之后,将光标置于此表达式之前,输入“天数:”,然后点击“确定”按钮,返回查询设计器窗口,如图 5-24 所示。

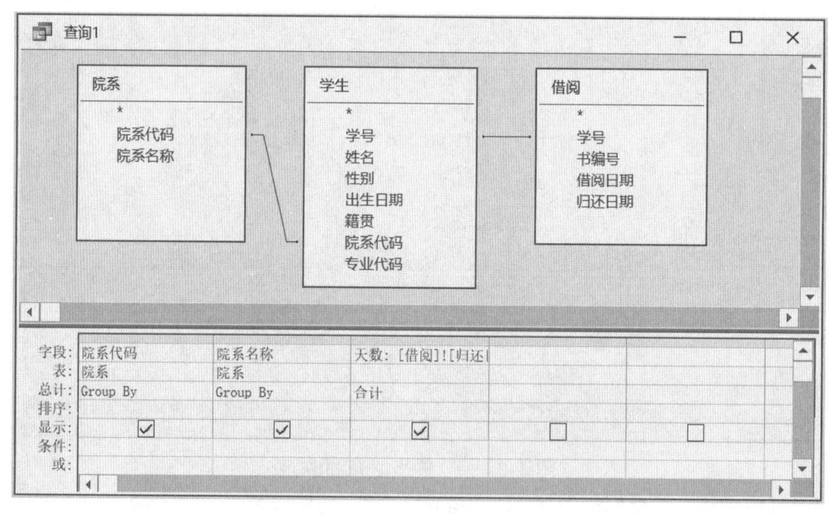


图 5-24 “天数”表达式

8. 字段“天数”生成之后,将光标置于此列的“总计”行中,点击右侧的下拉按钮,选择“合计”函数。

9. 保存查询,命名为“CX3”。

10. 运行查询,结果如图 5-25 所示。

CX3

| 院系代码 | 院系名称 | 天数 |
|---|---|---|
| 001 | 文学院 | 164 |
| 002 | 外文院 | 418 |
| 003 | 数科院 | 228 |
| 004 | 物科院 | 453 |
| 005 | 生科院 | 101 |

记录: 第 1 项(共 5 项)　无筛选器　搜索

图 5-25　查询结果

☞ **提示**

(1) 也可以直接输入字段“天数”:将光标置于“字段”行适合的一列,输入公式“天数:归还日期 - 借阅日期”,此种方法更简单。注意:公式中的符号均为英文标点符号。

(2) “合计”函数:对表达式的值求和。常用的函数有合计、平均值、最大值、最小值、计数等。

## 综合练习

**综合练习一**

调入“\实验素材\Access\综合练习”文件夹中的 test1. mdb 文件,按下列要求进行操作。

1. 基于“学生”表,查询所有女学生的名单,要求输出学号、姓名,查询保存为“CX1”。

2. 基于“学生”表,查询所有“1991 - 7 - 1”及其以后出生的学生名单,要求输出学号、姓名,查询保存为“CX2”。

3. 基于“学生”表,查询所有籍贯为“山东”的学生名单,要求输出学号、姓名,查询保存为“CX3”。

4. 基于“院系”“学生”“成绩”表,查询各院系男女学生“成绩”的平均分,要求输出院系代码、院系名称、性别、成绩平均分,查询保存为“CX4”。

5. 基于“院系”“学生”“成绩”表,查询各院系男女学生成绩合格(“成绩”大于等于 60 分且“选择”得分大于等于 24 分)的人数,要求输出院系名称、性别、人数,查询保存为“CX5”。

6. 基于“院系”“学生”表,查询“外文院”的学生名单,要求输出学号、姓名、性别,查询保存为“CX6”。

7. 基于“院系”“学生”表,查询各院系不同籍贯的学生人数,要求输出院系代码、院系名称、籍贯和人数,查询保存为“CX7”。

8. 基于“院系”“学生”表,查询“00201”专业的学生名单,要求输出学号、姓名、院系名称,查询保存为“CX8”。

9. 基于“院系”“学生”表,查询“生科院”男女生人数,要求输出性别和人数,查询保存

为“CX9”。

**综合练习二**

调入“\实验素材\Access\综合练习”文件夹中的 test2. mdb 文件，按下列要求进行操作。

1. 基于“图书”表，查询收藏的各出版社图书均价，要求输出出版社及均价，查询保存为“CX1”。

2. 基于“图书”表，查询价格大于等于 30 元的所有图书，要求输出书编号、书名、作者及价格，查询保存为“CX2”。

3. 基于“学生”“图书”“借阅”表，查询学号为“090030107”的学生所借阅的图书，要求输出学号、姓名、书编号、书名、作者，查询保存为“CX3”。

4. 基于“学生”“图书”“借阅”表，查询“2006－3－1”借出的所有图书，要求输出学号、姓名、书编号、书名、作者，查询保存为“CX4”。

5. 基于“院系”“学生”“借阅”表，查询各院系学生借阅图书总天数(借阅天数＝归还日期－借阅日期)，要求输出院系代码、院系名称和天数，查询保存为“CX5”。

6. 基于“图书”表，查询藏书数超过 5 本以上(含 5 本)的所有图书，要求输出书编号、书名、作者及藏书数，查询保存为“CX6”。

7. 基于“院系”“学生”“借阅”表，查询各院系学生借书总次数，要求输出院系代码、院系名称和次数，查询保存为“CX7”。

第 6 章

# IE 浏览器与 Outlook 的使用

## 6.1　IE 浏览器的使用

### 实验目的

1. 学会使用 IE 浏览器浏览网页。
2. 掌握搜索引擎的使用方法。
3. 学会使用 IE 浏览器收藏网址。

### 实验一　使用 IE 浏览器浏览网页

#### 实验内容

打开“江苏省教育考试院”主页(https://www.jseea.cn/),任意打开一条新闻的页面浏览,并将页面保存到“文档”库中。

#### 实验步骤

1. 打开 IE 浏览器,在地址栏中输入“https://www.jseea.cn/”,按 <Enter> 键,打开“江苏省教育考试院”主页,如图 6-1 所示。

2. 浏览网页,点击一条新闻的链接,打开该新闻的页面。

3. 点击“工具”按钮,在下拉菜单中依次选择【文件】→【另存为】命令,如图 6-2 所示。

图 6-1　浏览网页

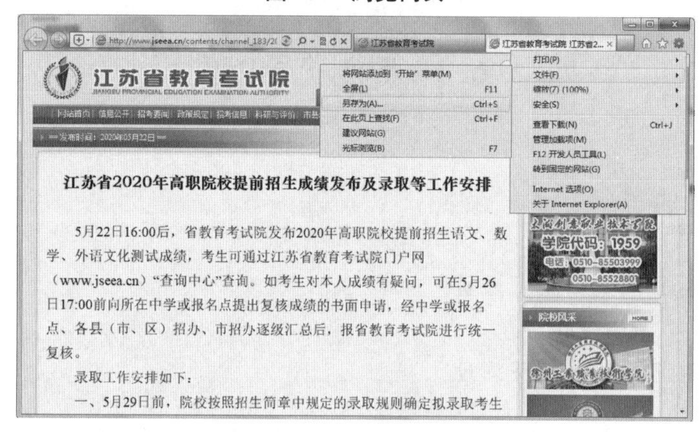


图 6-2　保存网页

4. 打开“保存网页”对话框，将路径定位到“文档”库，在“文件名”文本框中输入该网页的名称，在“保存类型”下拉列表框中选择保存类型，然后点击“保存”按钮即可，如图 6-3 所示。

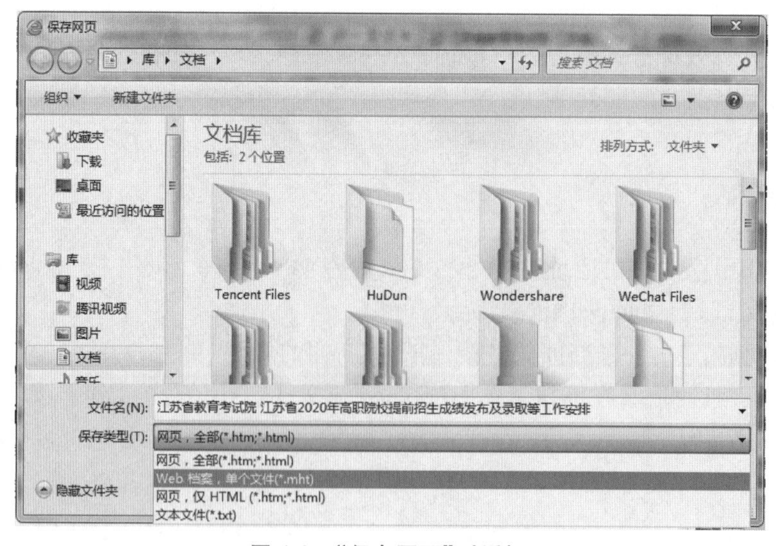


图 6-3　“保存网页”对话框

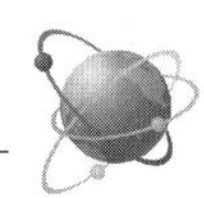

☞ **提示**

(1) 如果在保存网页时出现无法保存的提示,一般修改"保存类型"就可以保存了。

(2) 如果想直接保存网页中超链接指向的网页或图像,暂不打开并显示,可进行如下操作:右击所需项目的链接,在弹出的快捷菜单中选择【目标另存为】命令,如图6-4所示,弹出"另存为"对话框,选择准备保存网页的文件夹,在"文件名"文本框中输入名称,然后点击"保存"按钮。

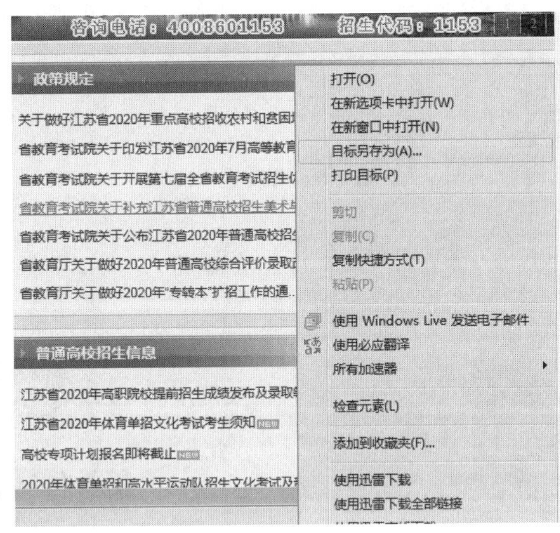


**图6-4 选择命令**

(3) IE浏览器是Microsoft公司的一款浏览器,比较常用,是一个把在互联网上找到的文本文档(和其他类型的文件)翻译成网页的工具。网页可以包含图片、音频、视频、文本。由此可见,浏览器的主要作用是接受客户的请求并进行相应的操作,以跳转到相应的网站获取网页并显示出来。

## 实验二 搜索引擎的使用

### 实验内容

使用"百度"查找医疗专家钟南山的个人资料,并将他的个人资料复制和保存到Word文档中,并命名为"钟南山的个人资料.docx"。

### 实验步骤

1. 打开IE浏览器,在地址栏中输入"https://www.baidu.com",打开百度的主页。
2. 在搜索文本框中输入"钟南山",点击"百度一下"按钮,如图6-5所示。
3. 搜索结果如图6-6所示,点击链接"钟南山_百度百科"。

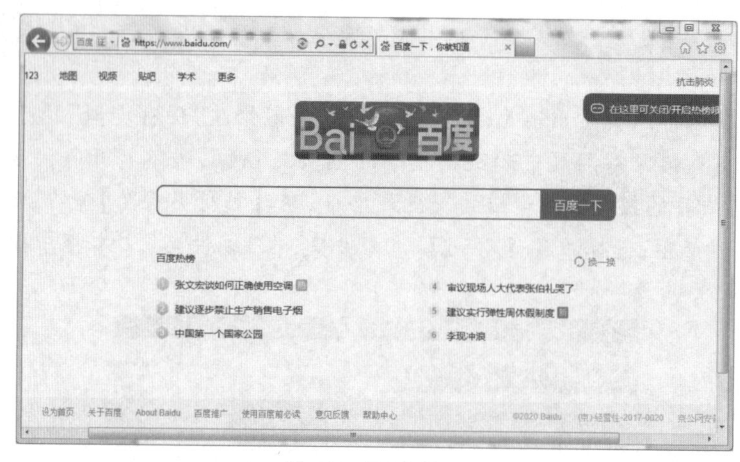


图 6-5　百度主页

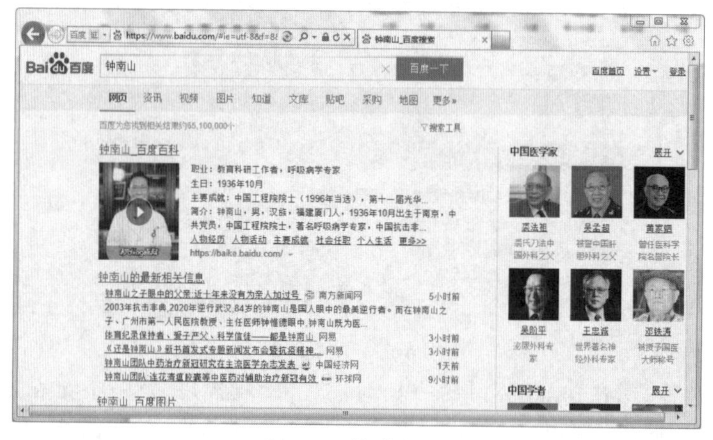


图 6-6　搜索结果

4. 在打开的页面中,拖动鼠标选中钟南山的个人信息,然后右击,在弹出的快捷菜单中选择【复制】命令,如图 6-7 所示。

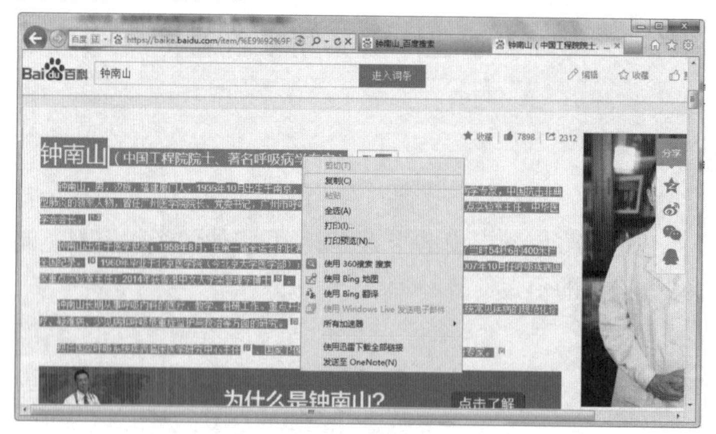


图 6-7　复制信息

5. 新建一个名为“钟南山的个人资料. docx”的 Word 文档,打开该文档,按 <Ctrl> + <V>组合键,将复制的信息粘贴到 Word 文档中,如图 6-8 所示,然后按 <Ctrl> + <S>组合键保存文档。

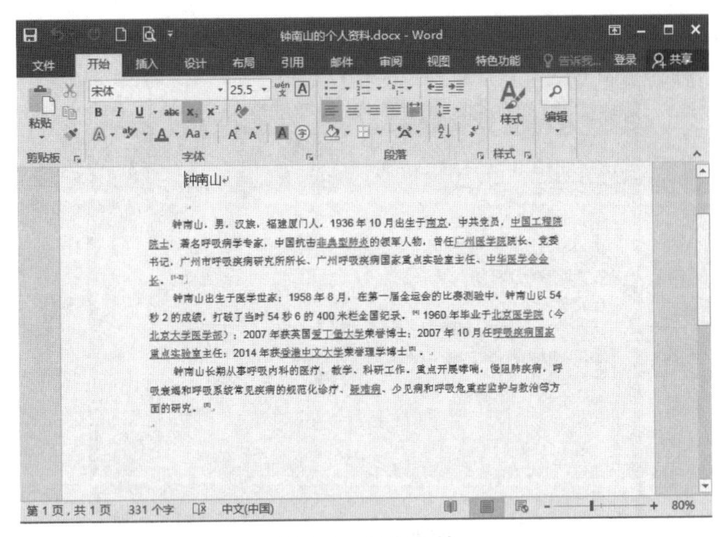


图 6-8　保存文档

## 实验三　使用 IE 浏览器收藏网址

### 实验内容

在 IE 浏览器的收藏夹中新建一个名为“常用网址”的目录，将新浪的网址（www.sina.com.cn）添加至该目录下。

### 实验步骤

1. 打开 IE 浏览器，点击右上角的按钮 ，然后点击“添加到收藏夹”按钮右侧的下三角，在弹出的下拉菜单中选择【整理收藏夹】命令，如图 6-9 所示。

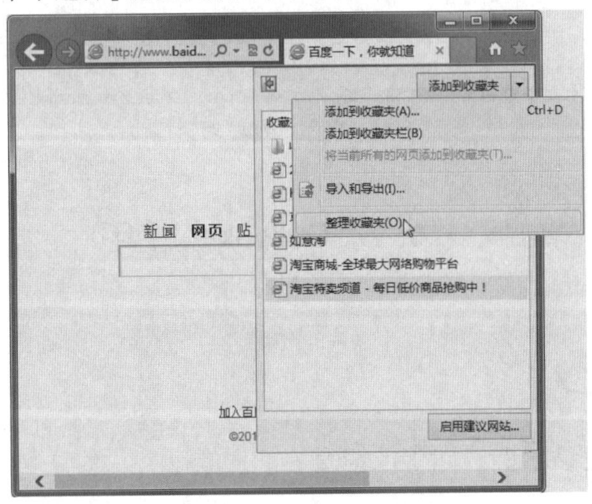


图 6-9　添加到收藏夹

2. 打开“整理收藏夹”对话框,点击下方的“新建文件夹”按钮,并将新建的文件夹命名为“常用网址”,如图 6-10 所示。

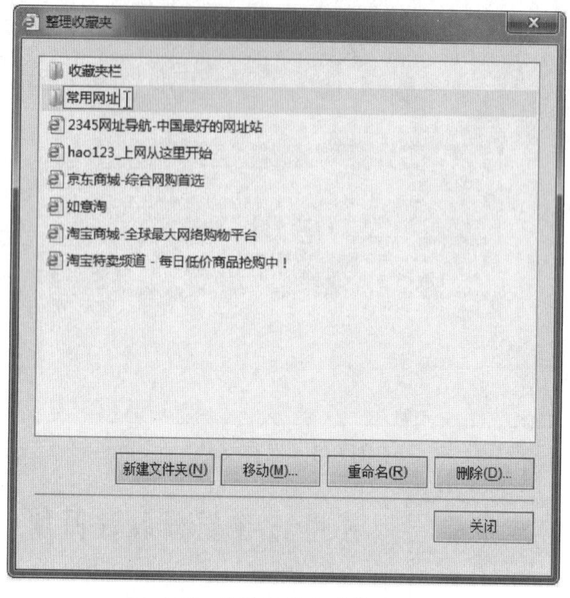


图 6-10 “整理收藏夹”对话框

3. 关闭“整理收藏夹”对话框,在 IE 地址栏中输入网址 www. sina. com. cn,按 <Enter> 键,打开新浪主页。

4. 点击 IE 浏览器右上角的按钮 ,然后点击“添加到收藏夹”按钮,打开“添加收藏”对话框;在“名称”文本框中输入网页名称,在“创建位置”下拉列表中选择“常用网址”,如图 6-11 所示;最后点击“添加”按钮即可。

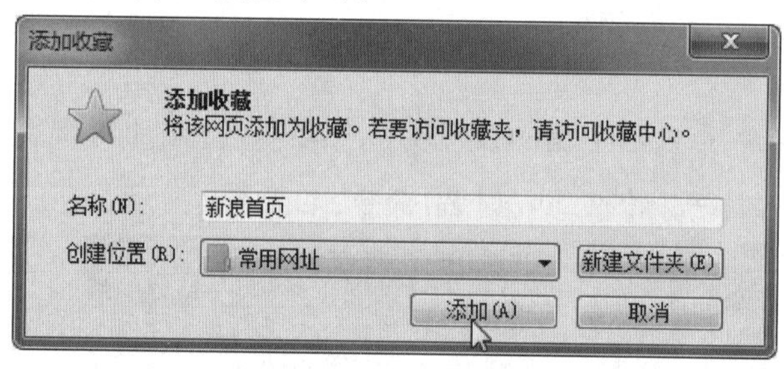


图 6-11 “添加收藏”对话框

## 6.2 Outlook 的使用

### 实验目的

掌握使用 Outlook 收发电子邮件的方法。

# 实验　使用 Outlook 收发电子邮件

## 实验内容

将 Liu Ming 的邮件地址 liuming@ 163. com 添加到 Outlook 的联系人中，然后给他发送一封邮件，主题为“周末的活动安排”，正文内容为“你好！本周末公司组织活动，一定要参加。”，同时插入附件“关于周末活动安排的通知. txt”，并使用密件抄送将此邮件发送给 sundan@ sohu. com。

## 实验步骤

1. 打开 Outlook，在导航窗格中点击“联系人”按钮；然后在【开始】选项卡中点击“新建联系人”按钮，打开联系人资料填写窗口。

2. 在“姓氏/名字”文本框中分别输入“Liu”“Ming”，在“电子邮件”文本框中输入 liuming@ 163. com，如图 6-12 所示。

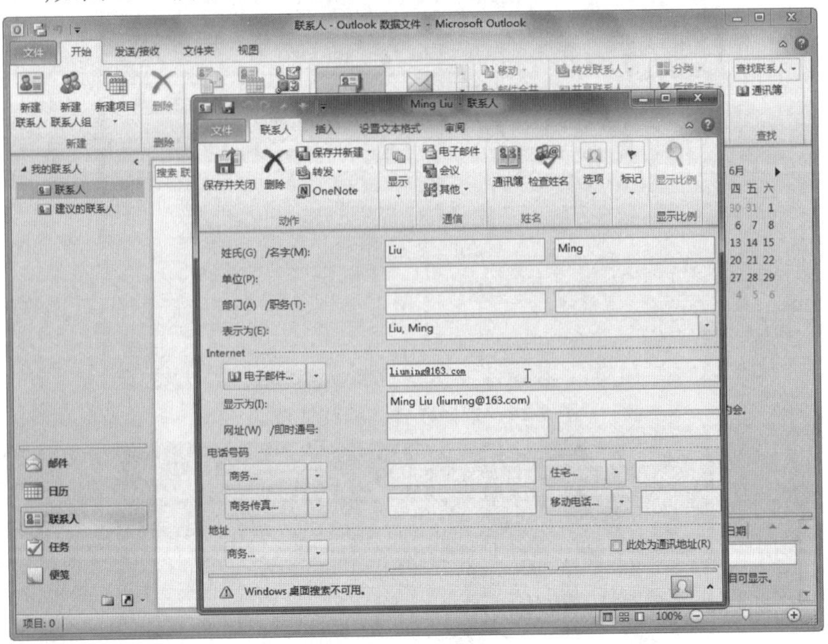


图 6-12　添加联系人

3. 在导航窗格中点击“邮件”按钮；然后在【开始】选项卡中点击“新建电子邮件”按钮，出现如图 6-13 所示的撰写新邮件窗口。

4. 点击“收件人”按钮，出现如图 6-14 所示的对话框，选择联系人“Ming Liu”，点击“收件人”按钮；选择联系人“Dan Sun”，点击“密件抄送”按钮；最后点击“确定”按钮。

5. 在撰写新邮件窗口中点击“附加文件”按钮，打开“插入文件”对话框，选择文件“关于周末活动安排的通知. txt”，然后点击“插入”按钮，如图 6-15 所示。

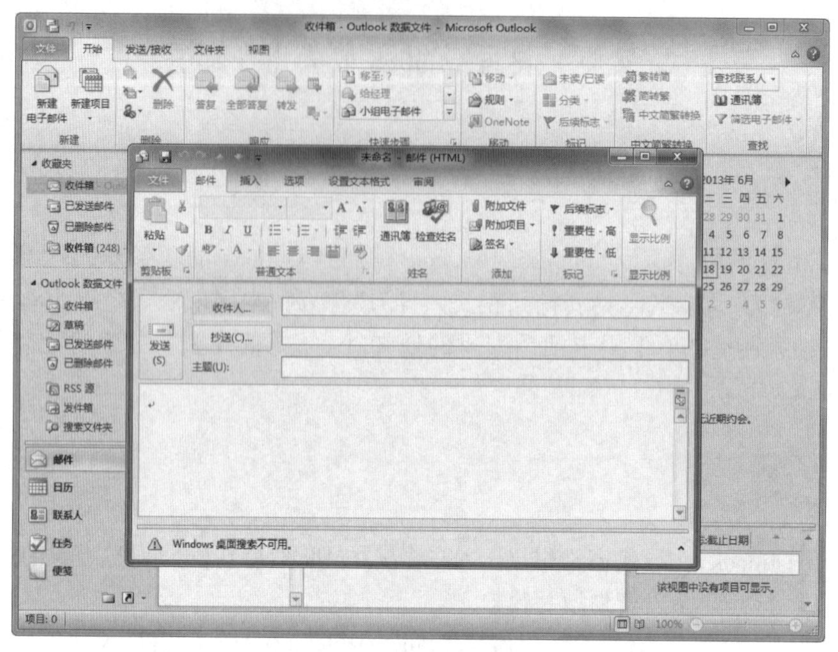


图 6-13　撰写新邮件窗口

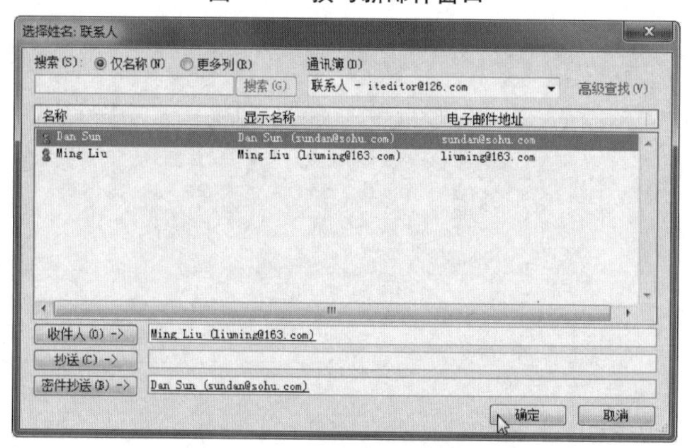


图 6-14　选择收件人和密件抄送

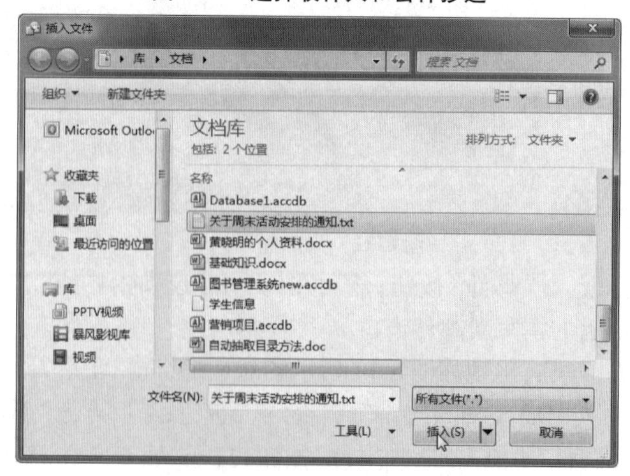


图 6-15　“插入文件”对话框

6. 在撰写新邮件窗口中输入主题“周末的活动安排”，输入邮件内容“你好！本周末公司组织活动，一定要参加。”，如图 6-16 所示。

7. 点击“发送”按钮，将邮件发送出去。

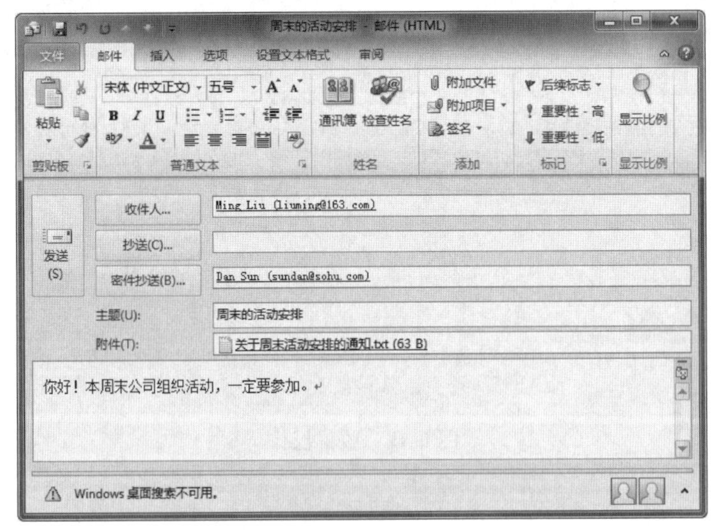


**图 6-16　添加主题和内容**

### ☞ 提示

（1）Internet 上电子邮件系统采用客户机/服务器模式，信件的传输通过相应的软件来实现，这些软件要遵循有关的邮件传输协议。传送电子邮件时使用的协议有 SMTP（Simple Mail Transport Protocol）和 POP（Post Office Protocol），其中 SMTP 用于电子邮件发送服务，POP 用于电子邮件接收服务。

（2）用户在 Internet 上收发电子邮件，必须拥有一个电子邮箱（Mailbox），每个电子邮箱有一个唯一的地址，通常称为电子邮件地址（E-mail Address）。E-mail 地址由两部分组成，以符号“@”间隔，“@”前面的部分是用户名，“@”后面的部分为邮件服务器的域名，如 E-mail 地址“qzh_0605@163.com”中，“qzh_0605”是用户名，“163.com”为网易的邮件服务器的域名。

（3）用户不仅要有电子邮件地址，还要有一个负责收发电子邮件的应用程序。电子邮件的应用程序很多，常见的有 Foxmail、Outlook Express 等。

（4）收信操作。

登录邮箱后，点击页面左侧的“收信”按钮，就可以进入收件箱，查看收到的邮件。直接点击邮件发件人或者邮件主题即可。进入读信界面后，出现该信的正文、主题、发件人、收件人地址以及发送时间。如有附件也会在正文上方出现，可以在浏览器中打开附件，也可以下载到本地文件夹中，如图 6-17 所示。

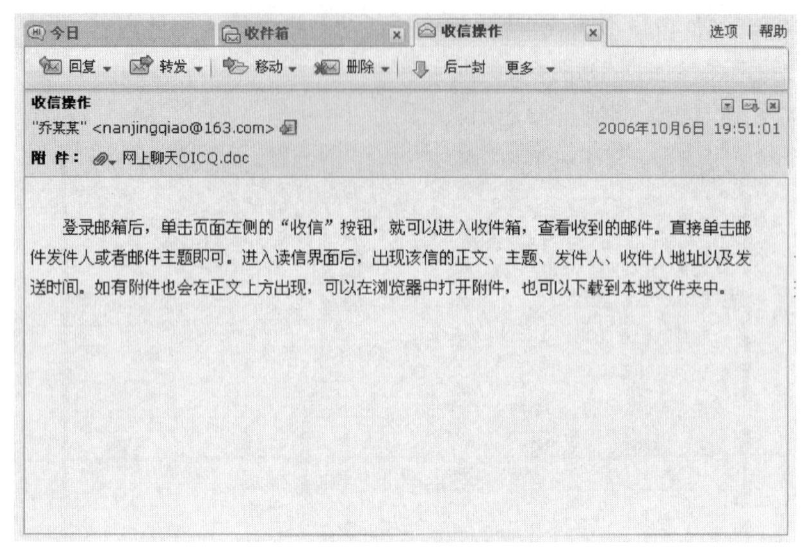


图 6-17　收信操作

☞ **提示**

IE 浏览器与 Outlook 在使用过程中受到操作系统和网络环境的影响很大，较容易发生使用异常的情况。

全国计算机等级考试(NCRE)为了避免考试过程中软件发生故障，设计了专供考试使用的 IE 浏览器与 Outlook 工具程序，程序存放在工具箱中，如图 6-18 所示。考试时必须使用工具箱中的 IE 浏览器与 Outlook 进行操作。

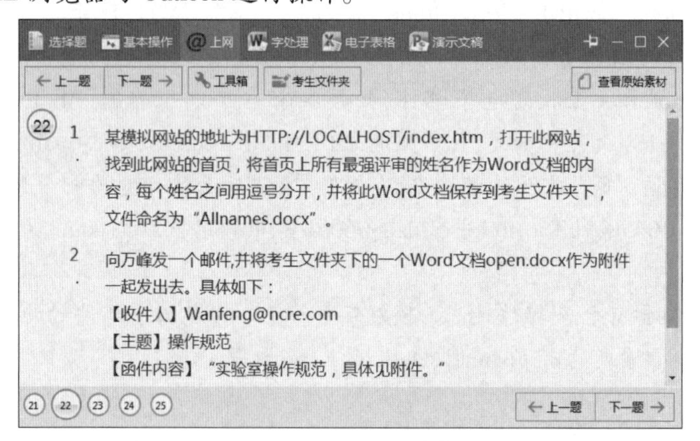


图 6-18　NCRE 考试界面

# 附录一

# 综合应用

## 一、Word 文档的综合应用

### 实验目的

1. 掌握 Word 文档与其他格式文档相互转换的方法。
2. 掌握嵌入或链接其他应用程序对象的方法。

### 实验一　将 Word 文档转换成网页文件

#### 实验内容

将“\实验素材\附录\第一节”文件夹中的 Word 文档 laba. docx 另存为 Web 页 laba. htm,保存在“\实验素材\附录\第一节”中。

#### 实验步骤

1. 打开“\实验素材\附录\第一节”文件夹,双击 laba. docx 文件图标,打开文件,如图附 1-1 所示。

2. 点击【文件】→【另存为】命令,弹出“另存为”对话框,设置保存位置、文件名和保存类型,点击“保存类型”列表框右侧的下拉按钮,选择“网页”,点击“保存”按钮,如图附 1-2 所示。

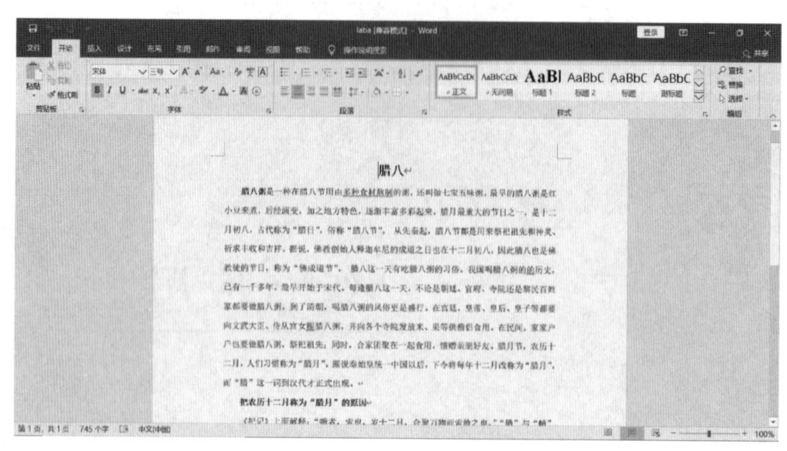

图附 1-1　laba. docx 文件

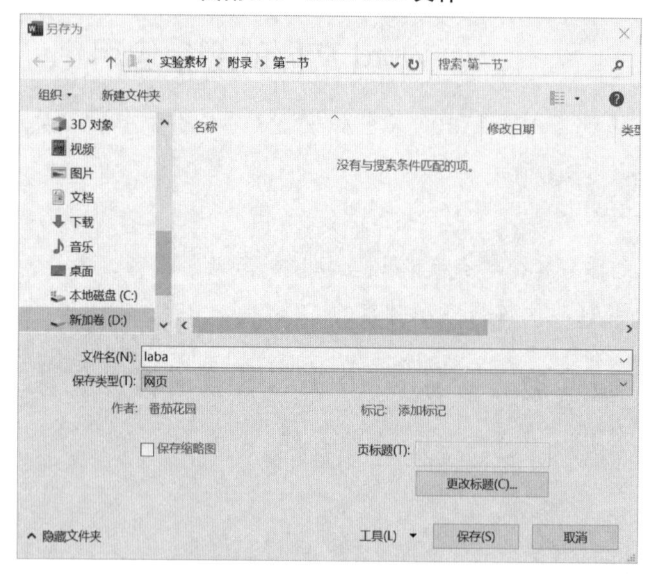


图附 1-2　“另存为”对话框

3. 文件由“普通视图”自动改为“Web 版式视图”,关闭文件即可,如图附 1-3 所示。

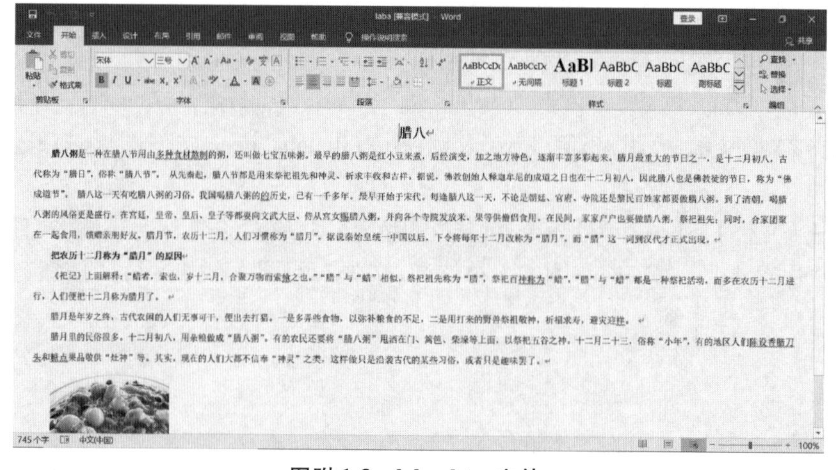

图附 1-3　laba. htm 文件

4. 在“\实验素材\附录\第一节”文件夹中出现转换的文件 laba. htm。双击 laba. htm，文件会在默认的网页浏览器中打开。

☞ **提示**

还可以将 Word 文档(. docx 文件)转换为 RTF 格式(. rtf 文件)、纯文本(. txt 文件)、文档模版(. dot 文件)、单个文件网页(. mht 文件)等。其操作步骤基本相同。

## 实验二　嵌入或链接其他应用程序对象

### 实验内容

打开“\实验素材\附录\第一节”文件夹中 EX. xlsx 文件，将其中的图表复制到文件 DONE. rtf 的末尾。

### 实验步骤

1. 先打开文件 DONE. rtf，再打开文件 EX. xlsx，右击其中的图表，选择【复制】命令，或者点击【开始】选项卡中的“复制”按钮，如图附 1-4 所示。

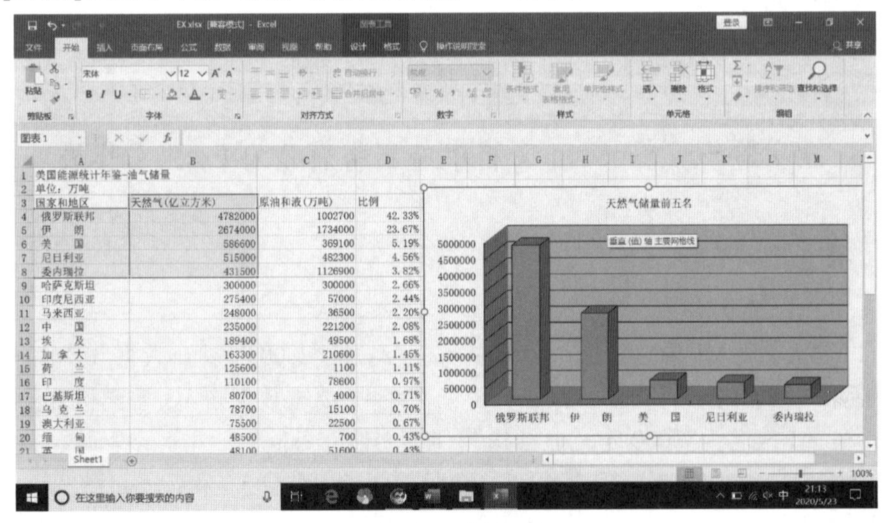


图附 1-4　选择图表

2. 将窗口切换到 DONE. rtf，将光标定位在文章末尾。点击【开始】选项卡中的“粘贴”按钮，如图附 1-5 所示。

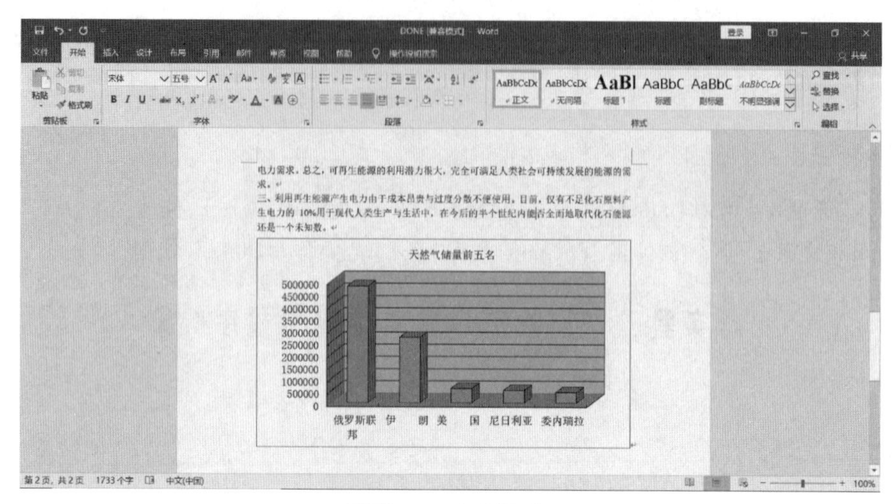


图附 1-5　复制图表

3. 将图表转换成图片插入文章中,保存文件即可。

## 二、Excel 工作表的综合应用

### 实验目的

掌握将其他格式文件转换成 Excel 工作表的方法。

### 实验一　将 Word 文档中的表格转换为 Excel 工作表

#### 实验内容

打开"\实验素材\附录\第二节\实验一"文件夹,将"2000 年就业数据. rtf"中的表格数据(不包括第一列)转换到 ex. xlsx 的 Sheet1 工作表中,要求数据自 B3 单元格开始存放,并将工作表 Sheet1 改名为"2000 年就业结构",保存文件 ex. xlsx。

#### 实验步骤

1. 打开文件"2000 年就业数据. rtf",选择表格数据(不包括第一列),右击选中的部分,选择【复制】命令,或者点击【开始】选项卡中的"复制"按钮,如图附 1-6 所示。

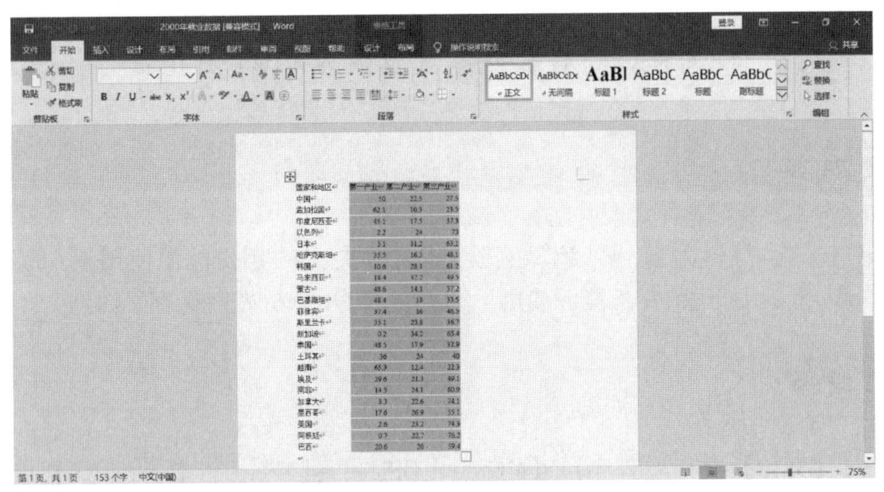

图附 1-6　复制表格数据

2. 打开文件 ex. xlsx，切换到 Sheet1 工作表，点击 B3 单元格，点击【开始】选项卡中的“粘贴”按钮，完成复制，如图附 1-7 所示。

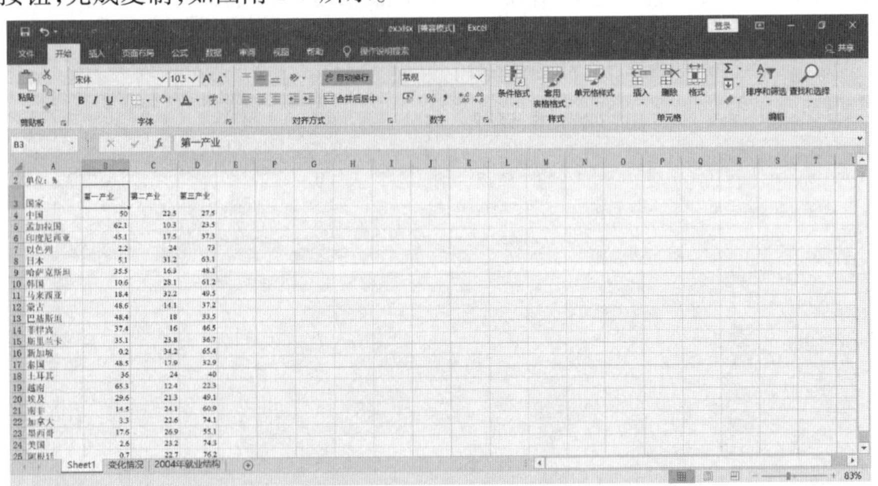

图附 1-7　粘贴表格数据

3. 双击“Sheet1”，文件名反白显示，更改表名为“2000 年就业结构”，点击左上角快速访问工具栏上的“保存”按钮，保存文件 ex. xlsx。

☞ **提示**

另外，将 Word 文档（. docx）、网页文件（. htm）中的表格转换为 Excel 工作表，方法相同，其实就是一个复制的过程，可以简单地理解为：不管表格数据在什么格式的文件中，只要数据本身就是一张表格，用复制的方法即可实现转换。

# 实验二　将数据库表转换为 Excel 工作表

## 实验内容

打开“\实验素材\附录\第二节\实验二”文件夹，将“年份能源使用量.dbf”转换为Excel工作表，复制工作表“年份能源使用量”，并更名为“分析表”，保存文件。

## 实验步骤

1. 点击【开始】→【所有程序】→【Microsoft Office】→【Microsoft Excel 2016】，启动 Excel 2016。点击【文件】→【打开】命令，弹出“打开”对话框。

2. 在“打开”对话框中，将查找范围设置为“\实验素材\附录\第二节\实验二”，文件类型设置为“所有文件”，列表框中出现文件“年份能源使用量.dbf”，选择该文件，点击“打开”按钮，如图附 1-8 所示。

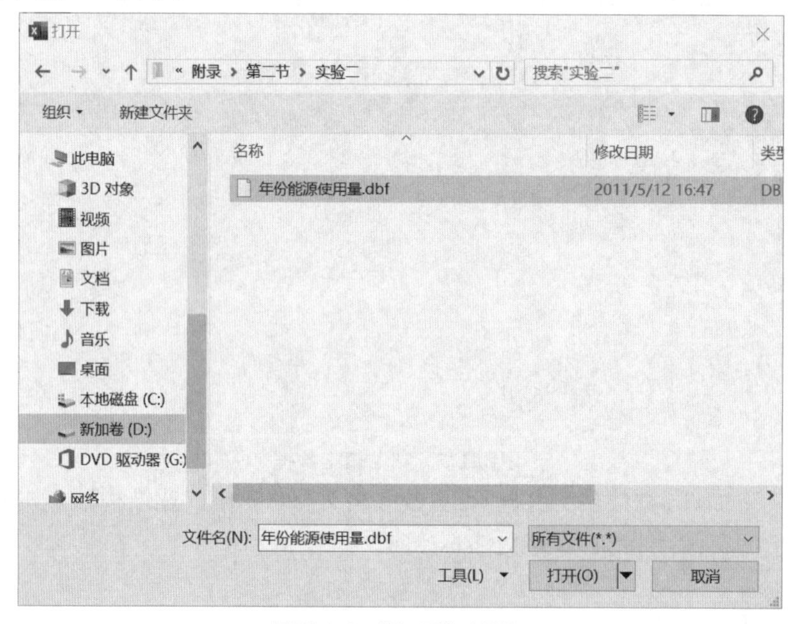


图附 1-8　“打开”对话框

☞ **提示**

在 Excel 窗口只是显示“年份能源使用量.dbf”中的数据，文件格式并没有改变，窗口标题栏上显示的依然是“年份能源使用量.dbf”，因此需要将其另存为 Excel 工作表，如图附 1-9 所示。

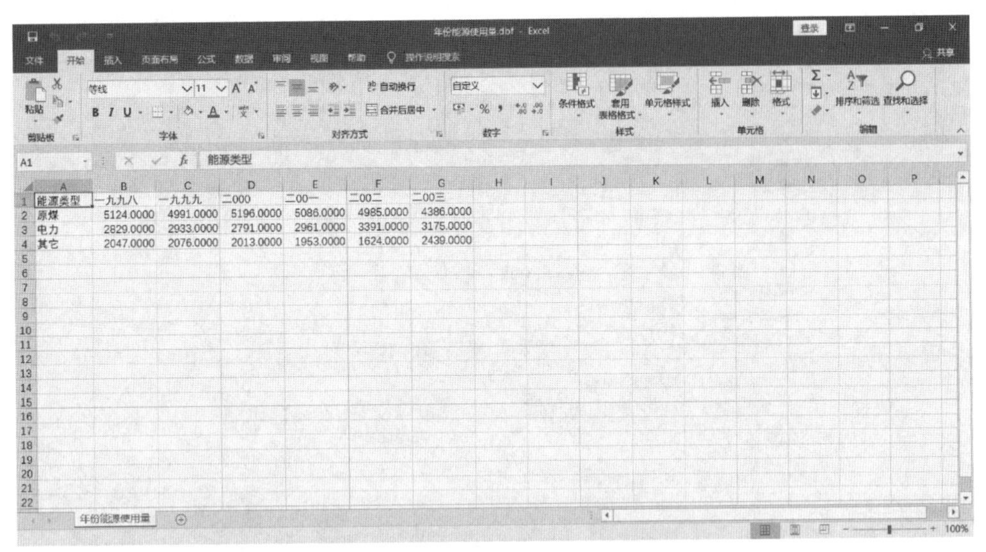


图附 1-9　在 Excel 窗口中显示“年份能源使用量. dbf”

3. 在工作表表名上右击，在弹出的快捷菜单中选择【移动或复制】命令，弹出“移动或复制工作表”对话框，如图附 1-10 所示。

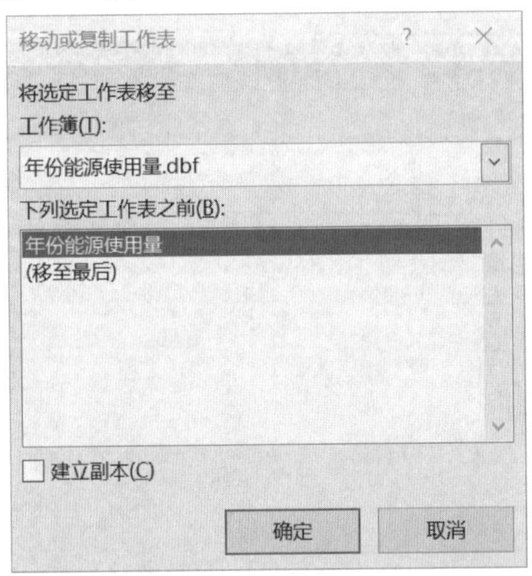


图附 1-10　“移动或复制工作表”对话框

4. 在“移动或复制工作表”对话框中选中“建立副本”复选框，点击“确定” 按钮，出现工作表“年份能源使用量(2)”，将其表名改为“分析表”。

☞ **提示**

复制工作表还可以使用鼠标拖动的方式进行，按住 <Ctrl> 键的同时，拖动“年份能源使用量” 表到另一位置，再将复件改名即可。

5. 点击【文件】→【另存为】命令，弹出“另存为”对话框，设置保存类型为“Excel 工作簿( * . xlsx)”，按要求设置保存位置、文件名，点击“保存”按钮，如图附 1-11 所示。

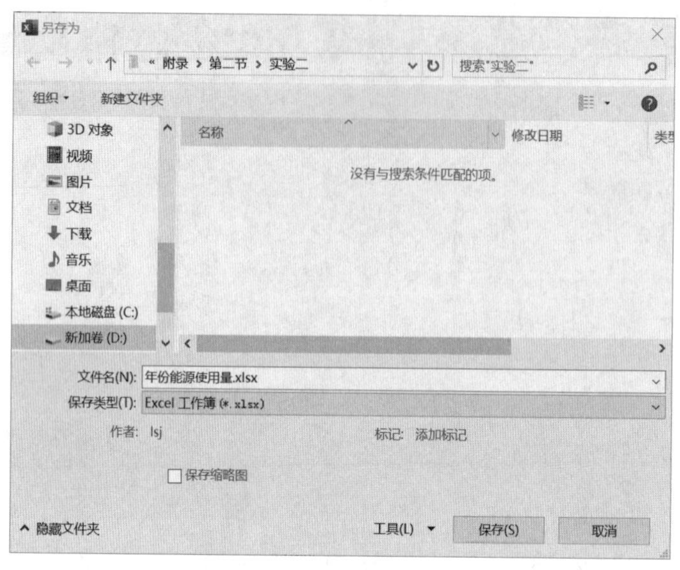


图附 1-11　“另存为”对话框

6. 可以看到窗口标题栏上显示“年份能源使用量. xlsx”,转换完成,关闭文件,如图附 1-12 所示。

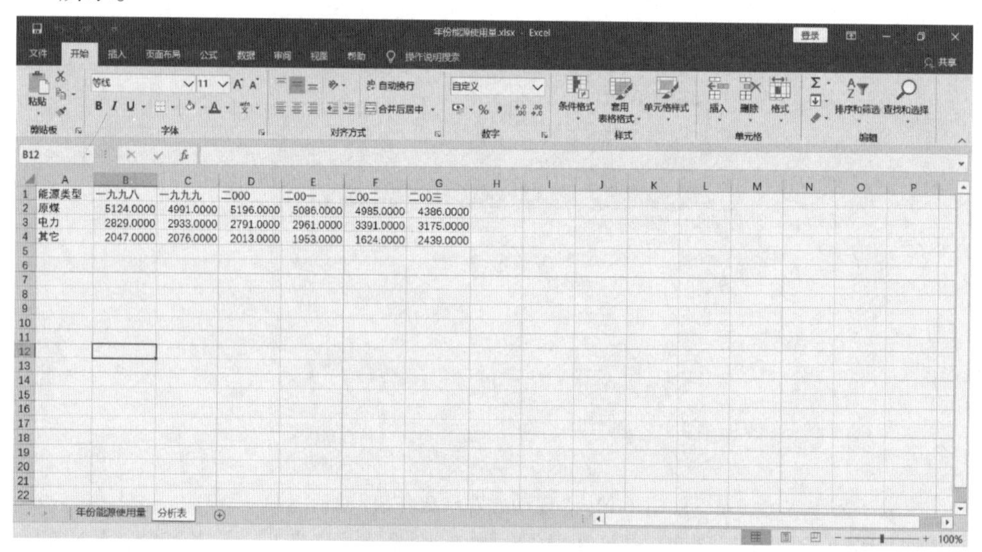


图附 1-12　标题栏显示

## 实验三　将文本文件转换为 Excel 工作表

### 实验内容

打开“\实验素材\附录\第二节\实验三”文件夹,将文本文件 Data. txt 中的数据转换到 EX 工作簿的 Sheet2 工作表中,要求数据自 A1 单元格开始存放,将工作表 Sheet2 更名为“2005 年 5 月份接待旅客人次”。

## 实验步骤

1. 打开“\实验素材\附录\第二节\实验三”文件夹，双击文件 EX. xlsx，打开工作簿 EX。

2. 点击【文件】→【打开】命令，弹出“打开”对话框，设置文件类型为“所有文件”，设置查找范围为“\实验素材\附录\第二节\实验三”，列表框中出现 Data. txt 文件，选择该文件，点击“打开”按钮，如图附 1-13 所示。

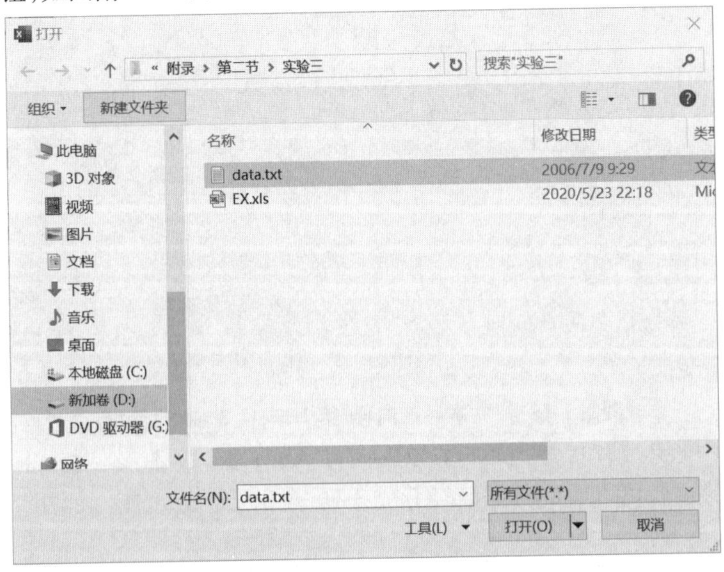


图附 1-13　“打开”对话框

3. 弹出“文本导入向导-第 1 步，共 3 步” 对话框，点击“下一步”按钮，如图附 1-14 所示。

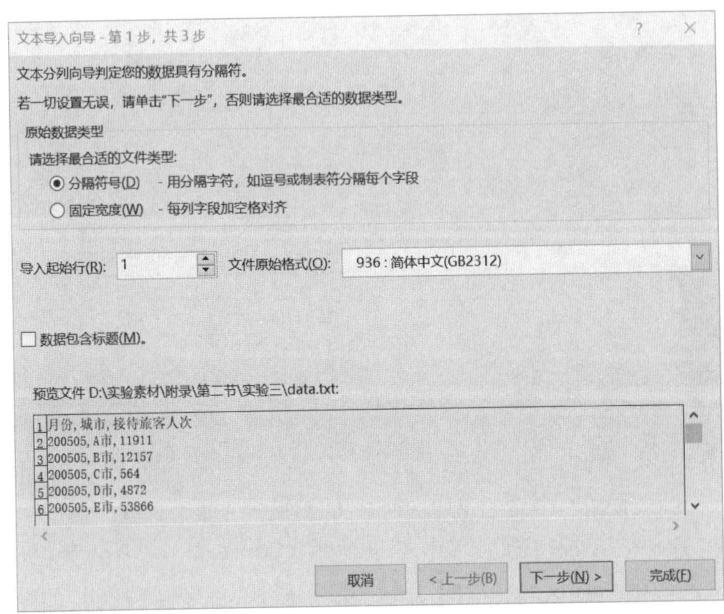


图附 1-14　“文本导入向导-第 1 步，共 3 步”对话框

4. 弹出“文本导入向导-第 2 步,共 3 步”对话框,从图附 1-14 所示的“数据预览”列表框中的数据,可以看到数据之间是用“,”分隔的,因此在“分隔符号”一栏中选中“逗号”复选框,如图附 1-15 所示。

文本导入向导 - 第 2 步，共 3 步

请设置分列数据所包含的分隔符号。在预览窗口内可看到分列的效果。

分隔符号

☑ Tab 键(T)

☐ 分号(M)

☐ 连续分隔符号视为单个处理(R)

☑ 逗号(C)

文本识别符号(Q): "

☐ 空格(S)

☐ 其他(O):

数据预览(P)

月份 城市 接待旅客人次
200505 A市 11911
200505 B市 12157
200505 C市 564
200505 D市 4872
200505 E市 53866

取消 < 上一步(B) 下一步(N) > 完成(F)

图附 1-15 “文本导入向导-第 2 步,共 3 步”对话框

5. 点击“下一步”按钮,弹出“文本导入向导-第 3 步,共 3 步”对话框,查看“数据预览”列表框中的数据,可以看到数据已经分成 3 列,点击“完成”按钮,如图附 1-16 所示。

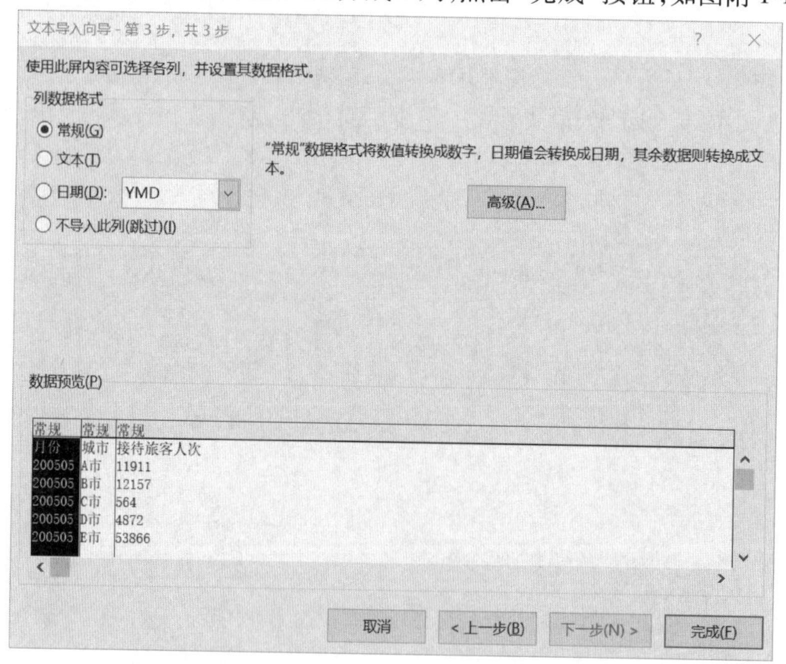


图附 1-16 “文本导入向导-第 3 步,共 3 步”对话框

6. 此时弹出另一个 Excel 窗口,其中显示文本文件 Data. txt 中的数据(注意标题栏显示的文件名),选择数据所在区域,点击【开始】选项卡中的“复制”按钮,如图附 1-17 所示。

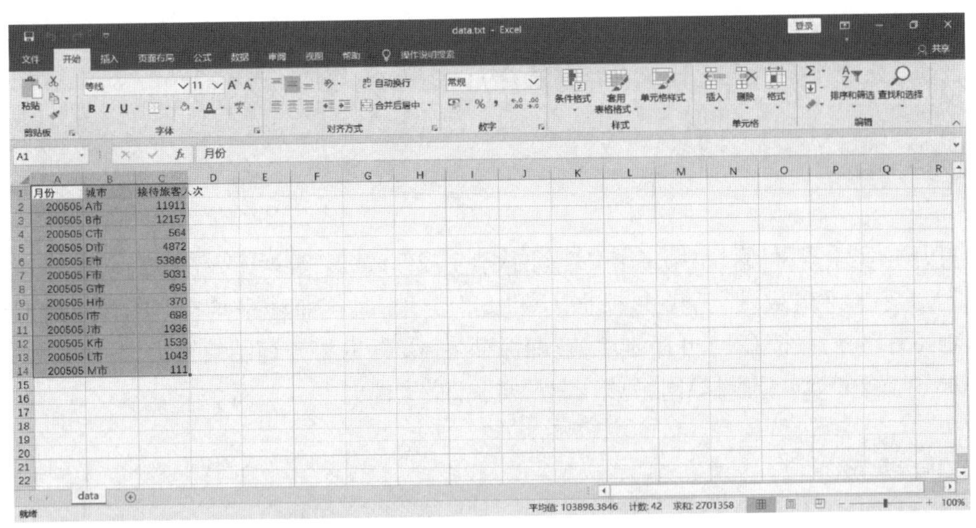

| 月份 | 城市 | 接待旅客人次 |
|---|---|---|
| 200505 | A市 | 11911 |
| 200505 | B市 | 12157 |
| 200505 | C市 | 564 |
| 200505 | D市 | 4872 |
| 200505 | E市 | 53866 |
| 200505 | F市 | 5031 |
| 200505 | G市 | 695 |
| 200505 | H市 | 370 |
| 200505 | I市 | 698 |
| 200505 | J市 | 1936 |
| 200505 | K市 | 1539 |
| 200505 | L市 | 1043 |
| 200505 | M市 | 111 |

图附 1-17　在 Excel 窗口中显示文件“Data. txt”

7. 将窗口切换至工作簿 EX. xls 窗口，点击 Sheet2 工作表标签，点击 A1 单元格，点击【开始】选项卡中的“粘贴”按钮，如图附 1-18 所示。

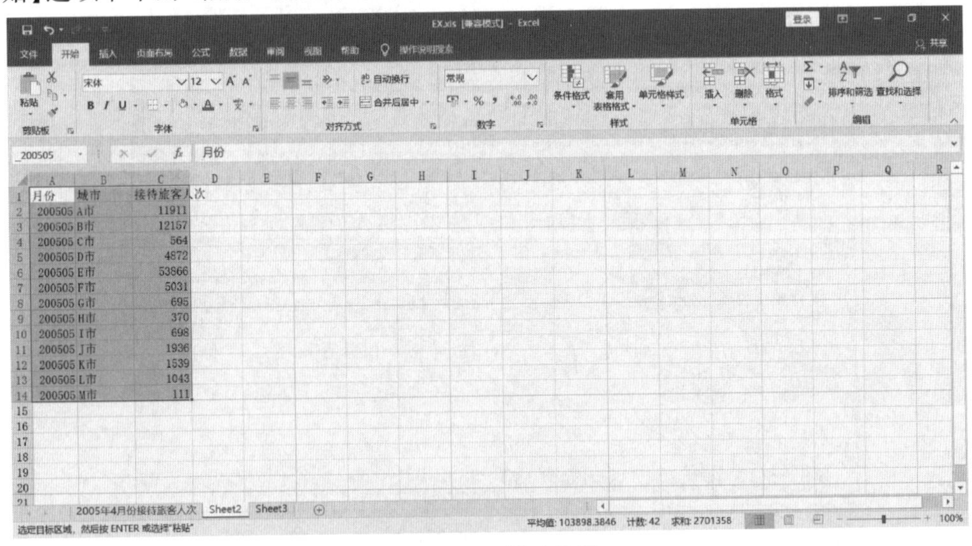

| 月份 | 城市 | 接待旅客人次 |
|---|---|---|
| 200505 | A市 | 11911 |
| 200505 | B市 | 12157 |
| 200505 | C市 | 564 |
| 200505 | D市 | 4872 |
| 200505 | E市 | 53866 |
| 200505 | F市 | 5031 |
| 200505 | G市 | 695 |
| 200505 | H市 | 370 |
| 200505 | I市 | 698 |
| 200505 | J市 | 1936 |
| 200505 | K市 | 1539 |
| 200505 | L市 | 1043 |
| 200505 | M市 | 111 |

图附 1-18　粘贴数据

8. 将 Sheet2 工作表表名改为“2005 年 5 月份接待旅客人次”，完成数据转换，保存工作簿 EX. xlsx。

☞ **提示**

将“. txt”格式文件中的数据转换为 Excel 工作表，还可以利用 Word 程序做一个过渡：先将“. txt”格式文件打开，复制其中的数据到 Word 中，利用【插入】→【表格】→【文本转换成表格】功能将数据转换成表格，然后将表格复制到 Excel 中。有兴趣的同学可以动手试一试。

# 实验四　将查询文件转换为Excel工作表

## 实验内容

打开“\实验素材\附录\第二节\实验四\学生成绩.mdb”数据库,数据库包括“学生”表S、“课程”表C和“成绩”表SC,根据C和SC表,查询各课程平均分,要求输出CNO、CNAME、平均分,并按CNO升序排序,查询保存为“Q2”,并将查询结果导出为Excel工作簿Q2.xlsx,存放在“\实验素材\附录\第二节\实验四”文件夹中。

## 实验步骤

1. 双击“\实验素材\附录\第二节\实验四\学生成绩.mdb”数据库,打开数据库窗口,点击【创建】选项卡中的“查询设计”按钮,创建查询,如图附1-19所示。

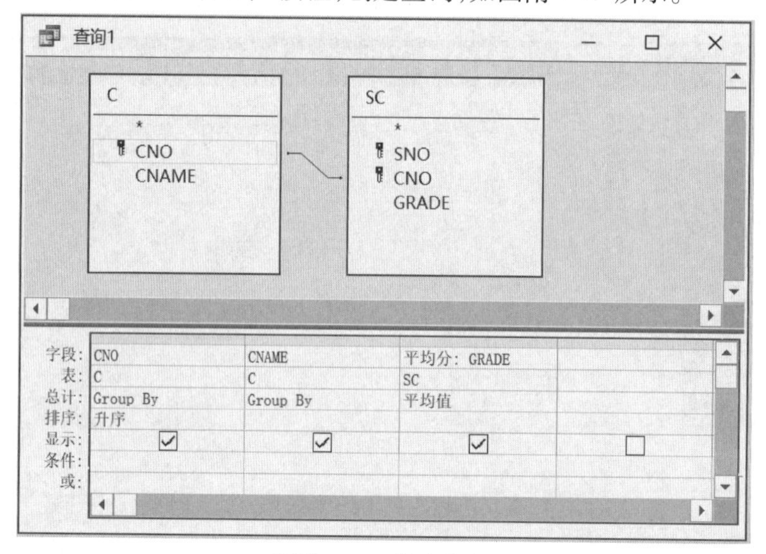


图附1-19　创建查询

2. 点击快速访问工具栏上的“保存”按钮,将查询保存为Q2。双击Q2,运行查询,结果如图附1-20所示。

Q2

| CNO | CNAME | 平均分 |
|---|---|---|
| BA001 | 计算机基础 | 65 |
| BA002 | 大学英语 | 66 |
| CC112 | 软件工程 | 87 |
| CS202 | 数据库 | 60 |
| ME234 | 数学分析 | 88.75 |
| MS211 | 人工智能 | 80.25 |

图附1-20　运行查询

3. 点击【外部数据】选项卡，在【导出】组中点击 Excel ，弹出“导出-Excel 电子表格”对话框，按如图附 1-21 所示进行设置，点击“确定”按钮。

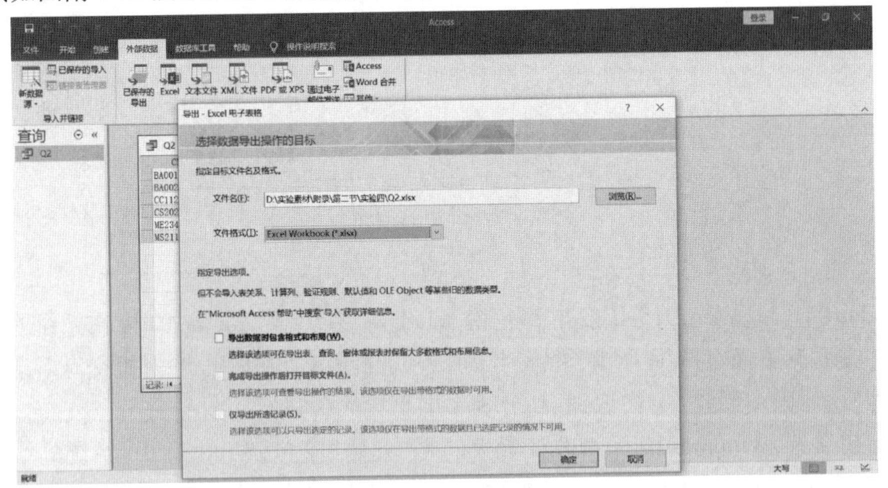


图附 1-21　导出查询

4. 显示导出成功信息框，点击“关闭”按钮。返回“\实验素材\附录\第二节\实验四”文件夹，可以看到出现工作簿文件 Q2. xlsx。打开工作簿 Q2. xlsx，数据转换完成，如图附 1-22 所示。

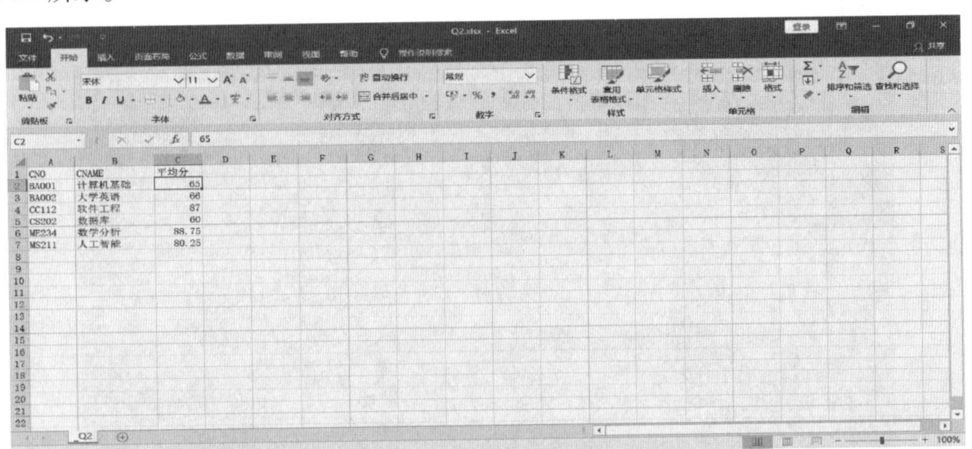


图附 1-22　“Q2. xlsx”文件

附录二

# Windows 10 概述

Windows 10 是微软 2015 年发布的一款 Windows 系统,Windows 10 操作系统在易用性和安全性方面有了极大的提升,除了针对云服务、智能移动设备、自然人机交互等新技术进行融合外,还对固态硬盘、生物识别、高分辨率屏幕等硬件进行了优化完善与支持。

对于初学者,Windows 10 系统改变最大的是“开始”菜单,Windows 10 系统的“开始”菜单结合了 Windows 7 和 Windows 8.1 的元素,设计出包含 Windows 7 传统列表和 Windows 8.1 的开始屏幕样式的“开始”菜单 v2.0 版本。Windows 10“开始”菜单左侧为常用项目和最近添加的项目显示区域,另外还用于显示所有应用列表;右侧是用来固定应用磁贴或图标的区域,方便用户快速打开应用,如图附 2-1 所示。Windows 10 的“开始”菜单支持触控和非触控两种操作。

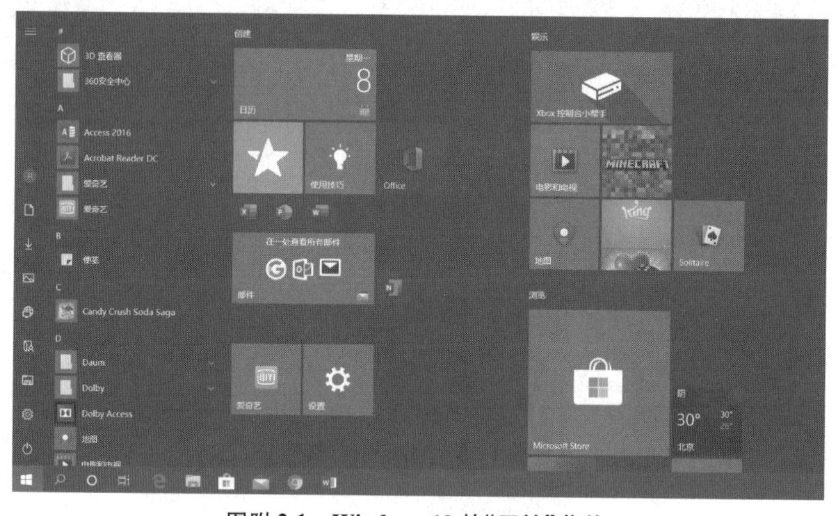


图附 2-1　Windows 10 的“开始”菜单

### 操作 1　将应用固定到“开始”屏幕,并调整动态磁贴大小

步骤 1:在左侧右击应用项目(本案例为 Access 2016),选择“固定到‘开始’屏幕”,之后应用图标或磁贴就会出现在右侧区域中,如图附 2-2、图附 2-3 所示。

图附 2-2 将应用固定到"开始"屏幕

图附 2-3 应用固定到开始"屏幕"后的效果

步骤 2:右击动态磁贴,选择"调整大小"下的合适的大小即可,如图附 2-4、图附 2-5 所示。

图附 2-4 调整动态磁贴大小

图附 2-5 调整动态磁贴为"小"后的效果图

### 操作 2 在"开始"菜单左下角显示更多内容

步骤 1:在"开始"菜单左下角选择"设置"按钮,如图附 2-6 所示。

图附 2-6 "设置"按钮

步骤2:在“Windows 设置”窗口中选择“个性化”选项,如图附2-7所示。

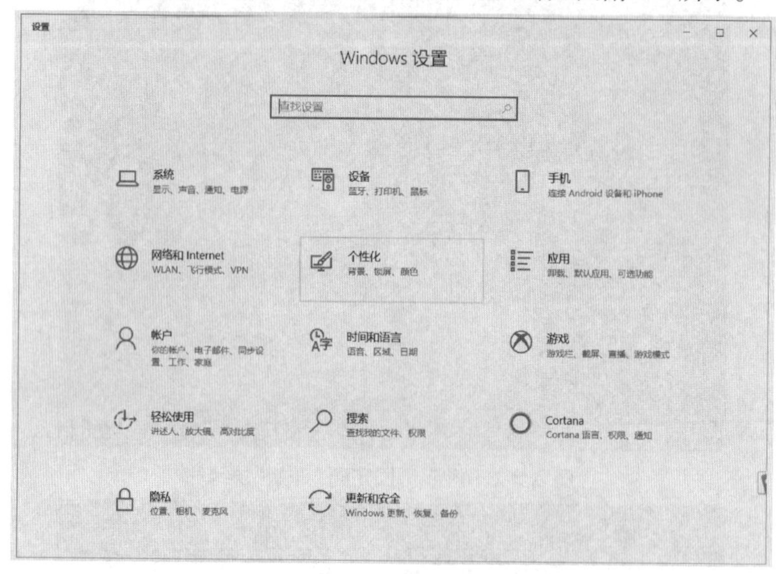


图附2-7 “个性化”选项

步骤3:选择左侧的“开始”按钮,如图附2-8所示。

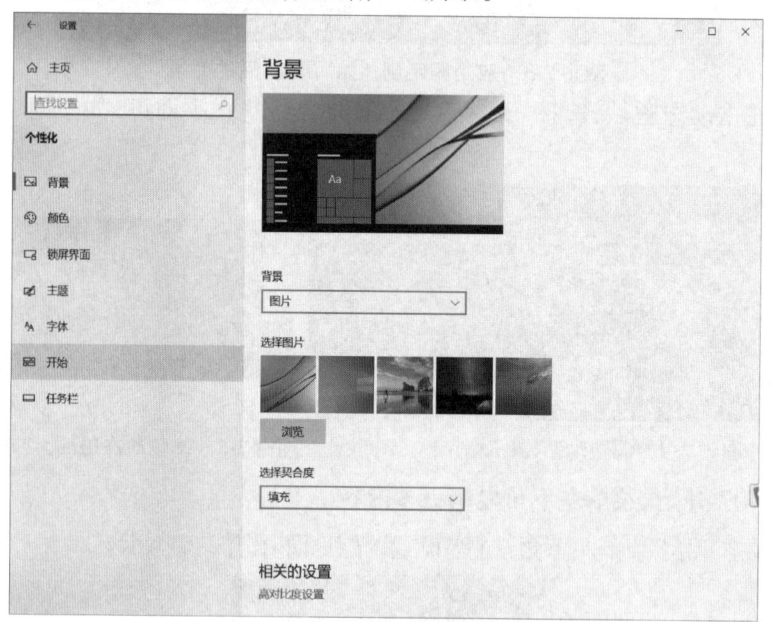


图附2-8 “开始”按钮

步骤4:点击“选择哪些文件夹显示在‘开始’菜单上”,如图附2-9所示。

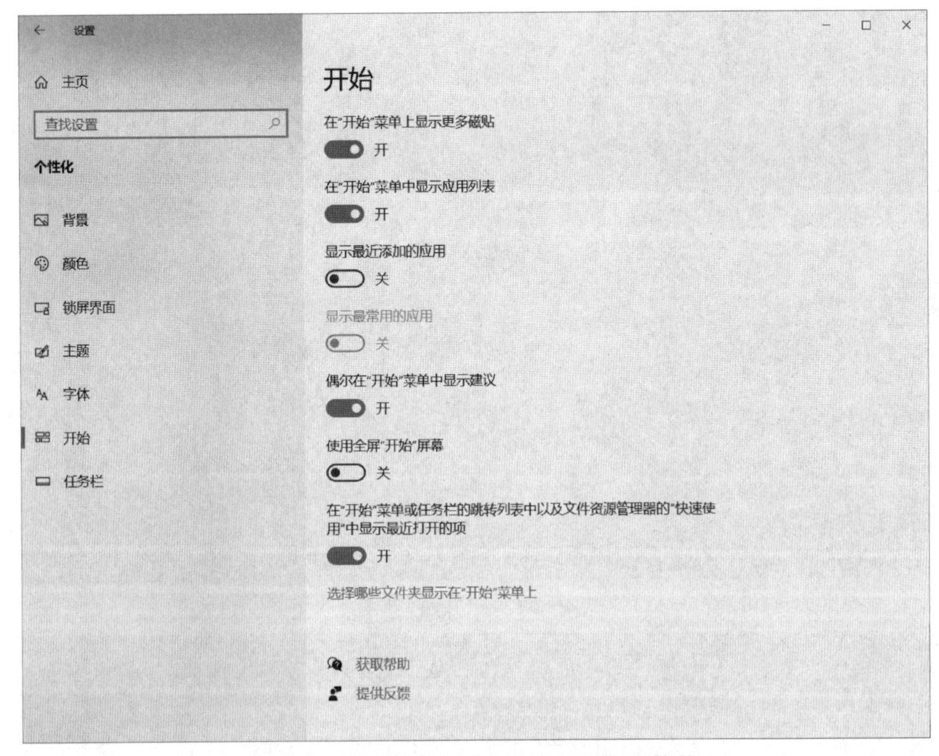


图附 2-9 选择哪些文件夹显示在“开始”菜单上

步骤 5:将要显示的文件夹打开,如图附 2-10 所示。设置好后的效果如图附 2-11 所示。

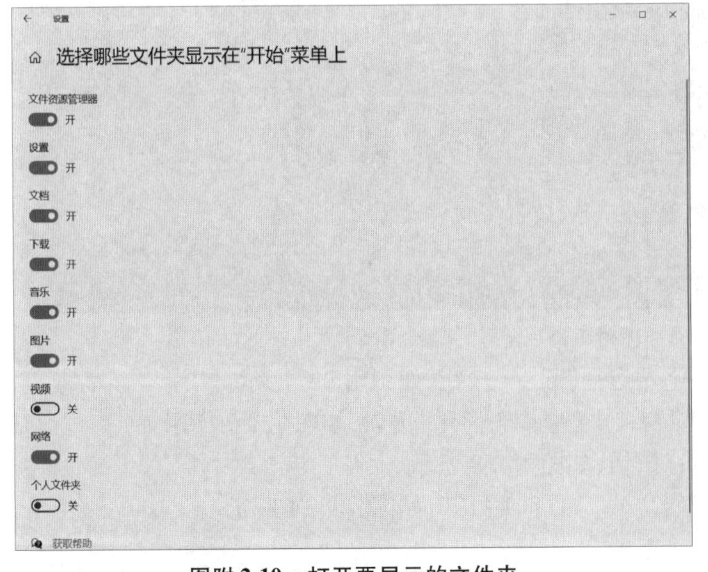


图附 2-10 打开要显示的文件夹

图附 2-11 设置后的效果

### 操作 3 切换全屏“开始”菜单

“开始”菜单如图附 2-12 所示,切换后的全屏“开始”菜单如图附 2-13 所示。

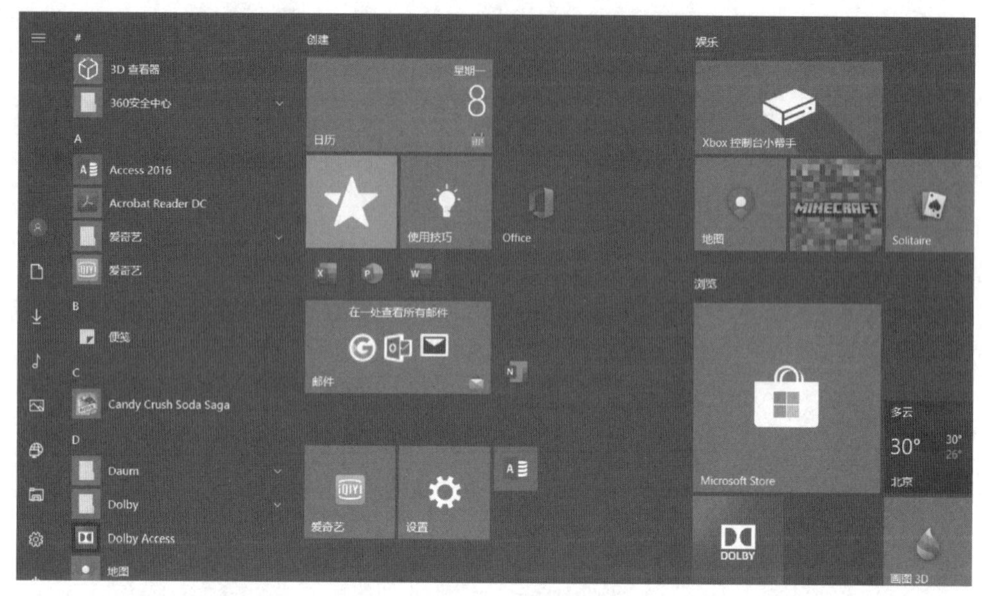


图附 2-12 “开始”菜单

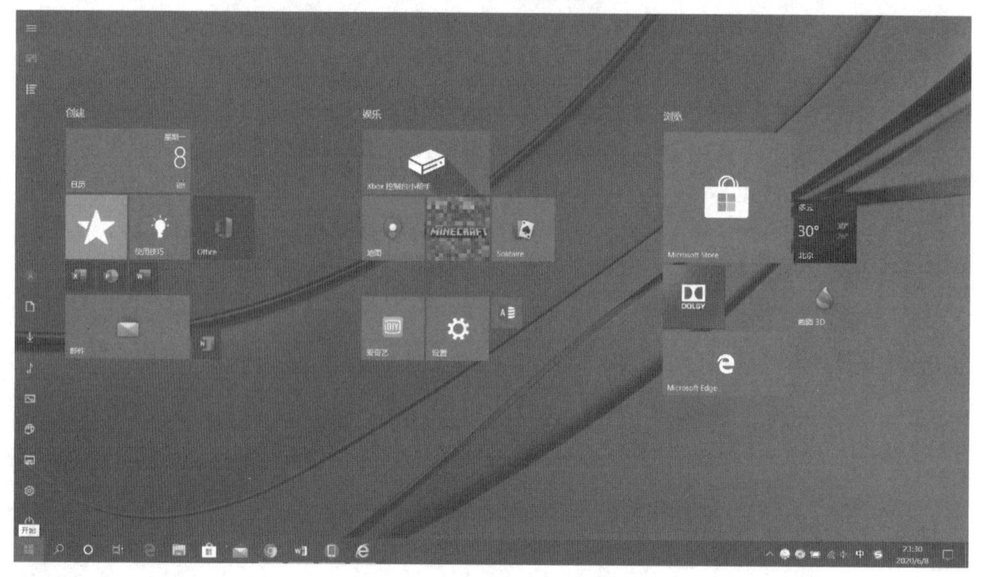

图附 2-13 全屏“开始”菜单

步骤 1:在“开始”菜单左下角选择“设置”按钮,如图附 2-6 所示。

步骤 2:在“Windows 设置”窗口中选择“个性化”选项,如图附 2-7 所示。

步骤 3:选择左侧的“开始”按钮,如图附 2-8 所示。

步骤 4:将“使用全屏‘开始’屏幕”的开关打开,如图附 2-14 所示。

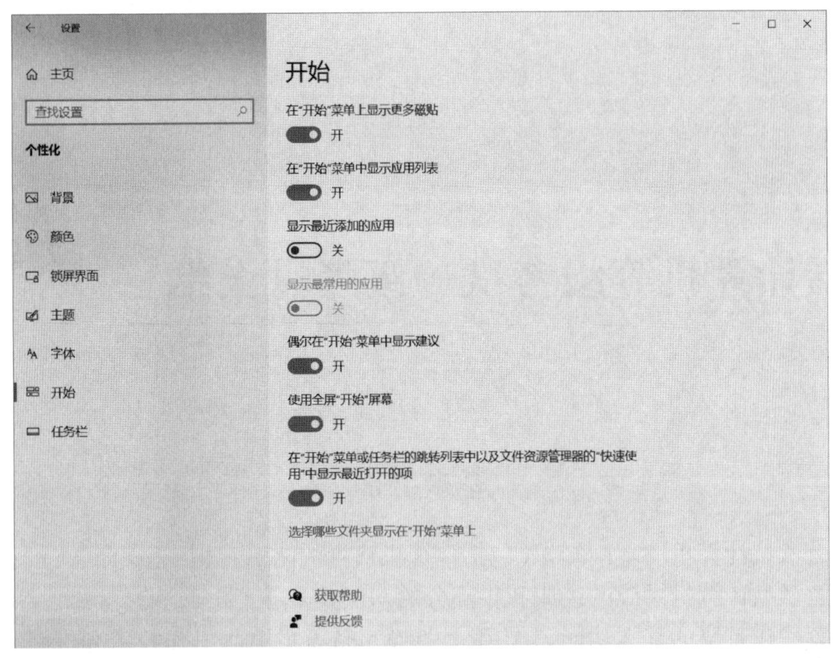


图附 2-14　设置全屏"开始"屏幕

附录三

# 全国计算机等级考试一级考试大纲

## 基本要求

1. 具有微型计算机的基础知识(包括计算机病毒的防治常识)。
2. 了解微型计算机系统的组成和各部分的功能。
3. 了解操作系统的基本功能和作用,掌握 Windows 的基本操作技术和应用。
4. 了解文字处理的基本知识,熟练掌握文字处理软件 Word 的基本操作技术和使用方法,熟练掌握一种汉字(键盘)输入方法。
5. 了解电子表格软件的基本知识,掌握电子表格软件 Excel 的基本操作技术和使用方法。
6. 了解多媒体演示软件的基本知识,掌握演示文稿制作软件 PowerPoint 的基本操作技术和使用方法。
7. 了解计算机网络的基本概念和因特网(Internet)的初步知识,掌握 IE 浏览器软件和 Outlook Express 软件的基本操作技术和使用方法。

## 考试内容

### 一、计算机基础知识

1. 计算机的发展、类型及其应用领域。
2. 计算机中数据的表示、存储与处理。
3. 多媒体技术的概念与应用。
4. 计算机病毒的概念、特征、分类与防治。
5. 计算机网络的概念、组成和分类;计算机与网络信息安全的概念和防控。
6. 因特网网络服务的概念、原理和应用。

### 二、操作系统的功能和使用

1. 计算机软、硬件系统的组成及主要技术指标。
2. 操作系统的基本概念、功能、组成及分类。
3. Windows 操作系统的基本概念和常用术语,文件、文件夹、库等。
4. Windows 操作系统的基本操作和应用。

(1) 桌面外观的设置,基本的网络配置。

(2) 熟练掌握资源管理器的操作与使用方法。

(3) 掌握文件、磁盘、显示属性的查看和设置等操作技术。

(4) 掌握中文输入法的安装、删除和选用。

(5) 掌握检索文件、查询程序的方法。

(6) 了解软、硬件的基本系统工具。

**三、文字处理软件的功能和使用**

1. Word 的基本概念,Word 的基本功能和运行环境,Word 的启动和退出。

2. 文档的创建、打开、输入、保存等基本操作。

3. 文本的选定、插入与删除、复制与移动、查找与替换等基本编辑技术,多窗口和多文档的编辑。

4. 字体格式设置、段落格式设置、文档页面设置、文档背景设置和文档分栏等基本排版技术。

5. 表格的创建、修改,表格的修饰,表格中数据的输入与编辑,数据的排序和计算。

6. 图形和图片的插入,图形的建立和编辑,文本框、艺术字的使用和编辑。

7. 文档的保护和打印。

**四、电子表格软件的功能和使用**

1. 电子表格的基本概念和基本功能,Excel 的基本功能、运行环境、启动和退出。

2. 工作簿和工作表的基本概念和基本操作,工作簿和工作表的建立、保存和退出;数据输入和编辑;工作表和单元格的选定、插入、删除、复制和移动;工作表的重命名和工作表窗口的拆分和冻结。

3. 工作表的格式化,包括设置单元格格式、设置列宽和行高、设置条件格式、使用样式、自动套用格式和使用模板等。

4. 单元格绝对地址和相对地址的概念,工作表中公式的输入和复制,常用函数的使用。

5. 图表的建立、编辑、修改以及修饰。

6. 数据清单的概念,数据清单的建立,数据清单内容的排序、筛选、分类汇总,数据合并,数据透视表的建立。

7. 工作表的页面设置、打印预览和打印,工作表中链接的建立。

8. 工作簿和工作表的保护和隐藏。

**五、PowerPoint 的功能和使用**

1. 中文 PowerPoint 的功能、运行环境、启动和退出。

2. 演示文稿的创建、打开、关闭和保存。

3. 演示文稿视图的使用,幻灯片的基本操作(版式、插入、移动、复制和删除)。

4. 幻灯片的基本制作(文本、图片、艺术字、形状、表格等的插入及其格式化)。

5. 演示文稿主题的选用与幻灯片背景的设置。

6. 演示文稿的放映和设计(动画设计、放映方式、切换效果)。

7. 演示文稿的打包和打印。

**六、因特网(Internet)的初步知识和应用**

了解计算机网络的基本概念和因特网的基础知识,主要包括网络硬件和软件,TCP/IP协议的工作原理,以及网络应用中常见的概念,如域名、IP 地址、DNS 服务等。

能够熟练掌握浏览器、电子邮件的使用和操作方法。

## 考试方式

1. 上机考试,考试时长 90 分钟,满分 100 分。

2. 题型及分值。

(1) 单项选择题(计算机基础知识和网络的基本知识)(20 分)。

(2) Windows 操作系统的使用(10 分)。

(3) Word 操作(25 分)。

(4) Excel 操作(20 分)。

(5) PowerPoint 操作(15 分)。

(6) 浏览器(IE)的简单使用和电子邮件收发(10 分)。

3. 考试环境。

(1) 操作系统:中文版 Windows 7。

(2) 考试环境:Microsoft Office 2016。